I

II

# EL UNIVERSO LA VIDA Y EL HUMANO

## Juan F. Benemelis
## 2015

### The Ceiba Publishers

IV

Título original: El Universo, la Vida y el Homo

Publicado en castellano.
*Primera edición. 2015*

Queda rigurosamente prohibida, sin la autorización escrita de los propietarios del "Copyright", bajo las sanciones establecidas en las leyes, la reproducción total o parcial de esta obra por cualquier medio o procedimiento, comprendidos la reprografía y el tratamiento informático, y la distribución de ejemplares de ella mediante alquiler o préstamos públicos.

V

Imaginamos la historia de la humanidad como un museo lleno de salas que contienen toda la enseñanza de ese tópico.

Pero los enormes sótanos del museo del desandar de nuestra especie Homo *sapiens sapiens* están repletos de cajones arrinconados, con muestrarios y reliquias que cambian la pintura general que hemos adoptado como historia de la vida y de la aparición del humano moderno.

En este libro he abierto, como Pandora, algunos de estos cajones y con él les procuro hallazgos fascinantes y provocativos que ascienden y descienden a lo largo de la construcción humana.

Y, si luego de su lectura pueden aceptar o no las evidencias que aquí se formulan, les afirmo que resultará imposible el ignorarlas.

El Autor

VI

## INDICE

## INTRODUCCIÓN

# Introducción

La formación del Universo en el cual existimos, cualquiera que fuere tal creación: *big-bang* o no, se conformó con el conocimiento de sí mismo, y con la finalidad de organizar en materia su descomunal cauce de energía.

Sólo que la energía no es la conciencia del Universo (como muchos repiten ahora a manera de un mantra), sino el instrumento a su disposición para insuflar los arquetipos ideo-energéticos, la información necesaria que produce la vida.

Lo primario, resulta la inteligente conciencia que posee, y que antecede a la formación del *big-bang* si lo hubo, de las partículas, los átomos, estrellas, las galaxias, y demás; la que crea los arquetipos y leyes virtuales que rigen la energía y su resultado material.

Existen leyes en la naturaleza, así como moldes, patrones (el ADN, las semillas, la gravitación, las combinaciones químicas, etc.) por los cuales se gestan la vida, las combinaciones químicas. Pero, esa no es la realidad última del Universo como apuntan los científicos legos; ni siquiera la energía que constituye al mundo concreto es la realidad última, y donde muchos ubican la conciencia creativa en este Universo.

La realidad última que no halla respuesta es cómo o quién ha creado esos patrones, modelos, sistemas, leyes de organización; quién ha creado el Universo y sus leyes y arquetipos.

Este Universo consciente es la revelación de algo más allá de él mismo, y que nunca podremos conocer. Este Universo no es lo único existente; surge de una concentración de aserciones, enunciados inteligentes que se transmiten como ideo-información.

Pero, es equivocado pensar que todo se halla ordenado y plasmado al detalle en el cosmos energético. Las turbulencias, el caos galáctico, las destrucciones colosales meta-galácticas resultan incongruencias que demuestran un quehacer de experimentos inconclusos o de extravíos en la conformación de la materia.

De ello se derivan las nociones humanas cuando conceptualizan fuerzas ocultas, negativas, malignas. Son las antinomias que suceden en el acto de la creación energética.

Pero los descubrimientos en los aceleradores de partículas arrojan que tales partículas subatómicas toman constantemente decisiones propias. Y lo que es más descabellado aún, estas decisiones se basan en otras tomadas, paralela e instantáneamente, en latitudes remotas.

Esta asombrosa consecuencia sólo es la mitad de la historia; la otra parte es que, de la misma forma, nosotros no existimos sin la luz, y por extensión, con cualquier cosa con la que nos podemos referenciar.

En su aptitud para asumir la efigie dictada por sus sueños el humano se ha extendido más allá de la naturaleza visible, hacia una dimensión extraña, la de intentar lo imposible: el desconectarse del resto del Universo cuando estamos precisamente insertos en su conciencia.

Estamos ante una de esas contradicciones que surgen porque no hemos conseguido elaborar una imagen comprensible del mundo sin retirar de él nuestra propia mente, la creadora de esa imagen.

El mundo material se ha construido sólo a costa de extraer de él el "Yo", es decir, la mente; la mente no forma parte de él, por ello no puede, evidentemente, interaccionar ni con él ni con cualquiera de sus partes.

Tenemos la costumbre de contemplar el mundo en términos simplistas, de creer que visualizado o no, algo esté o no esté en un lugar determinado. Sin embargo, no es así. Seguramente existen otros órdenes de apariencia aparte de los espacios-temporales.

En definitiva, el Universo aún se está conformando, organizando, por lo cual nosotros aquí somos meramente un intento que puede ser transitorio.

Ψ

La aparición del humano se debió a una gestación donde participaron la física nuclear, las fuerzas gravitacionales del planeta, la química orgánica y luego un implacable proceso de selección natural. Hasta ahí la versión clásica evolucionista.

Pero habría que valorar otras opciones, no sólo como componente más, sino acaso fundamental. La vida y la aparición del humano pudo gestarse a partir de fuerzas universales, la consideración creacionista; también de influencias extra-terrestres. Y algo en boga, el catastrofismo. Es decir, los eventos trágicos y violentos que han sacudido al planeta y a su biota a lo largo de su historia.

En nosotros actúan los mismos elementos, las mismas fuerzas y leyes que en todos los demás seres vivos, sólo que con consecuencias más complejas.

No hay entre el humano y el animal diferencias de esencia, como veremos a lo largo de este texto. La fórmula del tan traído *homo faber* se distingue de la teoría del *Homo sapiens*, que no es un "ser racional" sino un ser instintivo.

El Homo, en su clasificación sapiente logró con mayor rapidez que las otras ramas homínidas el perfeccionamiento de la posición erecta, el lenguaje, la transmisión rápida de la experiencia adquirida, la consecuente creatividad y un pensamiento abstracto.

Bien, eso es conforme a la bio-genética y a los especialistas antropólogos y demás. El enigma es si el humano surgió ya como tal, sin un antecesor evolutivo desde los pitecos; ambas posiciones han mostrado evidencias que sustentan una y otra visión.

Puede argumentarse que la historia humana ha sido favorecida por azares históricos, puesto que la presencia de tales "condiciones objetivas" para el surgimiento y desarrollo del humano no da como resultado automático la aparición de la vida y su posterior cristalización en nuestra especie. Ahí se halla un gran misterio, pues no somos un saco de combinaciones químicas y minerales, y no podemos obviar el hálito energético que actúa como el molde-patrón en cada uno de nosotros.

Asimismo, en nuestro enigma contemporáneo siempre nos dirigimos al pasado con un instrumental tecno–científico que extrapolamos, lo que no ayuda a resumir nuestro origen y determinar nuestra "exclusividad" o no, sobre todo al considerar que la probabilística no nos hace estar solos en el Universo.

La función de la prehistoria tradicional fue la de conformar la filogénesis del Homo *sapiens* con su variado instrumental de madera y piedra pulida. Se articula así que tras el asentamiento de la jerarquización social se amplió el lenguaje rudimentario heredado, creándose una obsesiva espiritualidad y una mitología basada en la simbología de la naturaleza circundante.

Pero el homo era la única especie prehistórica que estaba consciente de su fugacidad, y por ello luchó y trató de trascender la muerte creando la mitología de las fuerzas naturales y las ceremonias funerarias, los amuletos y la medicina espiritual.

De las teorías que expondremos se halla la de un primer homínido constructor de herramientas y utensilios que maduró al sur del Sáhara hace 2.5 millones de años; durante el primer millón de años su evolución biológica y cultural se procesó con lentitud.

Los evolucionistas parte de tal ejemplo para enlazar el desarrollo humano con el llamado Homo Erectus hace 700 mil años, una forma arcaica homínida, con un aparente lenguaje rudimentario y el uso del fuego. Acorde con varios autores, este Homo Erectus se dirigió del África hacia el Cercano Oriente, hacia Europa y a partes del norte asiático, diseminando una cultura cazadora y recolectora un poco más adelantada.

La aparición del Neándertal hace más de 100 mil años es sorpresiva, como lo es también su desvanecimiento 35 mil años atrás; igualmente acontece con la comparecencia del Cromañón así como la desaparición de su hábitat, la cultura cazadora. Por otra parte, tiene lugar un gran debate de cómo sucedió el poblamiento del continente americano, así como la manifestación del sedentarismo agrícola en el planeta.

Quizás fue el factor velocidad de desarrollo filogenético y la mayor cohesión social del Cromañón, más que las cualidades físicas y cerebrales del Neándertal, lo que determinó la supremacía. Al parecer, la evolución de un homo moderno a partir del Neándertal hubiera tomado más tiempo.

El período clave de la colonización primaria del globo terráqueo por el *Sapiens sapiens* coincidió con la larga jornada de la Edad de Hielo, cuando los crudos inviernos resultaban más fríos que los actuales. Nos inquieta aún desconocer cómo el humano moderno permutó de los territorios fríos y logró adaptarse al calentamiento global del planeta. Sin dudas demostró una admirable capacidad en ese acomodo a las nuevas exigencias geo–climáticas.

Ambos sexos primates contribuyeron por igual en el desarrollo de las características homínidas y en la lucha por la subsistencia. La sola diferenciación residió en que la hembra se hacía cargo del cuidado de la prole, mientras el macho protegía al grupo.

Resultaba difícil que escapasen a su percepción las funciones forrajeo no se había establecido una clara división entre ambos sexos; la misma se gestó en estadíos muy posteriores de la evolución. En el crudo clima del Paleolítico la carne era un complemento inestable que se conseguía del despojo y escamoteo de animales atrapados por otros depredadores, más que de la caza.

La cacería y el forrajeo eran actividades ampliamente representadas en el arte Paleolítico, y por tal presumiblemente historiadas y transmitidas por tales comunidades, que desarrollaron una aguda práctica de observación y un amplio estudio del comportamiento de los animales y las plantas. Además, mediante sistemas de notación las mismas registraron aquellas tareas de la comunidad, o que influían en ella, para organizar su modo de vida y hábitat.

Así, el mismo método de notación para precisar los períodos de tiempo de otras actividades fueron utilizadas en relación con la mujer, la iniciación sexual de varones y hembras, y el uso de amuletos y símbolos para obtener un embarazo afortunado.

A medida que se retrocede en el tiempo, las variaciones culturales se producen con mayor lentitud. La humanidad Paleolítica era escasa y esparcida, y su interrelación y cotejo cultural estaban extremadamente restringidos; pese a ello, la velocidad y expansión de los logros resultan impresionantes comparados con lo acontecido anteriormente.

El Paleolítico Superior documenta sólo el uso de la capacidad cognoscitiva humana durante la Edad de Hielo, un tiempo histórico y lugar donde un grupo de condiciones propició un desarrollo regional específico. Cuando tales circunstancias variaron con el retroceso de los glaciales la cultura de la Edad de Hielo colapsó al calentarse el clima, ampliarse los bosques y desaparecer los herbívoros de las tundras y las estepas.

Sin embargo, el homínido permaneció en el mismo sitio y todo el arsenal construido en el Paleolítico propició el desarrollo de nuevas tecnologías asociadas con el pastoreo y la agricultura, incluyendo una astronomía Neolítica.

Según Sigmund Freud[1]: "Una vez que el humano primitivo hubo descubierto que estaba en sus manos mejorar su suerte en la tierra por medio del trabajo, no podía serle indiferente si otro humano trabajaba con él o contra él. El otro adquirió, respecto del primero, el valor del colaborador con el cual era útil convivir".

Ψ

Las ideas expuestas en esta obra se enlazan a través de un hilo cultural. La cultura ha encerrado invariablemente un objetivo social y no recreativo, en función directa y expresa de los ritos e ideologías de los grupos, castas y clases, ya sean explotadas o explotadoras.

"El arte —escribe el eminente poeta Johann Goethe[2]— no debe tratar de emular a la naturaleza en su amplitud y profundidad. Se ciñe a la superficie de los fenómenos naturales pero posee su propia hondura, su propio poder; cristaliza los momentos más altos de estos fenómenos superficiales reconociendo en ellos el carácter de legalidad, la perfección de la proporción armónica, el ápice de la belleza, la dignidad de lo significativo, la altura de la pasión."

Los frisos del Partenón o una misa de Bach, la madona de la Sixtina de Miguel Ángel o un poema de Leopardi, una sonata de Beethoven o una novela de Dostoievski no son ni puramente representativos ni meramente expresivos. Son simbólicos, en un sentido nuevo y más profundo. Las obras de los grandes poetas —de un Goethe, un Hölderlin, un Wordsworth, un Shelley— no nos ofrecen *disjecti membra poetae*, fragmentos dispersos e incoherentes de la vida del poeta. No son, sencillamente, un brote momentáneo de un sentimiento apasionado sino que revelan una unidad y continuidad profundas[3].

¿Por qué, entonces, está reservado solamente a una especie, el *Homo sapiens*, y no a las demás, introducir un elemento de variación y control de su medio, de su planeta y en el futuro de su Sistema Solar, galáctico y quién sabe si del Universo?

Siglo tras siglo contemplamos en el espejo de la civilización el reflejo de nuestra imagen, siempre distorsionada. En cada período se nos impone como si fuese verdadera: anteayer, en ciudades gentilicias sumerias o grecolatinas; ayer, en reinos como el de Felipe II (1527–1598) o Atahualpa Capac (1500–1533); hoy, en estados democráticos como Suiza y autocráticos como Irán.

Son abismales en la historia humana las diferencias culturales, de creencia y patrones tradicionales, tanto en tiempo como en espacio, en concepciones y niveles. Estas culturas han detentado como denominador común la transformación recurrente de su medio, la mayoría de las veces de manera violenta, irregular y desigual.

Luego de considerar nuestro recorrido no deja de asombrar la multiplicidad de matrices culturales y riqueza de expresiones, así como el desconocimiento y rechazo de una cultura sobre la otra.

La sociedad del bípedo inteligente existe, que sepamos, hace unos pocos milenios, apenas un instante en términos cósmicos, o si lo comparamos con la edad de nuestro diminuto planeta. Nuestros abuelos se desplazaban a pie o a caballo, cocinaban con carbón, acarreaban agua de los lagos y ríos, se alumbraban con lámparas de aceite, echaban los desperdicios e inmundicias cerca de sus casas y en una vida humana acaso viajaban a lugares que distaban pocos kilómetros.

La civilización se ha basado en una interacción de la ciencia y la tecnología con los valores humanos, extendiendo nuestro poder sobre la naturaleza circundante y sobre nosotros mismos.

Sólo hay que ver el orden económico que nos rodea, la esfera más evidente del impacto tecnológico.

Nuestra civilización, especialmente en su fase industrial y tecnológica, nos comprobó que la misión del *homo* en este mundo es, sin duda, la de conocer, en medio de la constante mutación de su medio de vida, la forma de domesticar la naturaleza.

Así hemos alterado la faz del planeta, aunque aniquilando gran parte de su biota; claro, la discusión es hasta qué punto fue necesario llevar tal brutalidad. Era comprensible que, al final, el humano retuviese rasgos de la violencia impredecible que, desgraciadamente, estableció la naturaleza para los seres terrestres.

Sin embargo, es solo en el último par de siglos que el humano ha sido capaz de desenvolver esta cultura tecnológica donde vive. Hoy nos parecen partes inseparables de nuestra naturaleza inteligente y eterna la medicina tecnológica, la radio y la televisión, la electricidad y el teléfono, los acueductos y alcantarillados, los automóviles y maquinarias industriales.

¿Se halla sometida nuestra sociedad a la maldición de un inexorable deterioro, o está frente a un salto hacia adelante?

¿Necesitaremos de principios metafísicos inéditos, de esas construcciones mentales y sociales definitivas y depuradas, algo de lo que no hemos podido sacudirnos aún?

# CAPÍTULO I

## LA RUECA CÓSMICA

## DE PENÉLOPE

# 1 El Universo

*Como dijo el escocés, Thomas Carlyle, si en verdad los cielos "no están habitados, qué derroche de espacio".*

## La Lanza de Odín

¿Es el Universo realmente infinito o sólo es muy grande?

Y, ¿es perdurable o sólo tendrá una vida muy larga?

¿Cómo podrían nuestras mentes finitas comprender un universo infinito?

¿No resulta presuntuoso hacernos siquiera este propósito?

¿Nos arriesgamos a sufrir el destino de Prometeo[1], que según la mitología clásica robó el fuego de Zeus para que lo utilizaran los humanos y fue castigado por esta temeridad a ser encadenado a una roca donde un águila venía a devorarle el hígado?

La idea de una cadena infinita de causa-efecto a todas luces parece absurda, sin embargo esta cadena existe en el presente, en el transcurso de cada segundo, cada uno infinito en su momento. El aceptar un pasado infinito no resulta más dificultoso filosóficamente que aceptar la continuidad del tiempo, la infinitud de los momentos en un solo segundo.

Llama la atención que los defensores del *big-bang* desconocen las raíces históricas de esta noción. Así, las dos concepciones que hoy se debaten acerca del Universo: finito y temporal o infinito y eterno, se litigó primero en la India y luego se traspasó a la Grecia antigua. El hinduismo asume un cosmos caracterizado por ciclos infinitos de nacimiento y muerte.

Los primeros mitos de creación se elaboraron en Egipto y Mesopotamia. Estos mitos originarios se estructuraron como una prolongación del drama cósmico central.

Al igual que las viejas teorías científicas, las nuevas también son genuinas conjeturas, intentos por describirnos y figurar esos otros mundos. Así, nos vemos arrastrados a pensar que todos esos mundos, incluyendo al nuestro ordinario, son igualmente reales; o mejor, quizás, aspectos o capas igualmente reales del mundo real.

Como un ejemplo podemos referirnos a la geometría del espacio. Cosa importante, pues en él está contenido el tiempo, en él nos movemos, él nos fija el lapso comprendido del nacimiento a la muerte.

Una reflexión más profunda sobre el razonamiento subyacente a la deducción de esas paradojas que hoy tienen intrigado a sabios y científicos, revela que una vez, con Euclides, ideamos una hipótesis sobre la naturaleza del espacio: la de suponer que a gran escala era exactamente idéntico que a pequeña escala, es decir, a ese tipo de espacio-continente del sentido común.

En un lenguaje más técnico, hemos supuesto que el espacio posee las propiedades incluidas por Euclides en sus elementos mediante un proceso de deducción lógica.

La nueva conclusión es que quizás el espacio en su totalidad no concuerda con la construcción del geómetra Euclides. Porque el proceso deductivo de este griego es una maravilla tan perfecta que la geometría se tuvo durante siglos como la más segura de todas las ciencias.

Anaxágoras, un amigo del mandatario ateniense Pericles forjó su teoría de nuestros orígenes a partir de sus observaciones de la naturaleza; concluía que las estrellas eran soles muy lejanos como para sentir el calor que emitían. Para él el Universo era infinito y se hallaba habitado. La figuración cósmica de Anaxágoras estaba bastante acertada.

Para Platón el Universo consistía en una abstracción matemática, la "mente de Dios" como una razón por sí misma. Por esta razón Platón consideraba que Dios debía ser un geómetra, y más reciente, Thomas Hobbes contemplaba la geometría como "la única ciencia que Dios se ha complacido en donar a la humanidad hasta ahora"[2].

Aristarco desarrolló una teoría heliocéntrica en la cual la Tierra y los planetas orbitaban en torno al Sol, la Luna circunvalaba la Tierra y esta rotaba en su eje. En el siglo II a. C., Hiparco calculó con justa precisión la distancia de la Tierra al Sol y la Luna, y el tamaño de ambos[3].

Gran parte de los teólogos aceptan la infinitud del Universo, del espacio y del tiempo, otros encuentran dificultad por la incongruencia con el punto de vista judaico-bíblico de un momento en el tiempo en el cual la facultad divina descendió sobre el proceso de creación[4].

## La creación ex nihilo

El académico hebreo, Nahum Sarna[5], plantea que un Universo infinito en todas sus dimensiones sería como una segunda divinidad, un rival a la deidad creadora.

Las ideas anti-dualistas se cocinaron a partir de la tradición del judaísmo y del cristianismo primario; pero la doctrina de una creación *ex nihilo*, de la nada, no emana del primer capítulo del *Génesis*. Este primer capítulo resulta análoga a la visión de Platón, y ambos fueron escritos en torno al 400 a. C. Es presumible que tal similitud no sea una coincidencia[6].

El cristianismo, inicialmente una secta judía, germinó de las prácticas igualitarias del judaísmo. De tal manera las prédicas de Jesús, el Cristo de Nazaret, se configuraban con parábolas de la naturaleza y en esencia se apartaban de los conceptos abstrusos de una creación *ex nihilo*.

Pero depende de cómo se lea la *Biblia*, pues en el texto del *Génesis* no se encuentra la doctrina de la creación *ex nihilo*. Incluso el académico hebreo Nahum Sarna apunta que no es posible deducir del *Génesis* hebreo la idea de que el Universo fue creado de la nada[7].

La doctrina de la creación *ex nihilo* se incorporó como parte de la doctrina cristiana en el Fue próximo al 200 d. C., después del papa Clemente, que la cristiandad admitió la imagen de un mundo formado de la nada, y se consolidó a partir del Concilio de Nicea, en su esfuerzo por desarrollar un proceso lógico de comprobación de la existencia de Dios[8]. Esta idea de un Universo engendrado de la nada reconciliaba la abstracción cristiana de Dios con la realidad de la sociedad terrena.

Los escolásticos medievales consideraban al cosmos de manera finita; este fatalismo conllevó a la parálisis de la sociedad medieval. Tertuliano, por ejemplo, abrazó el dualismo platónico y rechazó su racionalidad; en lo adelante, la fe antecedía a la razón, de tal forma era absurdo que el hijo de Dios muriese y el hecho de que renaciera de nuevo era cierto por lo imposible[9].

Al igual que Tertuliano, San Agustín de Hipona absorbió el dualismo platónico con todo su pesimismo. Así, el obispo de Hipona elaboró toda una cosmología muy comparable a la actual del *big-bang*: un Universo creado instantáneamente de la nada, poblado de extrañas y milagrosas criaturas y que iría decayendo de un inicio perfecto hacia un fin ignominioso[10].

San Agustín argumentaba hace dos milenios que lo infinito era exclusivo de la deidad creadora y prohibitivo para el Universo material. Pues, al decir que el Universo era ilimitado era oscurecer la diferencia crucial entre Dios y la naturaleza: el panteísmo. Este es el argumento que se enarboló contra Nicolás de Cusa, Nicolás Copérnico y Giordano Bruno.

Ello coincidió con el colapso de la civilización Mediterránea, en la cual las fútiles guerras entre Bizancio y Persia posibilitaron el ascenso del nuevo imperio islámico salido de las dunas arábigas. Aunque sería Al-Hazen quien demolería la noción cósmica tolemaica[11].

Tanto Aristóteles como San Tomás, de Aquino rechazaron la idea de que el tiempo hubiera sido creado, puesto que ello implicaría que hubo un primer suceso. ¿Qué causó ese primer suceso? ¿Nada? ¿No hubo ningún suceso anterior[12]?

# La cosmología del infinito

En el siglo XV la novísima visión astronómica del obispo alemán Nicolás de Cusa demolió todo el entramado cosmológico y social del Universo finito geo-céntrico agustiniano. Con ello renacía el método iónico a lo Tales de Mileto.

Nicolás da Cusa recogió los pensamientos centrales de Anaxágoras, de un Universo ilimitado en contraste con la conjetura tolemaica del cosmos finito circunscrito y esferas concéntricas con la Tierra en el centro.

Cusa argumentaba que el Universo no tenía límites en el espacio, ni un comienzo o un término y que Dios no se hallaba localizado fuera del Universo finito, sino en todos los lugares y en ninguno, trascendiendo al espacio y al tiempo. Su Universo estaba habitado de un número infinito de estrellas y planetas sin un foco concéntrico y sin un punto inmóvil, y que la Tierra se desplazaba al igual que el resto del Universo[13].

Puede decirse que la batalla entre las dos concepciones no se opacó con el cristianismo; el debate entre las cosmologías finitas e infinitas, los métodos deductivos y empíricos resultaban constantes hasta arribar el siglo XIX, cuando la balanza se inclinó, aunque por poco tiempo, hacia la cosmología de lo infinito.

Al igual que Paolo Toscanelli y Leonardo da Vinci, Nicolás Copérnico aprendió de Nicolás de Cusa, el cual había bebido de Aristarco de Samos.

Luego de que la nobleza feudal inglesa se auto-suicidó en la sangrienta Guerra de las Rosas, una línea real colateral, consagrada al comercio y no a la tierra, ocupó la preeminencia con Enrique VII y se consolidó con Elizabeth I. Fue en ese entorno donde el astrónomo Thomas Digges, sintetizó las ideas de Cusa y Copérnico, purgando los elementos tolemaicos cosmológicos de esferas perfectas con órbitas planetarias, destacando un Universo infinito de innumerables mundos poblados y de soles[14].

A diferencia de los holandeses e ingleses que abrazaron el comercio, el trabajo libre y la nueva cosmología, las concepciones medievales agustinianas se mantuvieron en el descomunal y retrógrado imperio español con su Nuevo Mundo basado en la servidumbre y la esclavitud de las granjerías a cuerazo de mayoral. De hecho, la derrota de la Armada del español Felipe II determinó quién en lo adelante impondría sus concepciones a la sociedad europea.

Giordano Bruno[15] también retaría la idea de una creación *ex nihilo*, argumentando que el Universo tenía que ser ilimitado tanto en espacio como en tiempo, sin comienzo ni final. Bruno arremetió contra la visión católica de un infierno material subterráneo y de un paraíso celestial etéreo, más allá de las esferas cósmicas.

No es de extrañar que el genial filósofo Baruch Espinoza recurriese a la geometría para suministrar un fundamento sólido a su ética, o que su ejemplo fuese ampliamente imitado por otros hasta nuestros días, desde Isaac Newton en sus *Principia* hasta Joseph Henry Woodger[16] en su *Axiomática de la Biología*.

Pero todo eso pasó a historia antigua, sobre todo después del colapso de los conceptos newtonianos del espacio y del tiempo; tras él vino también la debacle la idea newtoniana de masa como *quantitas materiae*, sea cual fuere tal significado. Es abrumadora la evidencia de que vivimos en un Universo que no está gobernado por las leyes deterministas clásicas.

## Kant: espacio y tiempo

Esto, de si el Universo tenía o no un comienzo en el tiempo, resultó el tema central de la *Crítica de la Razón Pura* de Emmanuel Kant. En Kant, un versado en astronomía, nos tropezamos de nuevo con las ideas de Anaxágoras. Para Kant el Universo era infinito, adelantando que las estrellas visibles se agrupaban en un disco enorme, una nebulosa: la Vía Láctea.

Él nos dice que para desaliento suyo, encontró que podía elaborar pruebas aparentemente válidas para ambas posibilidades[17]. El tiempo antes de que hubiera un mundo, tiempo vacío, en el cual no existía una relación intemporal a cosas y sucesos, era la nada donde ninguno de sus intervalos se diferenciaba de cualquier otro.

Ahora bien, considérese el último intervalo del tiempo vacío, el inmediatamente anterior al comienzo del mundo. Evidentemente, se diferencia de todos los anteriores puesto que se caracterizaría por su estrecha relación temporal con un suceso: el comienzo del mundo; sin embargo, se ha supuesto que tal intervalo era vacío, con lo cual surge una contradicción en los términos.

Kant[18] simplemente argumenta que el mundo no puede tener un comienzo en el tiempo, pues, de otro modo, habría un intervalo de tiempo -el momento inmediatamente anterior al comienzo del mundo- que sería vacío y al mismo tiempo se caracterizaría por su relación temporal inmediata con un suceso del mundo, lo cual es imposible. Tenemos aquí un conflicto entre dos pruebas que Kant calificaba de "antinomia".

Concluyó este filósofo que nuestras ideas de espacio y tiempo son inaplicables al Universo como un todo. Podemos, por supuesto, atribuir las ideas de espacio y tiempo a los objetos materiales ordinarios y a los sucesos físicos. Pero el espacio y el tiempo mismos no son objetos ni sucesos; ni siquiera se los puede observar, al ser más huidizos.

Ellos resultan una especie de armazón para las cosas y los sucesos, algo semejante a un sistema de casillas, o un sistema de registro para las observaciones. El espacio y el tiempo no forman parte del mundo empírico, real, de cosas y sucesos, sino que son parte de nuestro equipo mental, de nuestro aparato para captar el mundo.

Así, el espacio y el tiempo pueden ser considerados como un marco de referencia que no se basa en la experiencia, sino que es utilizado intuitivamente en la experiencia y es apropiadamente aplicable a esta.

Kant se apresuró a explicar que él sólo había negado que el espacio y el tiempo fueran empíricos y reales, en el sentido en el que son empíricos y reales los objetos y sucesos físicos. La solución de Kant es bien conocida[19]. Supuso -correctamente, creo yo- que el mundo tal como lo conocemos es el resultado de nuestra interpretación de los hechos observables a la luz de teorías que inventamos nosotros mismos.

Su formulación no sólo implica que nuestra razón trata de imponer leyes a la naturaleza, sino que tiene un éxito invariable en estos intentos. Pues Kant creía que el hombre había impuesto exitosamente las leyes de Newton a la naturaleza, que se interpretaba por medio de esas leyes; de lo cual concluía que deben ser verdaderas *a priori*. Tal es la manera como veía Kant la cuestión. Lo curioso es que el matemático y físico Henry Poincaré la veía de una manera similar[20].

La versión que más se abraza en la actualidad, con los físicos Albert Einstein y Stephen Hawkins, de un Universo perfectamente esférico cuatri-dimensional, finito salido de la nada, con un nacimiento de gran estallido y un final de decadencia auto-aplastado es la del cosmos medieval que proclamaron Tolomeo, Tertuliano y San Agustín basados en Platón; y no la de un

Universo infinito, sin comienzos ni final de Anaxágoras, Nicolás Copérnico, Galileo Galilei, Johannes Kepler o Kant.

## El Universo homogéneo

En 1715, el astrónomo británico Edmund Halley propuso que el cielo no brilla uniformemente durante la noche porque, aunque el Universo es infinito, las estrellas no están distribuidas de manera uniforme.

Es el "principio cosmológico" enunciado por Albert Einstein en 1915 de un universo homogéneo e isótropo, igual en cualquier punto del espacio y el mismo en todas direcciones, donde cualquier lugar del cosmos puede ser el punto inicial de la expansión universal.

Con el advenimiento del mito einsteiniano, y la teoría de una ciencia era incomprensible, se rechazó la noción de un Universo infinito sustituyéndolo por uno homogéneo donde la materia se hallaba esparcida parejamente. Einstein acudió a la especulación filosófica y estética para dar base a su teoría y con ello se revivió el método puramente deductivo de René Descartes[21].

Al igual que Isaac Newton en su momento, Einstein trató de ocultar aquello que ponía en entredicho su teoría, pues sí sabía por observaciones astronómicas, que el Universo no era homogéneo.

El concepto del fin del mundo tiene como base la teología. Puede concluirse que no tenemos evidencias de que el Universo comenzase en algún momento del pasado. Si el Universo, en verdad, es infinito en el tiempo y el espacio entonces las implicaciones van más allá de la cosmología y transforman toda nuestra visión de la naturaleza, de la religión, de la filosofía y de la sociedad en general.

El sistema tolemaico es una cosmología mítica a diferencia del sistema copernicano, perfeccionado por Kepler y Galileo. La actual cosmología resulta un retorno al mítico tolemaico.

Dado que, como nueva disciplina científica, la cosmología moderna constituye una consecuencia de la reformulación einsteiniana de la teoría del espacio, el tiempo y la gravitación de Newton.

Desde la revolución científica Esa cosmología se basó en una diferencia insalvable entre la bóveda celeste y la terrestre: la primera, inmutable y perfecta; la segunda, inferior y a merced de la descomposición.

El tremendo desarrollo de las ciencias y entre estas de la física, a partir de la relatividad einsteiniana de 1905 ha reportado entre otras cosas la comprensión alternativa del no-localismo del Universo, que estamos conectados con todo lo que vemos en el cielo. Ello se ha demostrada empíricamente por el famoso "Teorema de Bell"; y los actuales debates sobre sus consecuencias nos tienen que llevar a un juicio diferente sobre la conciencia humana y su relación con el cosmos[22].

Lo siguiente es, si estamos ante la nada, ¿cómo se pasa de nada a algo? Einstein, opuesto al "misticismo" en las ciencias, nunca se refirió al *big-bang* o a los agujeros negros. El centro de su labor científica fue refutar la mecánica cuántica de Niels Böhr y del físico Karl Werner Heisenberg, formulador del principio de la incertidumbre cuántica.

Por su parte es imposible concebir, en nuestro adoctrinamiento racional inflexible, que algo surja a partir de la nada, en la física de las partículas no hay distinción entre lo que llamamos el "vacío" y el "no–vacío", o "el algo", entre "vacío" o la "nada", y el "no–vacío", la "nada" y el "algo", pues ambas son consideraciones falsas, o abstracciones que hemos sacado de nuestro mundo real, como si sus apariencias fuesen las auténticas experiencias; esto ocurre incesantemente a niveles subatómicos, como se comprueba a diario.

## ¿De dónde proviene la energía?

El físico inglés Stephen Hawking afirma que tanto él como su colega Roger Penrose demostraron ---matemáticamente--- que la teoría general de la relatividad[23] "implicaba que el Universo tenía que tener un principio y, posiblemente, un final".

Incluso el laureado Hawking, sólo señala la infinitud de la densidad del Universo en el punto del *big-bang*, y añadiendo que la dificultad para demostrarlo estriba en que las matemáticas no pueden manejar realmente números infinitos; de tal manera, la teoría de la relatividad y todas las leyes conocidas de la física se invalidan en este punto.

Nuevamente la pregunta a realizar es: ¿de qué lugar proviene esa energía que inunda instantáneamente el vacío? El Perogrullo es, que el vacío no existe fuera de la materia y de la energía, pues de la misma manera que no existe la materia sin espacio, es difícil construir una noción de espacio vacío de materia, de un mar de energía que viene directamente de la nada.

Las sondas espaciales Voyager y Pioneer comprobaron algo que se sospechaba, que el espacio del Universo supuestamente "vacío" estaba inundado de redes de corrientes eléctricas y de campos magnéticos llenos de filamentos de plasma.

Fred Hoyle a dedicar su vida a combatir la creencia de que el cosmos empezó en cierto momento del tiempo, con un big-bang. Prefería la noción aristotélica concebida miles de años antes: el Universo siempre había existido y siempre existiría[24].

El astro-físico John B. S. Haldane expresó que el Universo "no sólo es tan extraño como suponemos, sino que es mucho más extraño de lo que suponemos".[25] El Universo ---como cualquier otro sistema observado--- es de tipo cuántico; en él las ambigüedades que arroja cada modelo utilizado ---es válido para el ejemplo el *big-bang*--- no pueden resolverse en su propio contexto, pues el horizonte actual del conocimiento cosmológico nos impide confirmar o rechazar cualquier teoría.

Pese al esforzado designio por circunscribir la física cuántica a los fenómenos atómicos, todas las aspiraciones por componer una teoría consistente sobre la historia del Universo, han descansado en las premisas de la física cuántica.

La cosmología experimental sigue aplicando el horizonte conceptual de las ciencias newtonianas a una circunstancia universal, para la que no son funcionales: las evidencias fotográficas frutos de las observaciones astronómicas, involucran el aspecto cuántico de las partículas de luz ---una de sus dos dualidades---, y los rastreos basados en los análisis espectrales envuelven las ondas de esos cuantos de luz, la otra dualidad de las partículas[26].

No se puede pensar que mejorando la tecnología y la observación se logren solventar dichas confusiones, porque el dilema no es empírico sino conceptual.

Como demuestran la mecánica cuántica del físico danés Niels Böhr y el Teorema de Bell, se requiere reemplazar la noción de que observador y observado están disociados; lo que la nueva epistemología necesita es una síntesis de ambos, confirmando la real o actual existencia de la unidad del Universo, la no-localidad como el factor primordial de la naturaleza.

Es increíble que la desestimación de estas tautologías medievales se haya producido en las ciencias, mientras que el grueso de las ramas del saber socio-económico aún descansa en los teoremas newtonianos.

En su encíclica de 1951 a la Academia Pontificia de las Ciencias, y al vincular la cosmología con el Génesis, el Papa Pío XII anunció audazmente[27]: "Para medir su progreso, y al contrario de las aseveraciones propuestas en el pasado, la verdadera ciencia descubre a Dios a un grado cada vez mayor, como si Dios esperara detrás de cada puerta abierta por la ciencia".

El Papa prosiguió[28]: "Incluso podríamos afirmar que a partir de este descubrimiento gradual de Dios… surgen beneficios no sólo para el mismo científico que se refleja como un filósofo —¿y cómo podría escapar de tal reflejo?—, sino también para quienes comparten estos nuevos descubrimientos o para quienes los vuelven parte de sus propias consideraciones".

## El Big Bang

La formación y procedencia del actual Universo carece de sólidas pruebas científicas, pues nuestra óptica se halla limitada por las leyes clásicas. El *big-bang* no sólo desafía todo lo que conocemos y nos impide saber qué ocurrió y qué había antes de nacer el Universo, sino que jamás podremos saberlo.

La vida en el planeta Tierra impone arquetipos especiales a los orígenes y a la historia del Sistema

Solar. Por ello, para adentrarnos en el principio, en las características que dieron paso a su presencia, es inevitable indagar en ese fenómeno más amplio que es el comienzo del propio Universo conocido, el de la formación galáctica y estelar y, finalmente, la de los sistemas planetarios.

"El origen del Universo. Si no fue el *big-bang*, entonces, ¿qué?[29]".

El Universo es totalmente inexplicable; se desconoce con certeza si tuvo un origen en el tiempo o permanecía en reposo y de momento cobró vida; es decir, si ha existido siempre o no; si tiene una edad infinita o no.

El cosmos es de una disposición compleja y plural donde sin razón aparente aparecen y desaparecen las estructuras galácticas, estelares y gaseosas. Ciertos sucesos del Universo pueden elucidarse a la luz de las teorías deterministas que heredamos del período clásico, pero otros acontecimientos estelares nos desconciertan totalmente, y sólo podemos clarificarlos mediante la probabilística.

El *big-bang* no está razonado a partir de observaciones astronómicas, sino que se ha prescrito con fórmulas y derivados matemáticos, imaginariamente incontestables. El colmo lo tenemos en Pierre Simón de Laplace, el cual pensaba que una simple ley matemática podía describir a toda la naturaleza universal.

El *big-bang* es sólo una hipótesis y no es una proposición científica pues deriva de una explosión no comprobada, de una cantidad de materia que no existe, de un ruido de fondo que no se nota, de una hipotética perfección inicial.

Una de las teorías del inicio del Universo considera que el mismo se hallaba, hace más de 13,000 millones de años, en estado compacto, en donde permanecía concentrada la radiación, la materia y el espacio en una especie de agujero negro tri-dimensional.

Condiciones en las que sólo las partículas elementales[30] podían mantener el equilibrio, pues la radiación[31] se transformaba constantemente en partículas y anti-partículas[32], es decir, el reverso de la ecuación einsteniana[33].

El big-bang "clásico" no ocurrió en un lugar específico dentro de un vacío infinito, sino que ocurrió en todas partes porque era "todo". Fuera de él no había "nada", ni siquiera espacio vacío. Ése es el motivo de que la radiación esté en todas partes, vaya en todas las direcciones y continúe haciéndolo mientras el Universo exista, mientras viaje libremente (salvo interacciones sumamente raras de parte de la luz con gas, polvo y materia galácticos).[34]

De acuerdo con la teoría general de la relatividad era necesario un estado de densidad infinita en el pasado, el *big-bang*, que habría constituido un verdadero principio del tiempo[35]. Este huevo atómico primogénito tenía un radio cuatro-dimensional de 1,000 millones de kilómetros y temperatura de 1,000 millones de grados centígrados[36].

Uno de los descubrimientos más importantes del siglo XX es que la materia no es eterna, que aparece en un momento definido del tiempo: en el *big-bang*; antes de este fenómeno, no existía la materia. Nada explica cómo los principios fundamentales de la naturaleza se conformaron de manera tan precisa para tales requerimientos.

El obispo belga Georges Henry Lemaitre sintetizó un resultado puramente matemático donde se aventuró la hipótesis de un Universo en expansión. Lemaitre, describió un principio para el universo, el "átomo primigenio", a partir del cual evocó una expansión. El impulso científico de su especulación fueron las ecuaciones de Einstein relacionadas con la gravedad.

Seguidamente una corte de matemáticos y de físicos, como el matemático ruso Alexander Friedmann, abrazaron en fraternidad la nueva teoría cosmológica[37].

A pesar de que la idea original del *big-bang* es desarrollada entre 1927 y 1933 por Lemaitre, no fue hasta 1964 que la teoría emergió como la explicación dominante de cómo el Universo llegó a ser lo que es. En ese año dos radio-astrónomos norteamericanos descubrieron lo que parecía ser un débil resplandor del antiguo cataclismo.

# El Huevo génesis

Einstein creó fórmulas para mostrar un equilibrio entre las fuerzas que trabajan en el universo, mientras Lemaitre y Friedmann, descubrieron ecuaciones que predecían un universo inestable y dinámico. Estos descubrimientos se combinaron con el anuncio de Hubble en 1929 indicando que otras galaxias se alejaban a velocidades proporcionales a su distancia, dieron pie al universo en expansión.

El *big-bang* del siglo XX consiste en un retorno a la cosmología medieval de un Universo finito. Es el resultado de una apreciación filosófica a la cual nos arrastró el catastrófico siglo XX Mientras la conjetura del *big-bang* cada vez encuentra menos demonstración científica, irónicamente, cada vez más se toma como la definición válida para el Universo.

Así, la sacrosanta formulación de la Teoría de la Relatividad con su cuarta dimensión consideró que la luz tenía masa y que el espacio estaba curvado. Con ello se lograban compensar dos necesidades vitales humanas del siglo XX: la necesidad de conocer y la necesidad de creer.

Aunque para el conocimiento del Universo circundante dependemos fundamentalmente de la visión, los filósofos no han cesado de pensar en qué otros aspectos habrá que se nos escapan, limitados como estamos a nuestros cinco sentidos.

De ahí que la confusión fuese entronizada por el propio Einstein, mezclando la medición del tiempo con el propio tiempo. El punto no era si estábamos ante un tiempo "relativo" o "absoluto", sino su carácter objetivo como expresión de la materia, o subjetivo como elaboración de la psiquis del observador.

En esencia, las dos únicas teorías gravitatorias que han conquistado un reconocimiento universal: la de Newton y la de Albert Einstein. Como sabemos, en la teoría de Newton los cuerpos son acelerados dentro de un espacio absoluto en virtud de fuerzas gravitatorias ejercidas por otros cuerpos.

En la teoría de Einstein no hay fuerza gravitatoria. El espacio-tiempo tetra-dimensional se distorsiona o curva a manos de los cuerpos graves, y un pequeño objeto de prueba se mueve a lo largo de camino más corto en este continuo espacio-temporal curvado.

Einstein afirmó que no había base razonable para la hipótesis, según la cual todos los observadores deben atribuir el mismo tiempo a cualquier suceso dado (el caso de la Nova), aun cuando redujeran el tiempo subjetivo de su percepción al tiempo objetivo de su producción. Y dio razones muy sólidas para descartar esa hipótesis, explicaciones basadas en la constancia de la velocidad de la luz para todos los observadores inerciales.

Los nuevos hallazgos en torno al movimiento de las partículas elementales mostraron que su masa depende en alto grado de la velocidad con que se mueven en relación con el observador.

Las perplejidades intelectuales derivadas de esas nociones absolutas de tiempo, espacio y masa, que constituían el fundamento de la mecánica newtoniana, se hicieron cada vez más insostenible ante los nuevos descubrimientos y situaciones experimentales; pero surgieron además otras dificultades con la propia ley de la inversa del cuadrado[38].

Einstein manejó esta variedad abstracta de sucesos-punto en dos etapas. En la primera comenzó negando la existencia de un único tiempo universal uniforme que permitiese a todos los observadores en movimiento relativo fechar los sucesos. Por consiguiente, los distintos sistemas de medir las relaciones espaciales y temporales de los sucesos variarán de un observador móvil a otro. Pero la variación no es ni mucho menos arbitraria.

Dadas las medidas (coordenadas) espacio-temporales de cualquier suceso tal como las determina un observador, es posible calcular fácilmente las de un segundo que se encuentre en movimiento uniforme respecto del primero. Esta regla es la famosa transformación del meteorólogo norteamericano Edward Lorenz[39].

El intento de explicar la enigmática peculiaridad de la velocidad de la luz --su negativa a mezclarse con otras velocidades con arreglo al modo académico habitual-- llevó a Einstein a poner en duda la suposición tácita de un tiempo universal absoluto, algo que Newton y todos los físicos clásicos habían aceptado.

El *big-bang* se consideraría la singularidad inicial de la que parte nuestro actual Universo. Entonces, la teoría del *big-bang* formó parte del modelo surgido de la relatividad general, que se ajusta con bastante precisión a los resultados de la física cuántica en el ámbito de las partículas elementales.

La historia del Universo, fundamentándose en la visión heredada de los conceptos del físico Einstein, puede describirse en tres fases: la inicial, que encierra los primeros microsegundos y es difícil entender lo que sucede, pues la microfísica básica es incierta y envuelve condiciones muy extremas e imposibles de reproducir en los aceleradores de partículas.

En los instantes posteriores al *big-bang* el Universo estaba extremadamente caliente y condensado; en aquellos momentos las leyes de la física no operaban, y las partículas elementales de la materia no eran viables.

## La hora cero

No conocemos las leyes físicas que prevalecieron durante el *big-bang* ni qué sucedió exactamente a la hora cero, al momento de la creación hace 15,000 millones de años, más de tres veces la edad de la Tierra[40]. No existe una escala natural uniforme para la medida del tiempo. La idea de una escala uniforme de medida surgió de la medición de longitudes, pero es del todo inaplicable a la medida del tiempo. Todo ello no es desconocido.

Lo que se nos ha planteado como un hecho es que la materia y el espacio emergieron del mismo. En el modelo del físico y cosmólogo Alan Guth, toda la materia partió de un punto más pequeño que un protón. Según Hawking, en el instante del *big-bang*, la densidad del Universo y la curvatura del espacio-tiempo habrían sido infinitas.[41]

Lo que sí se ha llevado a teoremas matemáticos es que la inconcebible presión gravitatoria de todo un Universo incipiente confinado a un simple punto, a un huevo atómico, comprimiendo toda esta radiación y partículas fragmentadas[42], y a formidables temperaturas[43], se precipitó empleando algún mecanismo la famosa explosión del *big-bang*.

Si el Universo se originó a partir de la fragmentación de un átomo primordial donde se condensaba originalmente toda la materia de cosmos, aquello debió de semejarse a la explosión de una bomba-H infinitamente ampliada.

De haber ocurrido, este portento desató un cúmulo tan elevado de energía, que posibilitó la formación de cantidades extraordinarias de materia y de espacio, en la primera manifestación dual asequible de lo que se conoce como espacio-tiempo.

Pero la explosión de este imaginario "huevo atómico, se produjo por un mecanismo hasta hoy desconocido. Tras el estallido, en medio de una temperatura que ni siquiera imaginamos, existía un sólo campo y un sólo tipo de interacción de partículas.

La fuerza de la hipotética detonación y la expulsión de energía fueron tan inmensas, que posibilitaron la formación de una cantidad magna de materia, que aún sigue disparada hacia todos los puntos. Fue así que se creó el espacio en el cual se expandía la materia, y comenzó el tiempo.

Para que se organizara la materia y el Universo se expandiera, se ha recurrido a la idea del enfriamiento de esta bola ígnea a la velocidad de la luz, constante que ha sostenido hasta el presente. El talón de Aquiles de la teoría reside en lo siguiente: esta cuantía de energía preliminar se funda en una tremenda fuerza gravitatoria que inicialmente comprimía toda esta radiación y partículas subatómicas en el huevo primicial. A esa formidable temperatura, las partículas estaban fragmentadas en sus constituyentes básicos, los llamados "quarks".[44]

Después del microsegundo primario, en la segunda fase, el Universo se torna más fácil de descifrar; se pueden efectuar cálculos sobre el helio, el deuterio, el litio y demás, así como del espectro de radiación de fondo.

Esa simplicidad finaliza luego de varios millones de años, cuando las estructuras originales comienzan a condensarse. En el tercer y actual estadio de su historia, el cosmos se transfigura en un paraje intrincado, y persiste así, no porque las leyes básicas de la física sean inconstantes, sino porque en una estructura no-lineal la manifestación de estas leyes es muy abstrusa.

El físico neoyorquino Steven Weinberg ---otro Nobel de física--- ha descrito lo sucedido en el lapso comprendido entre una diezmilésima de segundo después del *big-bang* y los tres primeros minutos del Universo actual, intervalo en el que el Universo inició su expansión y enfriamiento, haciendo posible las fuerzas de ligadura que regulan las leyes de la física.

Así fue cómo, mientras el espacio ocupado se templaba en el primer segundo mediante la ecuación diseñada por Einstein[45], la energía fotónica del *big-bang* se transmutaba en materia; a medida que el espacio ocupado se enfriaba en el primer segundo, aparecían electrones y positrones, muones y anti-muones, neutrinos y anti-neutrinos, los cuales se podían mantener en equilibrio con la intensa radiación inicial.

La rápida expansión aportó un veloz enfriamiento y muchas partículas se congelaron, quedaron estables, escapando a la destrucción de los fotones de alta energía[46].

Desgraciadamente, esta hipótesis sólo tiene validez si fuesen simultáneos el momento cuando se observa el suceso y cuanto tiene lugar su acaecer real. Tal sería el caso si la luz viajara – como creían nuestros antepasados– a velocidad infinita, difundiendo a todas partes, de manera infinita, las noticias de cualquier evento (el nacimiento de una "Nova", por ejemplo). No habría entonces retardo temporal alguno entre su producción en un lugar y su observación en otro, por lejos que se hallaran. Sin embargo, sabemos que no sucede así.

## La infancia atómica

La teoría tuvo sus soportes en el descubrimiento de la regresión galáctica[47] por el astrónomo Edwin Hubble, en 1928. El físico ruso George Gamow, en 1948, predijo que debería existir un vestigio en el Universo de la explosión inicial o *big-bang*; dicha radiación cósmica de microondas ---verdadero fósil del momento de la creación del Universo---, fue observada por Arno Penzias y Robert Wilson, usando una antena ultra-sensitiva de micro-ondas, y fue calificada como la "radiación de fondo" de cuerpo negro[48]; esto les valió el premio Nobel de física en 1978.

Luego, se agregó la consideración entrópica en 1928, por Sir Jame Jeans, el cual a partir de la Segunda Ley de la Termodinámica consideró que el Universo se había iniciado en un punto del pasado y que se desplazaba de una pérdida de energía, una entropía mínima a otra máxima[49].

Al irse expandiendo decreció la temperatura, los disímiles campos se "fusionaron" y el Universo aceleró su proceso de expansión, mientras la temperatura se enfriaba con celeridad; a la edad de 25 segundos, la bola ígnea que era el Universo, consistía esencialmente en neutrinos y fotones, lo que permitió la recombinación de partículas en favor de los protones y de los fotones.

Cuando el Universo tenía un minuto de edad, se había expandido y enfriado lo suficiente para que los núcleos de deuterio pudiesen sostenerse, desencadenando una reacción nuclear de un par de minutos, que convirtió todo el deuterio en helio, y produjo pequeñas cantidades de otros elementos ligeros.

Un parpadeo después del primer instante de la creación (digamos de 10-35 segundos) la totalidad de la masa y la radiación potenciales de nuestra parte del Universo estuvo sumida en Una "sopa" primigenia de energía, parcelada dentro de una diminuta región del tamaño de una billonésima de protón (alrededor de 10-25 centímetros). En efecto, todo estaba conectado con, y era equivalente a, todo lo demás —la homogeneidad primigenia—. Entonces el Universo experimentó una erupción de espacio incomprensiblemente rápida, de modo que a los 10-32 segundos se había expandido, al menos, diez metros. Cuando la inflación terminó, esa región de diez metros procedió a expandirse, al ritmo mucho más pausado característico del big-bang, hasta adquirir su tamaño actual, mayor de un billón de años luz.

Una hora y cuarto después del *big-bang* la temperatura habría descendido a algo menos de una décima parte ---unos 300 millones de grados *kelvin*---; en ese momento las partículas elementales se encontrarían ligadas en núcleos de helio o en protones libres, además de la existencia de electrones. Condiciones en la cuales sólo las llamadas partículas elementales[50] podrían mantener su equilibrio, pues la radiación que originó la explosión, la energía, se transformaba constantemente en materia (partículas y antipartículas).

La descomunal generación de calor del *big-bang* tomó 100,000 años para enfriarse hasta la temperatura del Sol. En la actualidad, la temperatura en el Universo es muy baja, tres grados centígrados, aunque existe supuestamente energía inicial de radiación térmica.

En lo adelante, comenzó a expandirse aceleradamente, produciéndose la re-combinación de partículas en favor de los protones y de los fotones (rayos gamma), y los núcleos de helio podrían unirse con los electrones para formar átomos estables[51], y después, los elementos químicos simples que gestarían las llamadas estrellas primarias; el desacoplamiento de la materia y la radiación permitiría el inicio del proceso de formación de galaxias y estrellas.

En esos primeros instantes se formaron el helio ionizado y elementos como el litio, el berilio, el carbono, el deuterio y el boro. Luego se constituyó el hidrógeno y el helio primitivo que son los componentes de las estrellas más viejas, o de primera generación, que han sido clasificadas como de tipo II. Posteriormente, la radiación daría paso a la materia al ir descendiendo la temperatura.

Fue la energía del *big-bang* la que se transformó en materia, en elementos ligeros ---en forma de protones, neutrones y electrones---, aunque no se crearon los llamados elementos pesados, debido a que no hubo tiempo suficiente para una fusión termonuclear del hidrógeno. Después, todo ello dio lugar a las estrellas masivas, y todos los elementos siguientes, hasta la conformación del hierro, de los planetas y de nuestros cuerpos.

"Justo en el mismo *big-bang* se piensa que el Universo tuvo un tamaño nulo, y por tanto infinitamente caliente. Pero, conforme el Universo se expandía, la temperatura disminuía. Un segundo después la temperatura habría descendido a 10 millones de grados. De acuerdo con Guth, el radio del Universo aumentó un millón de billones de billones de veces en sólo una pequeñísima fracción de segundo. Hay algo así como diez billones de billones de billones de billones de billones de billones de billones de partículas en la región del Universo que nosotros podemos observar. Desde el comienzo del *big-bang* hasta ahora, han transcurrido 10,000 millones de años".[52]

# 2 El Big bang

## Un efecto sin causa

La cosmología contemporánea se basa en las mismas premisas filosóficas propuestas por los astrónomos medievales. Si anteriormente a Einstein los astrónomos veían al Universo en un cambio continuo, evolucionando, en la actualidad muchos lo presentan en proceso degenerativo, como las cenizas de una explosión primordial.

La típica interpretación del *big bang* se remonta a finales de la década de 1940 con el físico ruso George Gamow, Ralph Alpher y Robert Herman.

Gamow extrapoló el experimento de una detonación nuclear al Universo; Gamow argumentó que si una bomba-A, en una millonésima de segundo, era capaz de crear elementos que años después se detectaban, la explosión inicial del Universo debió producir elementos que aún era posible detectar. Con ello buscaba consolidar al *big-bang* y a la teoría de un Universo temporal-finito como un hecho que se debía aceptar[1].

Gamow creó parámetros que harían funcionar una gran explosión. "En realidad no se utilizó ninguna predicción", escribió Geoffrey Burbidge[2]: "No obstante, el efecto psicológico cimentado en ideas erróneas relacionadas con la predicción y el descubrimiento es una de las razones más importantes por las cuales muchos creen en el *big bang*".

El *big bang* es, obviamente, un efecto sin una causa. George Gamow buscaba maneras de demostrar que el universo no tiene un origen en la gran explosión, sino que, en esencia, es como un balón que rebota[3].

El punto débil en toda la arquitectura teórica de Gamow era ¿qué había causado el *big-bang*? Pregunta que lo llevó a una dualidad; entonces Gamow consideró que esta explosión había sido precedida de un período infinito en el tiempo, en el cual el Universo contraído en un punto "saltó" de tal singularidad a la expansión actual.

Otro conejo sacado del sombrero mágico de las hipótesis verificadoras del *big-bang* es el fenómeno de la predicción de nuevas partículas que sólo son detectables aplicando extremas altas energías[4]. Arrinconados y sin elementos demostrativos del *big-bang*, físicos como Stephen Hawkins elucubraron la idea de los múltiples y pequeños universos.

Si el Universo tuvo un origen a partir de una densidad más pequeña que la cabeza de un alfiler, la duda retórica entonces es ¿Qué había antes de eso? El *big bang* se ha teorizado a partir de dos supuestos: que el Universo surgió a partir de un momento, y de la nada. Pero nada emana de la nada de ahí que el Universo, en alguna forma, siempre ha existido.

A pesar del aferramiento al *big-bang*, no tiene sentido el inicio del Universo a partir de un esquema impecable para arribar a una actualidad compleja y caótica.

En la medida que las observaciones astronómicas entran en competencia con esta teoría matemática, como sucede constantemente, para salvar tal modelo matemático, al "fenómeno primordial", los ortodoxos del *big-bang* introducen nuevos ingredientes conjeturales e inciertos, como la materia oscura, la super-cuerda cósmica, etcétera.

## La radiación de fondo

Por eso se ha echado manos a la "radiación de fondo", la figurada "materia oscura" y a las Super-cuerdas, como pruebas de un *big-bang* generador de las galaxias que existen en el Universo. Pero las fluctuaciones obtenidas de la radiación de fondo son tan débiles que no demuestran un gran estallido.

Ese resplandor, un invasor de sonido de radiación con una temperatura equivalente a poco más de 3° Kelvin (tres grados sobre el cero absoluto), es conocido como radiación cósmica de fondo y nos da una rápida imagen del Universo tal como era unos 300.000 años después del big-bang. Es a través de la radiación de fondo que mis colegas y yo esperamos descubrir nuestras arrugas en el tiempo, el Santo Grial de la cosmología[5].

Para poder acomodar el origen del *big bang* con la teoría de las Super-cuerdas, se llevó a esta a 10 dimensiones, y así explicar convincentemente la explosión cósmica que tuvo lugar hace 15 ó 20 mil millones de años, y que arrojó las estrellas y galaxias en todas direcciones. En esta teoría, el Universo comenzó originalmente como un Universo perfecto, completamente vacío, de 10 dimensiones y sin nada en él, por lo cual no era estable.

El espacio-tiempo original del Universo de diez dimensiones realizó un "salto cuántico" hacia otro Universo, en el cual seis de las diez dimensiones colapsaron en una esfera infinitesimal, mucho menor que un átomo, y las restantes cuatro dimensiones detonaron (el *big-bang*) expandiéndose a gran velocidad. En esta hipótesis, la actual expansión del Universo es el efecto del desplome de un Universo de diez dimensiones a un Universo de cuatro y seis dimensiones.

El *big-bang* no es la única posibilidad de explicación cosmológica. La cosmología ha hecho caso omiso de la teoría del plasma. Según Hannes Alfvén, la evolución del Universo en el pasado puede explicarse comenzando con los procesos que están aconteciendo hoy en el Universo[6].

La explicación de los físicos y cosmólogos Hannes Alfvén y Oskar Klein plantea que hace miles de millones de años esta porción del Universo infinito que observamos fue resultado de una explosión local, un *big-bang* circunscrito a este paraje con su expansión a lo Hubble, y que luego comenzó a contraerse bajo la presión gravitatoria[7].

## El Universo complejo

¿Cómo es que la naturaleza ha construido un Universo complicado con ingredientes tan simples como la materia y la radiación?

Este modelo del *big-bang*, construido sobre los hombros teóricos de Albert Einstein, había convencido a los astrofísicos, al punto que se detallaron los hechos de las primeras centésimas de segundo del tiempo. Este absolutismo sobre el Universo llegó al punto de que se rechazasen otras alternativas.

Este modelo se describe como una enorme emergencia caótica, donde el espacio-tiempo fue lanzado intacto y en un una sola pieza. Con el espacio-tiempo vino la materia que lo fue curvando, y ha quedado soldado a ambos hasta el fin de los tiempos eternos.

La incógnita es: ¿de dónde surgió la energía indispensable para proyectar esa detonación? El físico Alan Guth echa manos a los imaginarios campos de fuerza, de los cuales no existe la más mínima evidencia empírica; campos que existen en un vacío que genera la energía necesaria a partir de la nada.

Sólo nos queda elegir, o bien toda la materia fue creada de golpe en un momento finito del tiempo-como por ejemplo en la teoría del *big-bang* del abate Georges Lemaitre y George Gamow- o bien se crea continuamente del modo previsto por la teoría del estado fijo. Se calcula que casi la mitad de la materia del Universo es todavía hidrógeno primordial en el espacio inter-estelar. Y hasta es posible que esta proporción aumente a medida que vayan realizándose nuevas exploraciones del Universo mediante radiotelescopio y otros métodos.

En el escenario alternativo al *big-bang*, descrito por Alfvén, sólo una pequeña parte del Universo, aquella que es observable por nosotros, al contraerse implosiona para luego explotar, resultando en un *big-bang* parcial. La diferencia de este modelo con aquel de las sucesivas implosiones y explosiones, es que ello sucedería en diversas regiones del Universo, en tiempos diferentes, en altas concentraciones de materia.

Estos pequeños *big-bang* locales, que pudieron ocurrir, pueden estar ocurriendo y ocurrirán a partir de la densidad irregular de la materia.

Preocupados por el enigma de qué hubo antes del *big-bang* un grupo de investigadores de China y Canadá realizaron varios experimentos y publicaron su teoría en el artículo "Evidence for Bouncing Evolution Before Inflation After Bicep2", en *Physical Review Letters*, la cual plantea que nuestro Universo no tuvo necesariamente su inicio en la singularidad, sino que "rebotó" a partir del colapso de un universo previo. Y la evidencia de este rebote aparentemente existe en los datos obtenidos en el experimento en la Antártida.

La teoría propuesta se apoya en la gravedad cuántica de bucles, donde a escalas muy pequeñas, el espacio-tiempo está formado por una red de lazos entretejidos en una especie de espuma; que el espacio consta de trozos indivisibles, una suerte de "átomos" de espacio-tiempo.

Acorde con esta teoría, la gravedad se comprime a medida que el Universo se colapsa hasta que en punto de máxima densidad estalla expandiéndose de nuevo. Si bien en este modelo no existe el *big-bang* iniciador del Universo, sin embargo el enigma se sostiene pues la pregunta ahora es ¿qué hubo antes de este "resorte" cósmico?

## El tiempo infinito

Otra posibilidad que se discute es que el Universo sea infinito en energía, que esté constituido de partes inconexas y que su elemento físico se materializara por la comparecencia del espacio-tiempo. Ahí tenemos que hacer una pausa;

el espacio-tiempo es quien posibilita la creación de la materia.

La primera prueba comienza analizando la idea de una sucesión infinita de años (o días, o cualesquiera otros intervalos de tiempos iguales y finitos). Esta sucesión infinita de años debe ser tal que continúe por siempre, y nunca llegue a un fin.

El tiempo infinito no existe aún; el tiempo de que aquí no es ni finito ni infinito; simplemente, la potencialidad es la que hace aparecer la dimensión del futuro.

¿Contrariamente a lo que mantiene la popular teoría del *big-bang*, que ocurriría si el espacio y el tiempo fueran eternos, donde la inmensidad de los tiempos esté más allá de la imaginación humana?

De ser el nuestro un Universo infinito, entonces el *big-bang* es un fenómeno local que sucede en una de sus zonas, y nuestra galaxia se halla precisamente en una de esas partes donde una de tales explosiones locales tuvo lugar.

Tomemos ahora esta consideración; si el *big-bang* fue un suceso local, entonces este espacio está llamado a desequilibrarse por medio de la entropía termodinámica.

Todo se reduce a si la premisa inicial es correcta o no, algo que constituye la debilidad central de la matemática. Al ser infinitas durante el *big-bang*, tanto la densidad del Universo como la curvatura del espacio-tiempo, nuestras ciencias no pueden aplicarse a esa singularidad, por estar formuladas las mismas para un espacio-tiempo uniforme y plano.

Habría que subrayar que, la idea de que tiempo y espacio deben ser finitos y sin fronteras, es apenas una hipótesis, sugerida inicialmente por razones estéticas o metafísicas, y la prueba real consiste en ver si consigue predicciones que estén de acuerdo con la observación[8].

Un universo estelar finito dentro de un espacio infinito, o bien se condensa en una única masa gigantesca debido a la gravitación, o bien se disipa gradualmente; y se disiparía porque si la gravitación, no logra producir la condensación la radiación estelar y las propias estrellas se perderían en el espacio infinito y vacío sin volver jamás a interaccionar con otros objetos de la naturaleza.

Si el espacio fuese realmente infinito y contuviera un número infinito de estrellas y galaxias, el cielo nocturno sería un ascua de luz sin huecos oscuros entre las estrellas.

El concepto de un Universo infinito no explica el hecho, obvio para todos, de que por la noche el cielo es oscuro. Esto puede parecer una observación trivial, pero no lo es. Johannes Kepler, el astrónomo del siglo XVII, fue uno de los primeros en reconocer que la oscuridad de la noche constituía un misterio. Si el número de estrellas es infinito y están distribuidas de manera uniforme, entonces cubrirían cada parte del cielo nocturno, sin ninguna grieta entre ellas. En tal caso, los cielos brillarían como una bola de fuego y cocerían la Tierra haciendo que la vida en ella resultase imposible[9].

Desde luego, podríamos explicar la oscuridad de la noche suponiendo que la luz de algunas de las galaxias distantes es absorbida en el camino o bien que la densidad galáctica se hace progresivamente menor según nos alejamos de nuestra posición actual, o bien que los espacios vacantes del cielo están ocupados por estrellas oscuras o galaxias invisibles.

Pero todas esas suposiciones serían bastantes arbitrarias, porque nuestra experiencia actual nos indica lo opuesto.

## El anatema de lo infinito

La razón por la cual se continua indagando de cómo era el Universo hace billones de años responde a la creencia general de que el Universo debió ser mucho más simple y más simétrico que el actual, el cual no permite ser representado por un modelo matemático.

Aunque la teoría ha adquirido una amplia aceptación, no es una conclusión que aprueben todos los científicos. "Para la mayoría de las personas la cosmología es igual al *big bang*" dijo a *Visión* el físico, Geoffrey Burbidge[10]: "Desde mi punto de vista la teoría es falsa, pero es una idea que las personas aceptan y que ahora incluyen en sus pensamientos y en sus sueños".

Pero el serio conflicto entre la teoría del *big-bang* y las observaciones astronómicas ha ido creciendo al paso de los años. Todas las observaciones astronómicas que se iniciaron a partir de la primera década del siglo XXI, plantean serias preguntas al modelo del *big-bang*.

Como teoría, el *big-bang* ha desaprobado todos los exámenes a que ha sido sometido. Para un grupo vasto de físicos, como el premio Nobel Steven Weinberger la teoría del *big-bang* es irreconciliable con el progreso humano[11].

Excepto algunas referencias vagas y poco convincentes, como la Segunda Ley de la Termodinámica, no se ha podido presentar una sola comprobación científica para sostener que la teoría del *big-bang* fue el inicio de todo el Universo. Sus proponentes nunca han resuelto el problema fundamental de la fuente inicial de energía para tal estallido.

Y sigue el argumento[12]: "Los defensores del *big-bang* no saben que es lo que hace que el espacio-tiempo se expansione y mucho menos que hace que el espacio-tiempo se acelere. Lo que dicen los teóricos del *big-bang*, es que en los supuestos comienzos la gravedad se tornó negativa, lo que quiere decir, que en vez de atraer, se tornó repulsiva y esto produjo la explosión que acto seguido, facilitó la inflación, que no tiene un origen en la gravedad negativa, sino en el campo inflatón, que no coincide ni se relaciona con ningún campo físico conocido y que después de realizar su trabajo desaparece."

Pero la realidad es que no tenemos experiencia alguna con gravedad repulsiva, ni siquiera realmente sabemos que es el espacio-tiempo, ni que es realmente la gravedad, lo que tenemos son fórmulas matemáticas que describen con bastante precisión el movimientos de los cuerpos celestes y algunas interacciones entre la materia y el espacio, pero no mucho más. No conocemos cual es el mecanismo que hace que esto suceda o que genere las condiciones iniciales necesarias para que esto suceda[13].

Si el *big-bang* nunca aconteció, como ya se está aceptando, entonces la visión convencional sobre la materia, al igual que la del tiempo, debe variar, pues muchas de las hipótesis de la física están equivocadas, en vez de un Universo finito en el tiempo que al final decaería, aceptaríamos un Universo infinito en evolución contínua.

El astrónomo, Hilton Ratcliffe, observa lo siguiente[14]: "La idea de un universo infinito que sólo se mueve sin rumbo es una anatema para la mente colectiva de la humanidad".

Es también el desacierto de muchos físicos, como Einstein, Hawkins, etcétera de la búsqueda de una teoría que todo lo explique. Es la idea de que todo el conocimiento puede derivarse sólo de la mente humana.

El gran peligro que amenaza la validez de los modelos cosmológicos es la posibilidad de que la teoría de la relatividad, sobre la cual se basan, quizá no sea aplicable al Universo como conjunto. El anhelo de los físicos de lograr una teoría que unifique todas las fuerzas del Universo ---algo no logrado hasta el momento---, reside en resolver el origen del Universo, la existencia de los "agujeros de gusano" e, incluso, de las máquinas del tiempo.

El que nuestra galaxia Vía Láctea y el Sistema Solar se han formado recientemente y otras galaxias ya han agotado su energía inicial es una hipótesis sobre un proceso no observable ni comprobable. Algo también inexplicable a partir de la teoría del *big-bang* es que la composición de los elementos en las estrellas, lejos de ser uniforme como correspondería a una gran explosión, varía de manera dramática.

## El Edén simétrico

Lo primero que salta a la mente es que nunca tuvo lugar un período inicial de elevadísimas temperaturas y de perfecta simetría.

Es la premisa básica del *big-bang*, de un Universo originado de manera "perfecta", un Edén simétrico cuyas características se conforman a partir de la razón pura, ante la manifestación de un Universo caótico, imperfecto, de aglomeraciones de materia de manera irregular, que no es uniforme, sino achatado como un disco.

Según el ingeniero aeronáutico Antonio Alfonso Faus, El modelo del *big bang*, basado en las ecuaciones cosmológicas de Albert Einstein, no ha podido explicar muchas de las observaciones así como muchos resultados de la experimentación científica respecto del Universo. En la actualidad este modelo contiene más de 50 contradicciones / paradojas, algunas de las cuales, en realidad muy pocas, se han ido resolviendo a base de introducir "parches" cada vez más complicados y sofisticados en la teoría que no han hecho más que confundir y complicar el entendimiento del Universo. Creo que el modelo del "big bang" está en crisis pero sobrevive, como muchas grandes instituciones, con pocas razones a su favor[15].

El *big-bang* no puede describir la estructura no homogénea y filamentosa del Universo, así como la abundancia de helio y la radiación de fondo. La cantidad de Helio en el cosmos es infinitamente menor que la predicha por los doctrinarios del *big-bang* y la magnitud de la temperatura de fondo es mucho más baja que lo predicho y esperado.

Ya sea que el Universo haya aparecido por primera vez de una u otra forma (¿fue el resultado de una explosión o ya estaba todo en su lugar?), o en uno u otro momento (¿es joven o antiguo?), la gran interrogante sigue siendo cuál es la fuente fundamental de las leyes que gobiernan al Universo[16].

Al no demostrar con el estallido inicial la fuente de energía que provoca la expansión del Universo se recurrió a la hipótesis de que la energía inicial se había convertido en elementos ligeros como el Helio, el deuterio y el litio[17]: "Teniendo en cuenta la cantidad de helio que hay en el Universo y que se formó en el *big bang*, deducimos que se necesita aproximadamente un factor de 5 veces más materia bariónica en el Universo de la que podemos observar en las galaxias".

Pero uno de los grandes defensores del *big-bang*, Fred Hoyle, intrigado por la ecuación gravitatoria del helio elaboró una versión a partir del cálculo necesario de estos elementos ligeros encontrando que la cantidad existente de estos átomos por metros cúbicos[18].

Las estrellas actuales no pueden haber producido el 24% del Universo que está compuesto de helio. Al ritmo que ellas producen energía de su fusión sólo entre el 1-2% de su hidrógeno se pude haber transformado en helio, en los 20,000 millones de años que han supuesto existe nuestra galaxia.

 También no se sostiene el alegado de que las explosiones Supernovas han generado la mayor parte del oxígeno y del carbono, pues el Universo es sólo un 5% de carbón y un 1% de oxígeno, menos de lo que esas estrellas hubiesen producido.

Se teoriza que el vacío está colmado de "partículas virtuales" que continuamente brotan y se extinguen, pero de manera tan rápida que no son observables. El vacío, por tanto, es una vasta densidad energética.

Pero la teoría de la relatividad nos dice que la energía, al igual que la masa, curva el espacio[19]: "La densidad de la energía del vacío es la que hace que la densidad del Universo alcance el valor crítico de 1; y esta densidad de la energía del vacío aparece en las ecuaciones de gravedad de Einstein como una constante cosmológica. (…) En cuanto a la masa del Universo, quizá un 0,5% se encuentre en forma de estrellas visibles, en total la materia bariónica ocuparía el 2% ó 3%, luego en esta extraña forma de materia oscura habría un 20-30%, y el resto es la constante cosmológica."

De ser cierto, entonces la gigantesca densidad energética del vacío cuántico deberá curvar el espacio para crear una constante cosmológica, en enorme campo de repulsión que debe curvar el espacio en una esfera de pocos kilómetros de diámetro. Este es uno de esos problemas insolubles para la física.

La conjeturada curvatura ovoide del Universo ungida por el *big-bang* imposibilita la formación de los patrones caóticos e irregulares de estos super-cúmulos galácticos. Esta homogénea y lisa perfección de un Universo, donde las distancias desde el centro hacia cualquier punto de sus bordes son iguales, impide la dilucidación del desorden y la caótica irregularidad de los cúmulos galácticos.

Así tenemos que aún no es verídica la explicación sobre el origen de las galaxias y otras mega-estructuras no-homogéneas. Los conglomerados de super-galaxias y un Universo no homogéneo, y la no existencia de la materia oscura contradicen todas las predicciones del *big-bang*.

# El corrimiento al rojo

El descubrimiento de galaxias con un corrimiento al rojo extremadamente alto que resulta más viejo que la edad del *big-bang* ha entronizado una gran consternación entre los astrónomos.

La "luz" que parece más distante es la radiación del fondo cósmico, que aparentemente surge de todas direcciones en el espacio. Se piensa que es la tenue luminosidad posterior al origen del universo ocurrido hace 15 millardos de años.

Aunque la radiación de fondo y el corrimiento al rojo (un desplazamiento de las líneas del espectro se dirigen hacia el extremo rojo en la radiación de los lejanos cuerpos celestes) se pueden observar con precisión, su significado y lo que nos revelan acerca de la historia del universo no son tan claros[20].

Las observaciones de Andrew McKellar, a principios de la década de 1940, acerca de la abundancia de varios gases interestelares, predijeron correctamente la temperatura de la radiación del fondo; sin embargo, de acuerdo con Geoffrey Burbidge esta radiación del fondo no es producto de un solo suceso, sino un derivado de la continua creación de átomos nuevos dentro de las estrellas.

De acuerdo con algunos, incluyendo a Burbidge, el *big bang* es más un sistema de creencias que una descripción fría basada en la observación[21]:

"Literalmente todas las personas que conozco y que investigan la radiación de fondo creen desde el principio del proyecto que saben de dónde surgió ésta", afirma. "Nadie en el grupo es un escéptico (pues no permitirían que nadie así entrara en él), nadie diría 'quizá ésta sea una interpretación errónea'. Esas personas no existen; no se les permite existir. Usted no se podría graduar si no creyera lo que ellos creen".

Edwin Hubble[22] hizo una advertencia importante respecto a ella en 1930: "Debido a que los recursos de los telescopios aún no se han agotado, bien se puede suspender la formulación de juicios hasta que se sepa mediante observaciones si los corrimientos al rojo en verdad representan un movimiento".

Muchos astrónomos desconfían de esta relación y sugieren otras razones para el corrimiento al rojo; incluso citan la evidencia relacionada con los cuásares los cuales tienen algunos de los mayores corrimientos al rojo que se hayan observado.

De acuerdo con el *big bang*, ello implica que éstos se encuentran entre los cuerpos celestes más distantes y, por lo tanto, entre los más antiguos y brillantes del universo; pero se señalan situaciones en las cuales los cuásares parecen estar frente a galaxias con un bajo corrimiento al rojo y aparentemente se han descartado las explicaciones típicas para esta interrogante[23].

La expansión de Hubble (el corrimiento en rojo galáctico), base del *big-bang*, se contradice ante el descubrimiento del astrónomo Brent Tully, de las increíbles escalas estructurales de las super aglomeraciones de complejos galácticos. Sólo el plasma cosmológico es capaz de explicar tales estructuras, al igual que puede explicar la abundancia del elemento ligero y la radiación de fondo.

El corrimiento al rojo de muchas galaxias es real, pero no significa que esté sucediendo en todos los lugares como han considerado muchos astrónomos. Se ha constatado que la luz cuando atraviesa el espacio pierde energía y cambia al color rojo. Todas estas teorías presentan graves problemas de congruencia con las observaciones del cosmos.

## El mito y la Termodinámica

La mecánica cuántica es real y la relatividad también es real, sin embargo sus resultados se contradicen entre sí. Un original rompe-cabeza para el *big-bang* es que el protón nunca decae, y si uno de los componentes esenciales del Universo tiene una duración infinita, ¿cómo explicar la materia finita? Aparte del protón existen unas 22 partículas que tienen vida infinita[24].

Siempre existiría un estado previo al cual retroceder. En esencia, se trata de una cadena infinita de causa y efecto hacia el pasado y hacia el futuro.

Cosmológicamente un Universo como el nuestro, con tan poca materia, nunca colapsará; ni las leyes de la termodinámica dictan que este Universo se consuma como lo ha demostrado Prigogine, de que no hay un límite al orden en el Universo. Así, tampoco el Universo consumirá toda la energía, pues ella es indestructible, sólo se transforma.

Eric Lerner escribió que[25] "ha llegado el momento —y vaya que le ha tomado mucho llegar— de abandonar al *big bang* como el modelo principal para la cosmología… La observación ha refutado varias veces todas las predicciones básicas de la teoría del *big bang*. La teoría ahora está atiborrada de una creciente aglomeración de hipótesis ad hoc".

Entonces, se debe concluir que el *big-bang* es sólo un mito que merece un lugar de honor junto a otros mitos como el del Universo cíclico de los hindúes, el huevo cósmico de los chinos, la creación bíblica en seis días, la cosmología tolemaica, y otros más.

# 3 ¿El fin del mundo?

## No sabemos lo sucedido
## ni lo que sucedió después

De paso, se desconoce si el *big-bang* fue un acontecimiento repentino, si fue un comienzo; de ser así se requiere entonces de una causa; por eso se ha considerado que surgió de un supuesto "huevo primitivo", un espacio increíblemente comprimido. Pero ello nos lleva de mano a un ente con bordes. Lo que nos lleva a indagar si nuestro Universo tiene bordes o no, y si tiene un centro o no.

Todo acontecimiento previo al *big-bang* es improbable de determinar ante la imposibilidad de hacer una predicción. Imposibilitadas de lidiar con números infinitos, las matemáticas de la teoría de la relatividad se muestran incapaces de explicar lo que se conoce como singularidad o inicio del Universo.

Pero, ¿qué ocurre si retrocedemos más allá del momento de la creación? ¿Qué había allí antes del big-bang? ¿Qué había allí antes de que comenzara el tiempo? Encarar esta pregunta definitiva supone un desafío para nuestra fe en la capacidad de la ciencia para explicar los misterios de la naturaleza. La existencia de una singularidad —en este caso el estado único del que emergió el Universo— es un anatema para la ciencia, ya que resulta imposible de explicar. Puede no haber respuesta a por qué existió ese estado[1].

¿Es en este punto donde la explicación científica fracasa y Dios, el artífice de tal singularidad, toma posesión de esa simplicidad inicial?

La base de todo esto es que se toma la teoría de la relatividad como una verdad absoluta; paradójicamente, en el momento del *big-bang* la misma se descubre irrelevante, deja de aplicarse al igual que el resto de las leyes de la física, de manera que nada en absoluto se puede decir sobre el caso.

Según esta teoría, el tiempo y el espacio no existían cuando toda la materia del Universo estaba supuestamente concentrada en un solo punto infinitesimal, conocido por los matemáticos como singularidad.

Sigue analizando Hawking[2]: "Solamente si pudiésemos hacernos una representación del Universo en términos del tiempo imaginario no habría ninguna singularidad (...) El Universo podría ser finito en el tiempo imaginario, pero sin fronteras o singularidades (...) En el tiempo real, el Universo tiene un principio y un final en singularidades que forman una frontera para el espacio-tiempo y en las que las leyes de la ciencia fallan. Pero en el tiempo imaginario no hay singularidades o fronteras (…) Lo que llamamos tiempo imaginario es realmente más básico, y lo que llamamos real es simplemente una idea que inventamos para ayudarnos a describir cómo pensamos que es el Universo. Pero, una teoría científica es justamente un modelo matemático que construimos para describir nuestras observaciones: existe únicamente en nuestras mentes".

Pero el problema está en que cuando encuentra una posibilidad lógica alternativa cuya consideración no desea hacer la excluye basándose en razones tan débiles como la unicidad del Universo o la "racionalidad del "Creador".

Igualmente, si sólo sabemos lo sucedido después, no podremos determinar lo que sucedió antes, por eso no pueden tener consecuencias. Auxiliándose de ese criterio, Hawking propone que el tiempo tiene su principio en el *big-bang*. La pregunta auto-contradictoria es: ¿qué había entonces antes del tiempo? La respuesta de la energía no satisface, pues según Einstein esta es sólo una manifestación de la materia.

Asimismo sucedería con la referencia a un campo de fuerza, pues este también es energía. En tanto si el Universo tuviera un principio, podríamos suponer que tuvo un creador; pero si el Universo es realmente auto-contenido, si no tiene ninguna frontera o borde, no tendría ni principio ni final: simplemente, sería: ¿qué lugar quedaría para un creador?

# El diseñador cósmico

El hecho de que el Universo comenzó en un estado "improbable" llevó a que el brillante físico austriaco Ludwig Eduard Boltzmann considerara su aparición como una "anormalidad", como resultado de una fluctuación gigantesca que, al final, retornará a su estado "normal" de equilibrio[3].

La actual imposibilidad de unificar las grandes teorías de la física nos lleva de mano a admitir que la naturaleza altamente uniforme del Universo a gran escala prueba un plan cósmico diseñado. Y es que el orden del Universo, sus leyes, nos lleva a la idea de una organización compleja que obedece a un diseño, o diseñador, cósmico. En las llamadas "constantes fundamentales" de la naturaleza encontramos la prueba más irresistible en favor de un gran plan general.

Si la astro-física, la astronomía, la física cuántica, las teorías de la relatividad y demás han "encontrado" que el Universo se rige y contiene leyes y estructuras, que pueden algunas ser locales de una parte del mismo Universo, o generales, como la relatividad, la gravitación, la transformación de energía en materia, tanto para la materia viva, los sistemas planetarios, solares, las galaxias, meta-galaxias, para los agujeros negros y demás fenómenos cósmicos, tales "leyes" no pueden ser producto del azar, de la misma materia, no pueden resultar algo automático de la interacción material.

Estas leyes revelan un "diseño" consciente que antecede al propio Universo, como el caos cósmico, los pliegues energéticos y las compactaciones amorfas de polvo estelar, como fenómenos aún no resueltos o sin un sentido momentáneo, que se tornan creativos a medida que el torrente de las ideas-energéticas ocupa espacios por medio de corpúsculos lumínicos.

## La materia oscura

Sencillamente, todavía ignoramos si el Universo tuvo un comienzo, y es por ello que el origen del espacio-tiempo sigue siendo una *terra incógnita*. Ninguna pregunta es más fundamental o mágica, tanto en términos científicos como teológicos.

La aplicación de la relatividad eisnteiniana al *big-bang* sólo es válida si el Universo es lo suficientemente denso para "contraerse" precipitado por la fuerza gravitatoria de su masa.

Una de las angustias sobre nuestra percepción del Universo, es que la mayor parte de su masa no se localiza por lado alguno; que la sustancia universal nos es desconocida, excepto a través de sus efectos gravitatorios. El dilema de la materia faltante puede formularse como el de la radiación faltante.

Por otra parte, la gravedad no puede proveer de la energía suficiente para que suceda un sólo *big-*

*bang*, es decir para sostener la teoría de un Universo que se contrae, explota y se expande para luego contraerse y así sucesivamente. El punto central resulta en lo siguiente: a medida que los objetos del Universo resultan más grandes, su densidad es menor.

Se recurrió entonces a la hipotética de la "materia oscura" como el componente esencial para confirmar al *big-bang*. Pero la misteriosa materia oscura si dice que es invisible, pero la realidad es que no existe acorde con el novísimo y sofisticado instrumental utilizado por los astrónomos.

Se plantea de que la forma en la cual las estrellas se mueven, incluido nuestro Sol y los cúmulos de galaxias, nos sugieren una gravedad superior a la combinada de toda la materia visible. A partir de ese dilema teórico, muchos astrónomos han desarrollado la noción de una "materia fría oscura" todavía no detectada, que no emite radiación alguna.

"Las galaxias atraviesan el Universo a una velocidad superior a los dos millones de kilómetros por hora". En primer lugar, el movimiento extraordinario de nuestra galaxia requiere la existencia de cuerpos masivos hasta ahora no detectados en el Universo, lo cual significaba que en éste la materia no está distribuida de manera tan homogénea como se había pensado[4].

Pero las observaciones astronómicas en la década de 1950 demostraron que la velocidad de expansión del Universo era tal que la actual cantidad de materia existente no era suficiente para detenerlo mediante la fuerza de gravedad; entonces, la supuesta contracción del Universo no podía explicarse sólo por la gravedad. Es decir se está ante un Universo demasiado difuso en materia como para contraerlo gravitatoriamente.

Los defensores del *big-bang* acudieron a los físicos de partículas para que explicasen y hallasen el 99% de la materia del Universo que estaba "desaparecida". Pues, de no encontrarse, las ecuaciones matemáticas del origen del Universo serían simplemente inadecuadas.

Y si no hay materia oscura, no es posible producir una teoría que explique la formación de las galaxias, y, sin embargo, estas se hallan por todo el Universo y vivimos en una de ellas.

El detallado estudio de estos aglomerados estelares ha puesto de manifiesto dos hechos sorprendentes. Por una parte, las galaxias satélites deberían estar distribuidas uniformemente alrededor de la Vía Láctea; pero no es eso lo que se ha encontrado. Todas las galaxias satélites clásicas de la Vía Láctea (las 11 galaxias enanas más brillantes) se encuentran más o menos en el mismo plano, forman una especie de disco[5].

De no existir la materia oscura no existiría el Universo como lo conocemos, pues esa materia ha sido la responsable de formar las diversas estructuras del mismo, por lo que debe tener propiedades muy especiales, pero desconocidas. Hay quienes la asocian con partículas elementales no descubiertas o con la posible existencia de partículas que provienen de "cuantizar" la gravedad.

Robert H. Sanders, del Instituto de Astronomía Kapteyn, propuso una hipótesis para explicar la discrepancia que encuentran los astrofísicos entre la materia directamente observable en las galaxias y cúmulos de galaxias y la que debería haber por los datos de la dinámica de estos sistemas.

Según Sanders[6], esa diferencia se explica recurriendo a la densidad de la energía del vacío más que a la existencia de materia oscura invisible para los telescopios convencionales. "La materia oscura es la materia que se supone debería explicar la diferencia entre lo observado en las galaxias y en los cúmulos de galaxias, por ejemplo, y lo que se espera que haya por los datos gravitatorios". (…) Sin embargo, aún no se ha detectado ninguna partícula en experimentos en laboratorio que reúna las propiedades adecuadas como para constituir la materia oscura."

Otros consideran que el Universo está saturado de materia y energía, y que el "espacio vacío" subsiste cargado de partículas, de radiación y de campos de fuerza. Las galaxias y cúmulos de galaxias se manifiestan como apenas como islas dentro del espacio universal.

# Falta masa galáctica

De acuerdo con el premio soviético Nobel Andréi Sajarov, si el *big-bang* ocurrió atendiendo a las leyes de la naturaleza, no debería haber materia alguna en el Universo, pues la energía inicial estaba en forma de radiación.

Se cree que lo que las enormes estructuras del Universo se mantienen unidas por una especie de materia oscura que interacciona débilmente con la materia visible a través de la gravedad, y que tiene que ser varias veces mayor que esta. Considerando este criterio, la cantidad de materia oscura en nuestra galaxia Vía Láctea tendría que ser el 80% de toda su masa, algo que ha sido refutado recientemente.

Conforme los cosmólogos se apoyan más y más en la "materia oscura" para explicar las, de otra manera, inexplicables observaciones, más y más esfuerzo se ha empleado en la detección de esta misteriosa sustancia. Sin embargo, aún no se ha encontrado una prueba directa de que exista realmente. Pero, lo que a menudo se olvida es que, incluso si existiese, la materia oscura sería incapaz de reconciliar todas las discrepancias actuales que hay entre las mediciones reales y las predicciones proporcionadas por los modelos teóricos[7].

Para aceptar al *big-bang* tiene que existir una densidad de materia en el Universo (a partir de su radio conocido), que no existe. La materia del Universo sólo contiene un 1% del total necesario para que la fuerza de gravedad pueda funcionar y detener la expansión. Por eso se le ha atribuido al 99% faltante a la hipotética e inobservable "materia oscura", que aún no se ha detectado.

Asimismo, el elusivo neutrino no es suficiente para colmar el Universo y llenar el faltante de materia. Con respecto al neutrino, nos explica Sanders[8]: "Por alguna razón nos gusta pensar en una partícula de materia oscura, como los neutrinos. Parece que, efectivamente, los neutrinos tienen una masa. Recientemente se ha descubierto que oscilan, con lo que pueden tener una masa muy baja, que probablemente es cosmológicamente insignificante".

Se considera que gran parte de los quarks presentes al inicio del Universo no se fundieron en partículas, por lo que se han esparcido y perdurado por todo el espacio, pudiendo ser la explicación de esa masa cósmica faltante en los actuales cálculos científicos para que exista la suficiente fuerza de gravedad que podría mantener unido al Universo, y que podría tal vez explicar por qué se mantienen unidas las galaxias y las meta-galaxias.

Esa es la masa faltante que, de existir, sería capaz de detener en algún momento la actual expansión del Universo, que parece indetenible. La mitad de la materia la componen las galaxias, meta-galaxias y cúmulos de galaxias, y la otra mitad en los gases que se hallan sujetos a estas estructuras.

A las elevadas temperaturas que desató el *big-bang*, la energía en radiación electro-magnética[9] se convertiría directamente en partículas simétricas[10]. De seguirse este patrón, en un estadio posterior de enfriamiento esas partículas simétricas comenzarían a aniquilarse, dejando al Universo lleno de energía y sin materias.

La cuestión que surge entonces es esta: La continua y enorme radiación hacia el espacio vacío de las estrellas y galaxias, ¿no conducirá a un estado de completo equilibrio de radiación donde resulte imposible observar nada?

Los astrónomos rusos Nikolái Pítiev y Yelena Pítieva llevaron a cabo extensas observaciones de los efectos gravitacionales anómalos de nuestro Sistema Solar, incluyendo sus lunas y asteroides, y consultaron la mayoría que se hicieron desde 1910, de telescopios, sondas espaciales, radares, etcétera.

De acuerdo con los datos obtenidos, la cantidad de materia oscura estimada en la esfera dentro de la órbita de Saturno es de menos de $1,7 \times 10^{-10}$ veces la masa del Sol. Y, la supuesta densidad de la materia oscura en esa región es menor a $1,1 \times 10^{-20}$ g/cm³, una cifra tan pequeña que es simplemente imposible exista materia oscura[11]. En otras palabras, ¿alcanzará el Universo un estado de nivelación muerta o de muerte térmica, donde no sólo dejará de acontecer cosa alguna, sino que dejará también de verse cosa alguna?

# La edad del Universo

Sin embargo, todavía persiste la dificultad, la supuesta edad del Universo, por consiguiente, algunos cosmólogos prefieren todavía la hipótesis de la creación continua a la hipótesis de una creación súbita.

Los críticos de esta hipótesis consideran poco científico suponer que las leyes físicas se han mantenido con todo rigor en todo momento salvo en el instante de la creación, en el que pudo suceder cualquier cosa. Si la hipótesis de la creación continua debía su origen a algo que por qué entonces aparecía como argumento casi inatacable, ¿por qué se acusa a sus mantenedores de mezclar la metafísica en su razonamiento?

Acorde con la astrofísica el inicio del Universo ocurrió hace 13,000 millones de años, por lo cual nada en el cosmos puede ser anterior a esa fecha. Sin embargo, todas las observaciones astronómicas han contradicho esta asunción.

De aceptar la edad del Universo promulgada por la cosmología convencional, la radiación de fondo que se inició con la presumida explosión titánica que conformó el Universo, y tomamos estas descomunales agrupaciones galácticas que se han descubierto, entonces la energía requerida para tales estructuras, traducida en radiación de fondo tendría que detectarse casi sin instrumentos.

Por su parte, Arthur S. Eddington, en su libro *The Nature of the Physical World*, comentó que la noción de un pasado infinito era escalofriante, por lo inconcebible de ser nosotros herederos de un tiempo infinito de preparación[12].

Investigaciones anteriores habían establecido que las galaxias no están esparcidas de manera uniforme en el Universo, sino que se agrupan en cúmulos y a lo largo de filamentos. Entre los cúmulos y filamentos, abundan vastas regiones sin materia, oportunamente llamados "vacíos".

H. T. Poggio en su texto *The End of the World* expresó que se extrapolaba erróneamente al Universo la Segunda Ley de la Termodinámica, la cual funcionaba sólo en situaciones simples; asimismo apuntaba que la fusión era un ejemplo de crecimiento y no de decaimiento del Universo, y que este aún no había concluido su proceso de creación[13].

Asimismo la enorme extravagancia e imperfección geométrica del Universo niega la premisa del *big-bang* de un Universo invariable y homogéneo. Se ha autenticado también la edad de muchas galaxias que se constituyeron mucho antes de que el supuesto *big-bang* se hubiese enfriado. Y no existe el proceso energético necesario para organizar hace 20,000 millones de años estas bestiales ordenaciones galácticas o para enlentecerlas.

# El mapa galáctico

El mapa galáctico basado en los rayos infrarojos mediante la observación satelital, atestiguó la existencia de complejos super-cúmulos galácticos cuyas dimensiones son demasiado descomunales como para haberse organizado a partir de esa fecha y que directamente refutan la asumida homogeneidad del *big-bang*.

El patrón de gigantescos vacíos y cúmulos galácticos irregulares, de miles de millones de años luz de circunferencia que se advierte en algunas latitudes del cosmos, la llamada "Gran muralla" galáctica y el destacado "complejo de Tully", se calcula tomaron unos 150,000 millones de años para constituirse, unas 7 u 8 veces superior al número de años que se alega ocurrió el *big-bang*.

El descubrimiento del astrónomo Brent Tully, del super-cúmulo gigante de mil millones de años luz[14] lo han llamado Laniakea, que significa "cielo inmenso" en lengua hawaiana.

El súper-cúmulo de galaxias, que sus descubridores presentan en la revista *Nature*, mide 500 millones de años luz de diámetro y contiene una masa de 100.000 billones de soles. Su tamaño resulta difícil de concebir a escala humana. La propia Vía Láctea, con sus 200.000 millones de estrellas y sus 100.000 años luz de diámetro, ya es de por sí inmensa en comparación con nuestro pequeño sistema solar. Y es poco más que un grano de arena entre las 100.000 grandes galaxias, y un número mucho mayor de galaxias menores, de Laniakea.

Como se destaca, el descubrimiento de Tully es demasiado masivo y viejo para enmarcarlo dentro del esquema del *big-bang*, y lleva a que se considere entonces un modelo alternativo de Universo de trillones de años más viejo al que nos tienen acostumbrado. En un Universo sin inicio, como el de plasma, no importa cuánto tiempo se demora en formarse tales gigantescos cúmulos galácticos.

Otra manera de expresarlo, a criterios del astrónomo Brent Tully es que por cada una de las grandes galaxias de Laniakea hay 50.000 grandes galaxias en el resto del Universo.

Se sabía que la Vía Láctea formaba parte del llamado Grupo Local, compuesto por más de 50 galaxias. Y que este se integra en el Super-cúmulo de Virgo (o Super-cúmulo Local), que contiene más de cien grupos de galaxias y que se dirige hacia la enigmática anomalía gravitatoria del Gran Atractor. La nueva investigación ha revelado que el Super-cúmulo de Virgo forma parte de una estructura mucho mayor.

Los resultados de la investigación muestran cómo las galaxias se organizan en ríos cósmicos que se desplazan a lo largo de corrientes gravitatorias. En algunas zonas los flujos divergen, "como el agua allí donde se dividen las corrientes", explica Brent Tully[15]. Así, aparecen lugares donde galaxias cercanas se mueven en direcciones opuestas.

En otras zonas, por el contrario, los flujos convergen y se precipitan hacia simas gravitatorias de modo similar a como el agua baja por torrentes hacia los valles. En el Super-cúmulo de Laniakea, todas las corrientes convergen hacia el valle del Gran Atractor.

A muchos no les gusta la idea de que el tiempo tenga un principio, probablemente porque les suena a intervención divina. La Iglesia católica, por el contrario, reconoció el modelo del *big-bang* y, en 1951, proclamó oficialmente que estaba de acuerdo con la *Biblia*.

Incluso si el Universo fuese finito, la idea de un super-protón primordial, de una "singularidad", plantea opciones ilógicas.

La trampa consiste en las generalizaciones que realizamos a partir de una ínfima porción del Universo ---la que conocemos---, que erróneamente lo consideramos como la totalidad, una hipótesis sin base científica. En la actualidad calculamos una población de 100,000 millones de galaxias, con 100,000 millones de estrellas cada una.

## La cólera de la energía

Nuestro Universo contiene una complexión compleja y pluralista, donde las estructuras desaparecen y aparecen; algunos hechos pueden elucidarse a la luz de los determinismos y otros mediante la probabilística, y donde las simplificaciones son riesgosas.

Si los horizontes de conocimientos presentes en cualquier modelo cosmológico que hemos desarrollado nos previenen de confirmar o rechazar una teoría particular se debe a que el Universo observado es un sistema cuántico.

El Universo, como un sistema observado, es un sistema cuántico, donde las estructuras y modelos que contiene están repletos de ambigüedades que no pueden ser resueltas en el contexto de las supuestas leyes que lo rigen. Es por ello que todas las teorías sobre la formación del Universo, como el modelo del *big-bang*, por ejemplo, están colmadas de enigmas que no pueden ser resueltos dentro de ese mismo diseño.

El Universo einsteiniano es isotrópico y homogéneo, es decir, la distribución de la materia en éste es la misma, no importa la dirección en que se mire y tiene la misma densidad en todos los puntos. Aún cuando se sabe que el Universo es estable y cuenta con una armonía que evita su autodestrucción, todavía es una interrogante cuál es la materia que permite esta estabilidad, pues la materia bariónica[16] no es suficiente para crear este estado.

El Universo circundante increíblemente está compuesto de pocas partículas elementales y campos; las cuatro partículas de la llamada primera generación: protón, neutrón, electrón y neutrino, además de cuatro fuerzas fundamentales: la gravedad, la interacción electromagnética, la fuerza nuclear débil y la fuerte.

Aunque la fuerza de la gravedad que nos sujeta a la superficie de la Tierra es el hecho más obvio e insoslayable de nuestra vida, esa fuerza es la más débil de las que existen en la naturaleza. La fuerza electrostática entre dos partículas elementadas cargadas es $10^{40}$ veces superior a su gravitatoria.

La materia se fue gestando de manera gradual, a medida que se enfriaba el Universo y las partículas se mezclaban. El Universo está compuesto de 3% de materia bariónica, y el restante 97% es materia oscura.

La luz, los fotones y cuantos, resultan la expresión formal de las ideas-energías, y estas, a su vez, son un desprendimiento de tal conciencia universal, que a su vez, nació de un entorno enigmático pre-universal.

Al producirse el *big-bang*, toda esta intrincación caótica flotó bajo la presión de fotones. Las imágenes, de duración instantánea, que se configuraron en ese huevo primordial, fueron como resplandores florales de los que emanaron atroces latigazos ultra-violetas.

Las partículas se armaron en meras cargas de energía; los átomos se conformaron a partir de las partículas; luego ordenaron las moléculas cuyos fotones se integraron en halos de luz.

A medida que se precipitaban ampliando el volumen del Universo, ahora un redondel azabachado.

La luz se trasmutó aquí en un fluido que se propaló en tempestades que se adentraron, en forma de ampollas, a millones de parsecs de distancia cósmica.

## El caos infernal

La teoría del *big-bang* es errónea como lo demuestran los estudios sobre el plasma eléctrico. La cosmología del plasma y la termodinámica explican al Universo mucho mejor que la gravedad newtoniana y la teoría de la relatividad einsteiniana.

Por eso, la cosmología del plasma está produciendo una verdadera revolución en nuestras consideraciones fundamentales sobre el Universo. La cosmología del plasma implica que observamos un Universo el cual siempre ha existido y evolucionado y continuará existiendo y evolucionando por tiempo infinito. Es casi un retorno a las ideas iónicas de un Universo de duración infinita, en constante evolución caracterizado por su progreso.

En la cosmología de los plasmas el estado primordial es muy anterior al *big bang*. La cosmología de los plasmas establece que el universo evolutivo siempre ha estado evolucionando; no hay razón para suponer que no ha sido así, tal como no hay razón para suponer que tuvo un origen en el tiempo. Algo siempre ha existido, pero ese algo es el cambio con el paso del tiempo[17].

En este infierno del caos sin orden, de coléricos dioses, de energética densidad, de fulguraciones de luz, de vapores protónicos y colosales ríos filamentosos de plasma que se extendían por años-luz de anchura, de colisiones, abrasiones, materias fragmentadas, de gases ígneos encarnados, comparecerá una especie de luz de neón galáctica poseedora de fuentes energéticas extraordinarias.

Por eso, para explicar la estabilidad del Universo se requiere una cantidad mayor de materia, la cual se desconoce y a la que se denomina materia oscura, una de las grandes incógnitas de la física teórica contemporánea.

De alguna manera en este continuo el Universo enfilaba hacia su equilibrio inicial hacia la expansión tórrida de energía, para componer estructuras sugestivas.

Esta hipótesis alternativa del plasma es la única que explica la abundancia del helio y de la resonancia de fondo, y también predice un nuevo fenómeno, el de las super-complejas y colosales estructuras meta-galácticas.

La gran sorpresa de los teóricos del *big-bang* es que los filamentos galácticos de plasma producen la misma cantidad de radiación de micro-ondas que la considerada radiación de fondo supuestamente eco del *big-bang*.

La interacción de las fuerzas electromagnéticas que operan en los plasmas explica la producción de elementos ligeros, según nuestras observaciones, y la producción de la radiación del fondo cósmico. Esto tiene un plasma de hidrógeno como punto de partida.

El Universo está colmado de colosales corrientes eléctricas que lo entrecruzan forjando poderosos campos magnéticos y que ejercen mayor atracción que la gravedad. Mientras la teoría del *big-bang* explica al Universo en términos sólo de la gravedad, basados en Isaac Newton y Albert Einstein, la teoría del plasma considera que el Universo está organizado por las corrientes eléctricas y los campos magnéticos y no por la gravedad.

## Un Universo hostil

No es fácil comprender la ciega e incomprensiva hostilidad del Universo circundante, que no sabe lo que hace, que no está consciente de su propio peligro, que desconoce el por qué toda la caravana de brillantes y ciegas galaxias de estrellas que, ajenas a su propia majestad y magnificencia, corren a lo largo de los desiertos intergalácticos sin saber por qué corren, desde dónde y hacia dónde, y ni siquiera pueden pedir.

De la inmensa oquedad en el exacto centro de las descomunales nubes proto-galácticas, escondida parcialmente por nubes moleculares de gases ionizados y directamente en la pared de masa hirviente que emanaba del terrible abismo natural donde prevalecía el fuego y la furia, un halo virulento se propagó, y caotizó incesantemente a los cúmulos de masa que la circundaban, compactando con celeridad inaudita a voluminosas nubes gaseosas, cuyos estruendos de pánico al fundirse se registraron en términos de *giga-hertz*.

Mientras la gravedad uniforma, el plasma genera irregularidad. Al concentrar la materia y la energía de manera más efectiva que la gravedad, el electro-magnetismo y las corrientes eléctricas conforman un Universo complejo, dinámico e irregular, como el que observamos.

El movimiento de las nubes de plasma y de las galaxias asociadas a ellas pudiera estar bajo el control de fuerzas magnéticas más que de fuerzas gravitacionales. El plasma dispone de movimiento y energía y por él discurren corrientes eléctricas y campos magnéticos. Esta colmado de filamentos o vórtices y se hacen menos homogéneos a medida que la energía fluye en ellos y crecen.

Es el plasma lo que separa las regiones de materia y de anti-materia. La dinámica de los campos magnéticos y de los filamentos electro-magnéticos, así como el plasma, no han sido creados y se rigen por la gravedad.

El que aún no se ha detectado la anti-materia es una de las grandes incógnitas astronómicas, puesto que en nuestro planeta, cuando en los ciclotrones se crea una cantidad de materia a partir de la energía, se produce la misma cantidad de anti-materia.

El tema de la materia y anti-materia posee un grave problema, pues de mezclarse podría destruir parte o todo el Universo. Lo intrigante es, por ejemplo, nuestro Sistema Solar de materia ordinaria, ¿cómo pudo separarse de la anti-materia? ¿Cómo un Universo homogéneo, como lo predican los defensores del *big-bang*, resulta no homogéneo con anti-materia en una región y materia en la otra?

En la Tierra, la anti-materia no existe en la naturaleza puesto que se aniquilaría a medida que se fuese formando. Pero es imposible rechazar la idea de que pueda existir en otras latitudes del universo, ya que sus propiedades son idénticas a las de la materia ordinaria.

El electromagnetismo es más poderoso que la gravedad, y sus leyes han sido comprobadas hasta la saciedad, sin embargo ellas predicen lo que se considera un imposible: la intensidad lumínica infinita; predice la masa infinita del electrón.

Ahora bien, los filamentos de plasma tienen la capacidad de comprimir la materia y la energía. La fuerza eléctrica se incrementa cuando la distancia decrece, de ahí que el electrón posea de manera infinita su alta energía.

## Los filamentos magnéticos

Nuestro planeta recibe un bombardeo de radiaciones de alta energía, ya sea de fotones o de otros tipos de partículas las cuales se absorben en la atmósfera. Estos rayos cósmicos se producen en campos electro-magnéticos, algunos isotrópicos pero otros procedentes de la Vía Láctea.

Como ejemplo de un efecto eléctrico tenemos la aurora boreal que se desplaza mediante el plasma sobre el planeta. Y ello es porque la actividad solar que observamos obedece a corrientes eléctricas.

Así, los rayos cósmicos son de origen electro-magnéticos, y nuestro planeta genera un enorme campo electro-magnético de mayor fuerza que su gravedad.

La luz que emana de las estrellas proviene del plasma, el cual al atravesar los campos magnéticos genera nuevas corrientes eléctricas. Y, este colosal horno de fusión termo-nuclear crea nuevas galaxias.

En 1984 los astrónomos descubrieron vastos vórtices de filamentos magnéticos, de cientos de años luz, en el centro de nuestra galaxia, la Vía Láctea. En febrero de 1989 los astrónomos Yusef Zadeh y Mark Morris mostraron las evidencias de que el núcleo central de la galaxia Vía Láctea no estaba constituido por un agujero negro ejerciendo una poderosa atracción gravitatoria, sino por fuerzas magnéticas y por la formación de filamentos de plasma.

El plasma provee un modelo para otro de los inexplicables fenómenos cósmicos, los cuásares, cuya densidad es millones de trillones mayor que el de las galaxias.

¿Cómo un objeto tan pequeño puede generar tanta energía? El criterio convencional plantea que dentro de ellos se encuentra un agujero negro. Pero cualquier objeto suficientemente masivo para generar la energía de los cuásares se desintegraría antes de colapsar en un agujero negro.

Entre los elementos también cuestionables se halla la explicación de que la fuerza gravitatoria que sostiene a la Vía Láctea es la existencia de un agujero negro. Pero las observaciones astronómicas han arrojado que en vez del agujero negro, el núcleo galáctico está conformado por plasma que se desplaza a altas velocidades (1,500 km/sec).

La evidencia de los procesos de plasma como motor conformador de las galaxias y de los violentos eventos que tienen lugar en el Universo, a pesar de estar extraordinariamente confirmados sigue ignorado por la mayor parte de la comunidad astronómica, aferrada a la gravedad newtoniana-einsteiniana.

A pesar de las barreras a la comunicación erigidas por la especialización científica, ya se destacan dos elementos: la física del plasma y la termodinámica, los cuales van convergiendo en una nueva visión sobre el Universo, en progresión evolutiva, infinito en su capacidad y comprensible tanto cualitativa como cuantitativamente[18].

El Universo, al igual que nuestro planeta, emigra de un esquema de equilibrio-colapso hacia una mayor complejidad estructural y energética.

¿Por qué el espacio está tan vacío? ¿Por qué la distancia entre las estrellas, entre las galaxias y entre los cúmulos galácticos es tan vasta? Sólo el electro-magnetismo y el plasma pueden explicar el por qué las galaxias y los cúmulos de galaxias tienen esas colosales dimensiones. Si a la gravedad se adicionan las leyes del plasma, entonces toda la jerarquía irracional cósmica puede ser deducida.

La energía gravitacional se convierte en energía eléctrica, como en los cuásares y en los núcleos galácticos. El resultado de esta conversión es la producción de sistemas complejos de estrellas, galaxias y conglomerados galácticos.

Y, dentro de estos densos y negruzcos nubarrones de polvo y gases quedaría resguardado nuestro gran centro galáctico, cuyos halos centelleantes configuraron al Sol y a su cadena de planetas.

Cada estado evolucionario del Universo crea sus leyes temporales. Las actuales leyes del Universo (gravitación, mecánica cuántica, relatividad, etcétera) son transitorias y sólo pertenecen a este momento del devenir cósmico.

# 4 La Urna Celestial

## El Sistema Solar

El Sistema Solar es a todas luces una disposición, una especie de artificio construido y para facilitar la rápida expansión de nuestra especie hacia todos sus rincones; dispone de abundancia de agua y de fertilizantes nutrientes para sostener nuestra conservación, progreso y procreación geométrica.

En el siglo XVI, el arzobispo irlandés James Ussher sostuvo que la creación del Universo y nuestro mundo tuvo lugar a las 9 horas del domingo 23 de octubre de 4004 a. C. Ya en el año 340 a. C. el filósofo griego Aristóteles, en su libro *De los Cielos,* fue capaz de establecer dos buenos argumentos para creer que la Tierra era una esfera redonda en vez de una plataforma plana.

En primer lugar, se dio cuenta de que los eclipses lunares eran debidos a que la Tierra se situaba entre el Sol y la Luna. La sombra de la Tierra sobre la Luna era siempre redonda. Si la

Tierra hubiera sido un disco plano, su sombra habría sido alargada y elíptica a menos que el eclipse siempre ocurriera en el momento en que el Sol estuviera directamente debajo del centro del disco[1].

Los griegos Aristóteles de Estagira, Hiparco de Nicea y Claudius Tolomeo construyeron el modelo del Sistema Solar que sirvió de base a la teoría helio-céntrica del astrónomo polaco Nicolás Copérnico.

Según Aristóteles[2], en el instante de la creación el Primer Hacedor (versión aristotélica del creador) estableció los cielos con un movimiento eterno y perfecto, con el sol, la luna, los planetas y las estrellas fijados en el interior de ocho esferas cristalinas que rotan sobre su centro alrededor de la Tierra. No había nada semejante al vacío; todo estaba lleno de la divina presencia. Toda la materia estaba constituida por los cuatro elementos: tierra, agua, aire y fuego. Una quinta esencia formó las esferas, una sustancia perfecta que no podía ser destruida ni convertida en ninguna otra cosa; esta quintaesencia era llamada "éter".

Si dejamos a un lado las cosmologías pre-científicas que intentaron construir el Universo sobre el tabernáculo de Moisés, el primer intento de una cosmología se remonta al siglo XVIII, cuando Europa occidental entraba en lo que Lewis Mumford ha llamado la "fase geo-técnica" de su historia; en el amanecer de la edad de las grandes navegaciones y del comercio de ultramar, que gestaron una novedosa visión del mundo que trataba de explicar de manera racional al Universo.

Las ideas provocativas de Copérnico, Galileo Galilei y Johannes Kepler, plantearon la escena para la total reevaluación de los modelos antiguos y medievales del Universo. El Sistema Solar es una porción insignificante de nuestra galaxia, Vía Láctea, por lo cual es erróneo extrapolar las leyes que lo rigen a partir de consideraciones sobre los planteas y el Sol. El centro de la Vía Láctea emite una intensa radiación gamma, el "grito de la muerte", tal vez, de aquellas estrellas que caen en ellos.

Por su parte, René Descartes sugirió que el Sistema Solar podría haber surgido espontáneamente, como resultado de la formación de inmensos remolinos en el recinto cósmico; aunque reconociendo todavía la "veracidad" de la creación relatada en el *Génesis*[3].

Ya desde el nacimiento de tales paradigmas fueron tomando cuerpo dos ideas antagónicas. El punto de vista del filósofo Kant y del matemático francés Laplace, en el siglo XVIII, de que el Sistema Solar era producto de un lento desarrollo de contracción y condensación nebular causado por fuerzas interiores activas a lo largo de un extenso período de tiempo.

Kant consideró que una nebulosa solar, en la cual tendrían lugar condensaciones secundarias originó a los planetas. Esta teoría de Kant-Laplace y del teólogo Emmanuel Swedenborg fue la que dominó hasta hace poc

# El Sistema mundo

Pierre Simón, marqués de Laplace propuso en 1796 su *Sistema del Mundo*[4]. En su descripción, los planetas surgieron de una nébula de polvo cósmico que orbitaba alrededor del proto-Sol. En esta nébula se fueron formando los planetoides y otros cuerpos sólidos de pequeño y gran diámetro por la precipitación del polvo cósmico, por la fusión y el choque de estos fragmentos.

El Sistema Solar se formó como un solo ente. Todos los planetoides que existían dentro del círculo solar interno desaparecieron con el tiempo, bien porque fuera colisionando con los terrestres más grandes, o precipitándose al Sol, o porque eran expulsados por este.

El planetoide Plutón sería un sobreviviente de los días en que el Sistema Solar estaba poblado de planetoides que eran atraídos hacia las cercanías del Sol. Ellos fueron los que conformaron a Mercurio, Venus, la Luna, la Tierra y Marte.

Esta teoría de Laplace fue posteriormente cuestionada por el físico James C. Maxwell, argumentando que las condensaciones de la primitiva nebulosa solar eran inestables y, por tanto, imposibles de una dinámica de creación de planetas.

Acorde con el también físico inglés James Jeans, la condensación, como caso especial de inestabilidad gravitatoria, sería dispersada por la rotación diferencial, en base a que la densidad crítica para la estabilidad de las condensaciones debe ser superior al cociente entre el cuadrado de la velocidad angular y la constante de la gravitación universal.

La otra alternativa fue sugerida por George D. Lecrerc, el conde de Buffón, el cual propuso en el siglo XVIII la teoría de la colisión, según la cual la Tierra es más antigua que las escrituras y el Sistema Solar nació a partir de una catástrofe cósmica provocada por la interacción de otro cuerpo celeste, un cometa errante, ya fuese por colisión o aproximación.

Los restos de tal cataclismo, esparcidos en el espacio, terminaron por agruparse formando los planetas y satélites que hoy observamos[5]. Lo paradójico de tal hipótesis es que, desde aquel momento, todas las teorías de la formación de nuestro Sistema Solar, de una forma u otra terminan abrazando una de esas dos variantes, como las expresadas por Carl von Weizäcker y Fred Hoyle en nuestros días.

## La nebulosa original

La teoría Kant-Laplace, de una nebulosa originaria en rotación, no explica el por qué los planetas disponen de una velocidad angular de rotación diaria y de revolución anual más rápida de lo que pudo haber impartido el Sol. La nebulosa era incapaz de haber producido cuerpos que girasen en una dirección y otro grupo que lo hiciera en sentido contrario. De ahí que la desestimación de la hipótesis nebular de Kant y Laplace ha llevado a la resurrección de las ideas de Buffon.

Entonces, tiene más sentido que la formación del Sistema Solar no ocurrió en un transcurso evolutivo, sino como un proceso catastrófico de inicio a fin, cuando una serie de fenómenos —como la hecatombe de estrellas masivas o el estallido de Supernovas en el espacio interestelar— conjuraron su formación, la de su sistema, la biosfera terrestre, las especies vivientes y el desarrollo homínido.

Acorde con esta teoría, los impactos de bólidos extraterrestres sí fueron importantes para la formación planetaria, y se supone que los mismos podrían aclarar desde la composición mineral de Mercurio hasta las extrañas alteraciones orbitales del planeta Urano.

El caos, ese prototipo que se caracteriza por el azar, ya se sabe que modeló nuestro Sistema Solar, y que dentro de 5,000 millones de años lo conducirá a su desintegración. El Sol no arderá eternamente pues no dispone de fuentes ilimitadas de energía, y llegará el momento que se enfriará.

El caos ha definido y gobierna la llamada "zona prohibida" entre Neptuno y la trans-plutoniana nube cometaria de Oort, incluyendo el cinturón de asteroides de Kuiper[6]. El caos también desorganiza las órbitas de los cometas y los precipita más allá de Neptuno, hacia dentro del Sistema Solar; y dirige nuestro Sistema Solar y nuestro clima, también lo hace con nuestras vidas.

Algunas regiones del Universo están virtualmente desprovistas de galaxias y existen como vastas extensiones de nada; en otras, miles de millones de galaxias forman inmensos super-cúmulos galácticos que ejercen una enorme influencia gravitacional sobre otras galaxias distantes cientos de millones de años luz.

Nuestra propia Vía Láctea, como descubrimos, es una de esas "víctimas galácticas" y está siendo arrastrada a 600 kilómetros por segundo hacia un gran super-cúmulo que aún no hemos detectado. Esta descripción del Universo —descomunales concentraciones galácticas alternadas con vacíos inimaginables— es muy distinta a la aceptada por los astrónomos a principios de los años setenta[7].

## La creación planetaria

Esta hipótesis concluye que el Sol y otra estrella se acercaron a una distancia crítica, provocando gran disrupción sería elaborada por los científicos británicos Jeams Jeans y Harold Jeffreys. Pero si la creación planetaria y luego la vida se deben a este fenómeno, estaremos ante un caso virtualmente único en el Universo, pues una masa gaseosa arrancada de una estrella se disiparía con rapidez.

Por demás, esta hipótesis adolecía de comprobación matemática[8].

Pero además, los sistemas planetarios son demasiados numerosos para surgir de sucesos tan improbables como son los encuentros o colisiones estelares[9].

El espacio no está vacío, está lleno de un "gas interestelar" detectado por el astro-físico Dame Hartmann, en 1904. Estas concentraciones de gas y polvo son más densas alrededor de las galaxias envueltas en una "niebla" de átomos, fundamentalmente de hidrógeno ionizado por la radiación de las estrellas. Existen cantidades mínimas de deuterio en este gas inter-estelar.

De estos conocimientos derivó una nueva ciencia: la astro-química. Finalmente se ha demostrado que las moléculas básicas de la vida, los aminoácidos, también existen en el espacio.

En consecuencia, la hipótesis nebular de Kant-Laplace recuperó nuevamente su preeminencia en la última década. Según esta idea nueva, tanto nosotros como nuestros mundos planetarios somos residuos de la turbulencia cósmica, moderada por la gravitación.

Es evidente que la formación planetaria sólo acontece dentro de un estrecho margen de densidades. Parece entonces que nuestra existencia y residencia terrestre es el producto de un evento muy improbable, puesto que un poco más de densidad en la región de Júpiter, entonces nuestro Sistema Solar hubiera terminado en un sistema estelar binario, y no como en la actualidad, la de una serie de planetas gaseosos oscuros que subsisten gracias a una luz prestada.

Hannes Alfvén hizo un estudio especial del campo magnético del Sol[10], encontrando que en sus primeros estadios giraba a gran velocidad, la cual se fue reduciendo debido a su campo magnético. Este es el fenómeno que logró transmitir el momento angular a los planetas.

En el siglo V a.C. el filósofo griego Anaxágoras, de Atenas, fue el primero en tratar de calcular la distancia, volumen y diámetro solar; su teoría de que era el Sol y no la Tierra el pivote central de los planetas, no sólo fue considerada una subversión del orden sino que le representó ser arrestado por herejía y expulsado de Atenas.

Es el astro más brillante de los 6 que comprenden la Constelación Casiopea, y está enmarcado en un virtual santuario de paz, en el borde exterior de uno de los brazos de la Vía Láctea, alejado de las enormes perturbaciones comunes de su gigantesco centro galáctico, a 30,000 años luz del mismo.

Se halla también distante unos 150 millones de años luz en dirección al super-cúmulo de Hidra del Centauro, el cual está poblado por cientos de miles de galaxias, lo que representa una concentración de materia extraordinaria.

# El viajero solar

El cielo era más caliente en la dirección de Leo y más frío en la de Acuario, lo que significaba que la Tierra se movía hacia la primera y se alejaba de la segunda. La galaxia entera no sólo rota, tal como debe ser, sino que también se mueve a través del espacio. Nuestros resultados sólo podían ser correctos si existía una masa celeste tan gigantesca como insospechada, cuya gravedad estuviera arrastrando la Vía Láctea hacia ella[11].

Por tanto, nuestra civilización es una de las más apartadas. Al parecer vivimos en un período de crecida actividad solar, razón por la que existe una anomalía en la emisión de los neutrinos que expulsa en sus pulsaciones.

El Sol se desplaza a la terrífica velocidad de 300 kilómetros por segundo, arrastrando a una monumental familia de 9 planetas conocidos, 70 lunas, miles de planetoides, más de 100,000 millones de asteroides y billones de cometas.

Nuestro Sistema Solar a la vez se encamina hacia un eje figurado en la Constelación del León, aunque muchos expresan que se dirige realmente hacia la estrella Vega, a 23 años-luz, en un punto intermedio entre las constelaciones de la Lira y de Hércules, en una colosal órbita elíptica que tarda 250 millones de años en consumarse alrededor de la Vía Láctea, periplo que se ha producido 50 veces y que se producirá 50 veces más antes de su extinción.

En su inmenso viaje, el Sol se desliza por una ruta peligrosa, colmada de polvo estelar, y con el riesgo latente de que alguna estrella se le interponga.

La fuerza gravitatoria de la masa solar crea una pronunciada curvatura del espacio-tiempo a su alrededor, el famoso tubo o pliegue espiral de cóncavas paredes gravitacionales, por las cuales los planetas encuentra su camino más fácil moviéndose a través de tal corredor.

Ese pliegue que provoca la gravitación solar donde se crea un espacio específico en forma de un tubo o corredor, y en él se halla un tiempo específico de ese espacio, es por donde ha transitado la Tierra durante miles de millones de años.

Toda nuestra conceptualización científica, filosófica, ideológica y demás, ha estado preñada de esta localidad específica, y es diferente al tiempo-espacio de otras latitudes.

Como lo definen Smooty Davidson[12]: "La Tierra gira alrededor de una estrella ubicada en un rincón distante de esta galaxia, cuyo disco atraviesa el cielo nocturno como una nube de luciérnagas y cuyo centro —un poco oscurecido por nubes de polvo— brilla en dirección a la constelación de Sagitario, el Cazador.

# El laberinto planetario

Es decir, aceptando la trayectoria de los cometas conocidos, el diámetro verdadero es de 150,000 unidades astronómicas, 1 año luz o, lo que es lo mismo, 10,000 veces más la distancia desde Sol hasta el planeta Neptuno. Esta nube de cometas se interna hasta la mitad de la separación del Sol con Alfa del Centauro, la estrella más cercana, a 1,2 pársec.

Es difícil aceptar la explicación de que el sistema planetario se conformara partiendo de la rotación solar; la velocidad de rotación del eje del Sol nunca ha sido suficiente para que grandes masas de materia se desprendieran de este y conformaran el sistema planetario.

Algunos presumen que el Sol primitivo y alguna otra estrella se aproximaron a distancia crítica, ocasionando una formidable erupción de sus magmas, y que ese río de materia desarrolló nuestro sistema planetario con todas sus irregularidades.

El carácter caótico del Sistema Solar y su plenitud de enigmas, así como la inestabilidad de todas las órbitas planetarias, concuerda con que destaquen entre sus misterios: la luz zodiacal vecina al Sol, y la alta temperatura de la superficie del planeta Venus y su densa atmósfera, fenómenos imposibles de esclarecer mediante el efecto invernadero o la pérdida radioactiva.

Los planetas no siempre siguen un mismo curso a través del espacio ni se desplazan a una velocidad uniforme; se mueven a velocidades diferentes, viajan en una órbita elíptica, enlenteciendo su desplazamiento cuando se hallan a mayor distancia y cobrando rapidez en la medida en que se acercan al Sol. La misma rotación de la Tierra no es una rotación simple en torno a un eje norte-sur; el planeta también sufre oscilaciones cíclicas más sutiles que se repiten cada tantos miles de años.

De este conglomerado los planetas Venus, Tierra y Marte forman la llamada zona biológica del Sistema Solar. No contamos con una explicación lógica para la diferencia de composición química entre los planetas terrestres y los planetas exteriores. Se especula que existieron otros planetas que fueron expulsados del Sistema Solar.

Toda nuestra conceptualización científica e interpretación filosófica ha estado preñada —-sin saberlo—- de esta anomalía específica, cuatri-dimensional, creada por el Sol en cada uno de sus planetas, y que pudiera ser diferente al espacio-tiempo existente en otras localidades del Universo.

Persiste entre los misterios del Sistema Solar el origen —-a todas luces violento—- de nuestra Luna, hace 4,500 millones de años, simultáneo al de la Tierra. La Luna presenta igualmente una dinámica irracional, derivada del caos inducido por la interacción gravitatoria de tres cuerpos celestes: el Sol, la Tierra, la Luna.

Un quebradero de cabeza para los astrónomos es la existencia de un torrente de asteroides, meteoritos, y partículas equivalentes a una masa planetaria, entre las órbitas de Marte y de Júpiter, precisamente en el lugar supuesto para la presencia de otro planeta, conforme a la reputada Escala de Bode, lo que ha dado pie a la hipótesis de un planeta que se pulverizó al sufrir los tirones gravitatorios del Sol y de Júpiter.

En la lista de ambigüedades destacan los movimientos desconcertantes de Júpiter y Saturno, inexplicables desde las leyes clásicas de la gravitación.

Es chocante que inmensos astros tipo terrestre, como Io y Tritón, supuestos a estar en la parte interior del Sistema Solar, orbiten alrededor de los gigantes gaseosos exteriores. La sospecha es si la Luna, Plutón, Titán, Io y Tritón en un muy distante pasado fueron descarrilados de sus circuitos originales, terminando en los actuales.

Los astrónomos siguen investigando las excentricidades de las órbitas de Urano y Neptuno; para muchos la única explicación es la existencia de un voluminoso cuerpo celeste no detectado, ubicado en una zona trans-plutoniana, en dirección a la sección norte de la Constelación del Centauro.

Este es el debatido Objeto Kolwai, o el llamado planeta-X, el cual supuestamente remolca a su paso una muchedumbre de asteroides y frena el impulso de escape de los cometas.

El examen de las teorías recientes se deduce que ninguna suministra una respuesta satisfactoria y concluyente al enigma cosmogónico. La dificultad principal para formular una proposición viable acerca del origen del Sistema Solar es la falta de información concreta donde basarla. Considérese, por ejemplo, el proceso de condensación; todavía no conocemos las complejas condiciones iniciales, como las intensidades de los campos magnéticos interestelares y el estado preciso de la turbulencia.

El astrónomo americano Edwin Hubble descubrió que las galaxias no se aproximan, sino que, por el contrario, se alejan a toda velocidad. Hubble se dio cuenta de que el color de la luz galáctica se distorsiona ligeramente[13], circunstancia que sugiere una rápida recesión. La razón es que la luz está constituida por ondas, de manera que una fuente de luz en movimiento puede estirar o comprimir las ondas, del mismo modo que un vehículo en movimiento expande o comprime las ondas sonoras que emite[14].

## Un sistema en transición

La ilusión de pequeños universos curvos y el gran Universo curvo, es resultado de la lógica desprendida de la relatividad einsteiniana. Los poderosos campos gravitatorios de los agujeros negros rotatorios que deforman el tiempo y curvan el espacio, han sido el primer reto lanzado a las leyes físicas derivadas de la teórica de la relatividad.

En primer lugar, la geometría del espacio tiempo puede desarrollar una singularidad --un estado de densidad infinita y volumen cero--, como acontece en el caso ideal esférico antes considerado. En segundo, y de modo aún más curioso, el colapso puede abrir súbitamente un nuevo Universo, con el cual carecíamos previamente de contacto.

Pero algo sobrevivirá, pues no toda la materia perece como el protón; por encima de las fronteras del conocimiento se encumbra un real impenetrable a la investigación, que excede la visión de todas las formas de vida carbónicas, mecánicas o arcillosas; un lugar en el espacio conceptual mucho más allá del futuro, donde la forma y la función se desacoplan, donde no hay sustrato físico, donde irán a parar todas las "ideas", el plasma, de eminente conducta caótica.

A pesar de que se han realizado todo tipo de experimentos, ninguno ha arrojado que los protones decaen, y no obstante la mayoría de los físicos aún defiende esa idea. Esta es una de las grandes interrogantes de la cosmología contemporánea, pues vivimos una época en la que se desconoce cómo evolucionará el Universo, si seguirá expandiéndose eternamente o presentar un eventual colapso.

La evolución del Universo es, en efecto, el cambio en la distribución de la materia a través del tiempo, el paso de una homogeneidad virtual a comienzos del Universo al aspecto "grumoso" que éste tiene actualmente, en el que la materia aparece condensada en forma de galaxias, cúmulos, super-cúmulos y estructuras incluso mayores. Podemos considerar esa evolución como una serie de fases de transición en las que la materia pasó de un estado a otro debido a la influencia de la temperatura decreciente (o energía)[15].

Es difícil saber si vivimos una transición entre la expansión y el colapso del Universo, ya que hubo un momento en que predominó la materia que está sujeta a las fuerzas de atracción, lo cual es otra de las grandes interrogantes del siglo XXI.

Por ese motivo, pensar que sólo es posible este Universo de galaxias, estrellas, nubes de gases y polvo, de agujeros negros y cuásares, esta realidad donde el humano vive y piensa, es negar que la representación física es sólo una fase del Universo; es desconocer la alternativa de filamentos inteligentes de plasma, una forma de vida de mayor volumen que las mismas estrellas, donde el fluido energético contiene información, conciencia y los medios de su subsistencia.

## Un Super cerebro

Al especular sobre las diferentes maneras en que el ser humano podría escapar a la destrucción, el físico cristiano Paúl Davies aventura la hipótesis de que la humanidad, despojada de su cuerpo material, podría transferirse a un espíritu puro, a un "Super-Ser" capaz de sobrevivir a un Universo en colapso y disponer de un número infinito de pensamientos y experiencias en el tiempo finito a su disposición.

Este super-cerebro se comunicaría hacia todas las direcciones, aprovechando las oscilaciones del colapso. Llevado a modelos matemáticos, las oscilaciones se presentan en un número infinito en la duración finita, posibilitando una cantidad infinita de procesamiento de información y, por lo tanto, un tiempo infinito para el "Super-Ser". Es una forma en que el mundo mental podría sobrevivir el abrupto cese material del Universo.

Quizás existen las dimensiones superiores, mundos invisibles más allá de las leyes normales de la física, en las cuales pueden estar las explicaciones a algunos de los secretos más profundos de la naturaleza. Tal consideración de espacios dimensionales superiores podría abrirnos las puertas del origen del Universo.

De existir Universos locales estos no resultarán esféricos, debido a que su geometría sería imprecisa y cambiaría constantemente como sucedió en los inicios de la formación del Universo. Además, es posible que entonces la luz se acerque a nosotros a una velocidad inferior a la de su alejamiento.

Actualmente se elaboran consideraciones sobre los controversiales Universos paralelos, en dimensiones diferentes, y con otros estados físicos de la materia.

Pueden existir universos paralelos con otros estados físicos, así como diversos paradigmas de universos, con leyes físicas y geometrías diferentes, en uno de los cuales estemos localizados.

¿Es nuestra circunstancia actual en la infinita historia del cosmos, sólo un nicho, no en el espacio sino en el tiempo?

Un pesimismo similar fue expresado en 1923 por el filósofo Bertrand Russell[16]: "...Todo lo que el hombre ha hecho a lo largo de los siglos, toda la devoción, toda la inspiración, todo el brillo del genio humano, están destinados a su extinción en la vasta muerte del sistema solar; y todo el templo de las realizaciones del hombre debe, inevitablemente, ser enterrado bajo los escombros de un Universo en ruinas..."

## La Luna, nuestra ancla

La masa de la Luna crea un ancla estabilizadora para la Tierra, previniéndola de la atracción indebida hacia el Sol o hacia Júpiter, evitando que la Tierra se incline demasiado lejos en su eje de giro. La atracción de la Luna produce mareas oceánicas que reponen los elementos nutritivos; simultáneamente estabiliza el eje de rotación en relación con el plano orbital.

Podría inferirse que la presencia de la Luna cerca de la Tierra es un accidente extraño, uno en un millón, cuando un planeta más pequeño golpeó a la Tierra mientras esta se formaba, posibilitando que los mantos de ambos planetas se combinaran y terminaran en órbita alrededor de la Tierra.

"Para producir semejante luna masiva -escriben el paleontólogo Peter Ward y el astrónomo Donald Brownlee[17], el cuerpo que impactó tuvo que ser del tamaño correcto, tuvo que impactar el punto correcto en la Tierra, y el impacto tuvo que haber ocurrido precisamente en el tiempo correcto en el proceso de crecimiento de la Tierra".

Su tamaño preciso, impediría también que una gravedad superior retuviera los gases dañinos como el hidrógeno, o que una gravedad inferior, con un tamaño menor, posibilitara el escape de los gases livianos, como el oxígeno y el agua. Si su velocidad alrededor del Sol fuese algo menor, este se precipitaría hacia el Sol, calcinándose, y de ser más rápida, se alejaría más allá de Plutón, congelándose.

Asimismo, su ángulo de inclinación permite las estaciones, los cambios climáticos, e impide veranos más tórridos e inviernos más glaciales, que destruirían los ciclos de las plantas. La rotación también es perfecta; de ser tan rápida como la de Júpiter (10 horas) o tan lenta como Venus (243 días), la vida vegetal no sería posible debido a la prolongada oscuridad y a los extremos de calor y frío que se producirían por los días y noches tan largos.

Su actual distancia del Sol permite el estado líquido del agua. Indica el astrónomo Hugh Ross[18]:

"Como lo reconocen ahora los bioquímicos, para que las moléculas vivificadoras obren de tal manera que los organismos puedan vivir, es necesario que haya un ambiente donde el agua líquida sea estable".

Esto quiere decir que un planeta no puede estar ni muy cerca ni muy lejos de su estrella. En el caso del planeta Tierra, un cambio en la distancia del Sol tan pequeño como de un 2% privaría al planeta de toda vida.

El período de rotación de un planeta donde haya vida no puede variar sino en un pequeño porcentaje. Si el planeta tarda más en girar, las diferencias de temperatura entre el día y la noche serán demasiado grandes.

Por otro lado, si el planeta gira muy rápido, el viento soplará a velocidades catastróficas. Por ejemplo, un día calmado en Júpiter origina vientos de 1,600 kilómetros por hora.

El resto de los planetas y lunas contribuyen, a su vez, a la vida terrestre. Ross nos relata que la colosal atracción gravitacional de Júpiter y su posición intermedia entre la Tierra y las nubes de cometas y meteoritos, actúan como una muralla que impide un bombardeo implacable sobre nuestro planeta.

Así, la regularidad de los gigantescos planetas gaseosos[19] y el ordenamiento que sus fuerzas gravitatorias ejercen en el plano ecuatorial del Sistema Solar evita que las órbitas tanto de Marte como de la Tierra no sean caóticas[20].

# CAPÍTULO II

## TERRA:

## UN OÁSIS EN EL UNIVERSO

# 5 LA VIDA

## La vida ¿un accidente?

Pierre Teilhard de Chardin, el más influyente de los pensadores católicos, ya había teorizado sobre la noción de un Universo evolucionando eternamente[1].

Y tanto Ilya Prigogine y Chardin enfatizaban que la especie humana no se halla alienada de la naturaleza; que nuestra existencia no era un accidente insignificante en un universo indiferente sentenciado a colapsar, sino la razón de un proceso evolutivo del Universo[2].

¿Qué es la vida? Todo demuestra que nuestra particularidad y característica forma de vida es un accidente del planeta Tierra, donde los átomos fueron precipitados hacia moléculas orgánicas complejas por la radiación ultravioleta.

¿Un conjunto de moléculas peculiares? Fred Hoyle, por su parte, ha estimado que la evolución de la vida es un fenómeno totalmente improbable. Hoyle apunta que las teorizadas reacciones químicas de los océanos primitivos, y la complejidad de las moléculas no podían suceder como resultado del azar.

¿Un metabolismo o transformación de la materia? Incluso, un experto en teoría de la evolución, como Jay Gould ha considerado que la evolución del humano es totalmente improbable, donde resulta imposible sucediese como un resultado accidental de una enorme y compleja concatenación de improbabilidades[3].

¿Un sistema compartimentalizado con capacidad de respuesta al medio? La Tierra podría ser el único planeta en el Universo que albergue vida, debido a condiciones muy específicas. No existe otro planeta en nuestro sistema con una atmósfera como la terrestre, que nos escuda de los bólidos, y cuya capa de ozono nos protege de las radiaciones solares.

¿Es auto-organización? La termodinámica es la tendencia natural de toda la materia, tanto animada como inanimada, para evolucionar continuamente hacia estados superiores de energía, con vistas a capturar precisamente mayor cantidad de energía.

¿Es evolución y selección de la información? La intensidad de energía contenida dentro de la biósfera terrestre crece continuamente. La vida biótica es un mecanismo sofisticado para capturar energía solar. Los animales y las plantas reciclan energía derivada de los alimentos para calentar sus cuerpos y sobrevivir a las temperaturas.

Por tanto, a escala geológica, la vida se estableció en nuestro recién enfriado planeta con bastante rapidez. Esto sugiere que, sean cuales sean los mecanismos responsables de la generación de vida, fueron realmente eficientes. Esta observación ha llevado a algunos científicos a la conclusión de que la vida es un resultado casi inevitable una vez se dan las condiciones físicas y químicas adecuadas.

Una y otra vez los pensadores de la tradición occidental, como Kant, Alfred North Whitehead o Martin Heidegger, defendieron la existencia humana contra una representación objetiva del mundo, que amenazaba su sentido. Pero ninguno logró proponer una concepción que satisficiera las pasiones contrarias, que reconciliara nuestros ideales de inteligibilidad y libertad.

Si los organismos vivos pueden funcionar gracias a leyes físicas y principios que aún no se comprenden bien, aunque sí se conozca la física de sus componentes individuales (los átomos y las moléculas), entonces la hipótesis de que un Dios natural creó la vida dentro del marco de las leyes de la física es al menos posible y consistente con nuestro conocimiento científico del mundo físico.

¿Cómo podemos ponderar la credibilidad de las dos explicaciones del origen de la vida (o de cualquier otro sistema altamente ordenado), a saber: si la vida es el producto de una manipulación inteligente aunque natural de un Super-Ser, quizás el ser supremo (Dios), o si la vida es el resultado final de procesos inconscientes auto-organizados?

¿Es mejor pensar que la vida no es un milagro aislado dentro de un Universo mecánico, sino una parte integral del milagro cósmico? Jesús, el de Nazaret, habló de "la vida eterna, implicando que los seres vivos poseen la fuerza vital, los que no lo están no la poseen.

Cuesta creer que este intrincado Universo exista por simple casualidad y es difícil aceptar que la razón de la existencia del mismo sea un hecho inexplicable. Por tanto, es muy poco probable que exista un Universo sin causa, pero es mucho más probable que exista un Dios sin causa. La existencia del Universo es extraña y desconcertante. Se puede hacer comprensible si se supone que ha sido causado por Dios.

Santo Tomás de Aquino escribió[4] que "se observa una ordenación hacia un fin en todos los cuerpos que obedecen las leyes naturales aun en el caso de no tener coincidencia", lo cual muestra que se dirigen hacia una meta y no que la alcanzan puramente por accidente. A pesar de que Santo Tomás no sabía nada de la simplicidad matemática de las leyes fundamentales de la física, adivinó que los cuerpos materiales debían obedecer unas leyes ordenadas y esgrimió este hecho como prueba en favor de un Dios diseñador.

## La vida es energía

La vida es la expresión suprema del proceso auto-organizativo del Universo. El cuerpo humano origina energía más rápidamente por unidad de volumen que la producción de materia por el núcleo del Sol; en otras palabras, el ritmo energético del cuerpo humano es 3 millones de veces más elevado que el Sol[5].

La vida ha evolucionado desarrollando diferentes modelos, cada uno llegando a sus límites sólo para verse sobrepasados por otros. En los humanos, como en los animales, esta energía de plasma se almacena en las moléculas y tal síntesis se trueca en proteína para el tejido muscular. Así, la energía circula de un ciclo metabólico a otro repetidamente para al final terminar en calor, en temperatura corporal.

Las especies terrestres no pueden sobrevivir de manera individual. Cada cantidad de luz solar, energía, capturado por las plantas y transformado en alimento orgánico se metamorfosea un sinnúmero de veces a través de una cadena biológica, al transitar de los herbívoros a los carnívoros, a los depredadores, a los insectos, a los insectívoros, a los hongos, a las bacterias.

Lo que ha influido y se ha aplicado al Universo llamado a decaer es que los organismos vivos tienen un proceso uni-direccional hacia el decaimiento, y por ello separamos el pasado del futuro. Ante la pregunta de si es imaginaria la distinción entre vida y muerte, tal cosa no considera que la biomasa viviente del planeta se ha incrementado con el tiempo. Más aún, el ritmo por el cual cada gramo de biomasa procesa energía, su metabolismo, ha crecido enormemente.

En las leyes de Newton y en la mecánica cuántica se plantea que no existe una dirección única del tiempo. También en la Teoría de la Relatividad el tiempo es la cuarta dimensión y no hay un flujo del tiempo, no hay diferencia entre pasado y futuro al ser sólo una percepción humana ilusoria pues todas las ecuaciones resultan iguales si el tiempo se revierte.

Sin embargo, en todas partes desempeñan papeles diferentes. ¿Cómo podría la flecha del tiempo surgir de un mundo al que la física atribuye una simetría temporal? Tal es la "paradoja del tiempo", que traslada a la física el "dilema del determinismo". La paradoja del tiempo está en el centro de este libro.

Por ello, una de las paradojas de la física es que no existe distinción entre el pasado y el futuro, lo que contradice la entropía propugnada por la Segunda Ley de la Termodinámica. Si las leyes del Universo no tienen dirección, es decir, tal reconocimiento de un tiempo que no fluye hacia adelante está más acorde con un Universo infinito en espacio y tiempo.

El mapa del futuro y del pasado que nos explica la cuarta dimensión es una mera abstracción. Para nuestra conciencia en este momento existe un pasado y un futuro. ¿Entonces, dónde se encuentra ese mundo sin un tiempo perfectamente predecible? ¿Está en el micro-mundo de las partículas o en el macro-mundo de estrellas y galaxias?

Muchos científicos, como el premio Nobel Ilya Prigogine, rechazan la idea de la inexistencia del tiempo al considerar que entonces estaríamos en un Universo autómata, predecible como una máquina, y por lo cual nunca nos sería posible explicar el origen del Cosmos y sus leyes[6].

## La dualidad del ser

La atmósfera es una mezcla perfecta de gases para la vida. Si la proporción de oxígeno subiera por encima del actual 21% el planeta se incendiaría. Su componente de nitrógeno y bióxido de carbono crea y fertiliza la biota vegetal, que sostiene a la vida animal y humana.

La corteza terrestre regula la atmósfera; de ser más gruesa, el oxígeno se oxidaría y de ser más delgada los terremotos y erupciones volcánicas devastarían al planeta.

La naturaleza nos presenta a la vez procesos irreversibles y procesos reversibles, pero los primeros son la regla y los segundos la excepción: Los procesos macroscópicos, como las reacciones químicas y los fenómenos de traslado, son irreversibles. La irradiación solar resulta de procesos nucleares irreversibles. Ninguna descripción de la ecósfera sería posible sin los innumerables procesos irreversibles que en ella se producen.

Acorde con la mecánica celeste, lo más indicado es_que los planetas requieren de un sistema de doble planeta, como algunos astrónomos llaman al binomio Luna-Tierra. A veces no nos percatamos de que nuestra Luna es inmensa comparada con los tamaños relativos de otras lunas en los conjuntos lunares y planetarios del sistema solar.

El astrónomo francés Jacques Laskar, en *Investigación y Ciencia*, escribió[7]: "Debemos nuestra presente estabilidad climática a un acontecimiento excepcional: la presencia de la Luna".

Sin una inmensa luna orbitando a la distancia correcta de nosotros, la Tierra estaría sujeta a un efecto fugitivo de invernadero, como en Venus, o viviría en una edad de hielo permanente, como experimentaría Marte si tuviera más agua.

Así, la solución propuesta por el propio Epicuro, el *clinamen* que en momentos imprevisibles trastorna imperceptiblemente la caída paralela de los átomos, permaneció en la historia del pensamiento como el paradigma mismo de la hipótesis arbitraria, que salva un sistema mediante la introducción de un at hoc.

Eso que llamamos "conocimiento" no es sino una serie de imágenes que se interponen entre el estímulo y la reacción del organismo. Theodor Lessing[8] ha expresado la tesis de un simio fiero que, poco a poco, ha enfermado de megalomanía, por causa de su "espíritu".

Si la conciencia define de la realidad, sería lógico que existiesen tantas realidades como conciencias individuales, pero las realidades individuales coinciden unas con otras.

Desde sus orígenes la dualidad del ser y el devenir han obsesionado el pensamiento occidental, a tal extremo que Jean Whal pudo caracterizar la historia humana como una historia desdichada que oscila continuamente entre un mundo autómata y un Universo gobernado por la voluntad divina.

Y, en forma independiente, hay un conjunto de principios que nos dice cómo utilizar la función de onda para calcular las probabilidades de los distintos resultados posibles, producidos por nuestras mediciones".

¿Nuestras mediciones? ¿Acaso ello sugiere que somos nosotros, con nuestras mediciones, los responsables de lo que escapa al determinismo universal?

## La explicación biológica

La biología trata de explicarnos la vida a través de los procesos físico-químicos., y queda por demostrarse o hallarse la forma en que el material no-biológico se transformó en material biológico, de las moléculas sencillas hasta los bio-polímeros.

El escenario ideal para el origen de la vida es la "sopa primigenia". Sin embargo, no conocemos en absoluto los pasos que median entre el experimento de Miller-Urey y las verdaderas moléculas.

Asimismo, Charles Thaxton, Walter Bradley y Roger Olsen han abordado el tema de la siguiente manera[9]: "en la atmósfera y en los varios lagos acuáticos de la tierra primitiva, la existencia de interacciones destructivas (la presencia de oxígeno en la atmósfera) hubieran disminuido considerablemente, de no haber consumido completamente, los químicos precursores esenciales (para la vida), y por consiguiente las ratas de evolución química hubieran sido insignificante. Tal sopa hubiera estado muy diluida para que la polimeración directa ocurriera. Aún charcos más concentrados se hubieran tropezado con este mismo problema. Además, no hay evidencias geológicas que indiquen que existió tal sopa orgánica en este planeta, ni siquiera en un pequeño charco. Hoy en día se está haciendo evidente que si la vida empezó en este planeta la noción concebida de que emergió de un caldo de químicos orgánicos es una hipótesis muy inverosímil. Podemos con justicia llamar a este escenario el mito del caldo pre-biótico."

La mayor parte del control reside en el núcleo de la célula, dentro del cual se encuentra el "código" genético, el "negativo" químico que permite a la bacteria duplicarse a sí misma. Las estructuras químicas que controlan y dirigen toda esta actividad pueden comprender moléculas compuestas de más de un millón de átomos dispuestos de una manera complicada aunque altamente específica.

¿Cómo puede haber vida en una colección de átomos inanimados? El motor principal del pensamiento científico del mundo occidental en los tres últimos siglos ha sido el reduccionismo científico que tiene su origen en la física del siglo XIX y en el desarrollo de la teoría atómica de la materia.

Hegel lleva a cabo un enorme progreso al negar la constancia de la razón humana; el filósofo ebrio de Dios, que repiensa el divino proceso dialéctico de la historia. ¡Y, sin embargo, la razón aparece de pronto, no más que una "invención de los griegos"! Sólo hay dos escritores que han visto plenamente este hecho: Wilhelm Dilthey y Friedrich Nietzsche[10].

A este plano holístico se hacen aparentes cualidades emergentes, como son el comportamiento deliberado y la organización. Surge un esquema colectivo.

Lentamente, desde el sensualismo griego de Demócrito y Epicuro, las poderosas corrientes intelectuales del positivismo (Francis Bacon, David Hume, John Stuart Mill, Auguste Comte, Herbert Spencer), y después la teoría evolucionista (Darwin y Lamarck), y más tarde los filósofos pragmatistas. El erróneo "dualismo " del cuerpo y el alma, que desde Descartes ha lanzado la ciencia por derroteros equivocados.

Para el físico David Bohm[11] el enigma principal es decidir a partir de qué umbral de complejidad estructural se puede hablar de vida. Sólo cuando las moléculas orgánicas adquieren un cierto nivel muy elevado de complejidad se puede decir que están "vivas", en el sentido de que almacenan en forma codificada una enorme cantidad de información.

La gran paradoja es la incapacidad de las ciencias físicas de resolver los problemas concernientes al carácter último del Ser, librándonos, de forma no esperada, de formas de reconocimiento y prosecución de una relación más profunda y de una conciencia de la realidad y de la realidad misma.

El problema está en comprender cómo los procesos físicos y químicos ordinarios pueden cruzar este umbral sin la ayuda de ningún agente sobrenatural.

Este enigma es tan dramático que en 1973, Francis Crick publicó un artículo científico titulado "Directed Panspermia" en el cual presentó sus inquietudes acerca de la teoría de la evolución[12]. En su opinión, las moléculas (proteínas) son tan complicadísimas que Crick concluye que tuvo que haber una inteligencia detrás de ellas. Crick argumenta que ni siquiera ha transcurrido suficiente tiempo desde la formación de la tierra (~5 Giga-años) para que estas proteínas se ensamblaran en complejos bioquímicos con la capacidad de auto-replicación, lo cual es imprescindible para la sobrevivencia, mucho menos para que de estos surgieran toda la diversidad de especies que hoy conocemos, sin mencionar las miles de especies que sabemos extinguidas.

Acorde con Richard Dawkins[13] en su texto El gen egoísta, nosotros somos máquinas diseñadas para sobrevivir, robots ciegamente programados para conservar las moléculas egoístas que llamamos genes.

Tanto Peter Ward como Donald Brownlee, en su libro *Rare Ear*, consideran la vida micro-biológica como algo común del Universo, pero cuando se habla de la vida compleja la situación no es tan habitual[14]. Aunque asumamos que existen abundantes planetas en nuestra galaxia que reúnen condiciones favorables para el progreso rutinario de la vida, la interrogante es: ¿cuántos de ellos desarrollarán vida inteligente?

## La uniformidad evolutiva

Si para los científicos modernos la vida es un mecanismo y no pueden encontrar ningún indicio real de una fuerza vital o una cualidad no material, entonces ello quiere decir que un ser humano no es más que un conjunto de células; es como si la materia pudiera tomar dos caminos, uno el de la vida, evolucionando hacia estados progresivamente más ordenados, y el otro el de la materia inanimada.

Para algunos la evolución no es unidireccional, y la historia de la vida muestra que ella depende del azar, como sucedió con la desaparición de los dinosaurios, que preparó el terreno para la aparición de los primates.

Es importante darse cuenta de que un organismo biológico está compuesto de átomos perfectamente ordinarios. Parte de su función metabólica consiste en adquirir nuevas sustancias de su entorno y expulsar las sustancias degeneradas o no deseadas. Un átomo de carbono, de hidrógeno, de oxígeno o de fósforo en una célula viva no es diferente de un átomo similar fuera de la misma, y hay una corriente ininterrumpida de átomos entrando y saliendo de cada organismo vivo.

Esta uniformidad esencial de la conducta de las partículas atómicas a lo largo y a lo ancho del Universo planteó hace ya mucho una pregunta difícil: si algunos átomos terrestres se fundieron en el molde humano, ¿no se condensarían en un éxtasis similar de vida y conciencia en otro hábitat celeste?

Según este criterio, si la vida sobre la Tierra fue iniciada por organismos vivos pre-existentes hace unos cuantos miles de millones de años, esos organismos sólo podrían ser una especie de semillas de la vida (los llamados cosmo-zoos) que llegaron a nuestro mundo desde el espacio inter-estelar movidos por la presión luminosa o cabalgando sobre las arcas de Noé de los meteoritos.

Fred Hoyle y Chandra Wickramasinghe expresaron[15]: "El problema de la biología es el de encontrar un origen simple, la tendencia es imaginar que hubo un tiempo cuando solo células simples existieron, pero no células complejas; esta creencia ha resultado equivocada. Viajando en retroceso hacia la era de las rocas más antiguas, los fósiles de las formas de vida ancestrales no revelan un origen simple. Aunque podemos considerar que los fósiles de bacterias, algas, y micro-hongos son simples en comparación con los de los perros y caballos, la cantidad de información es enormemente inmensa en estos seres. La mayoría del complejo bioquímico de la vida ya estaba presente en el tiempo en que las rocas más antiguas de la corteza terrestre fueron formadas."

Puede aceptarse la edad del Universo en 15 mil millones de años. Tomarían mil millones de años la formación planetaria y sus componentes químicos. Ello deja 14 mil millones de años para el desarrollo de la vida orgánica, varias veces el lapso que ha necesitado nuestro planeta. Factor tiempo que nos deja con la amplia posibilidad de que la vida puede haberse desarrollado en otras latitudes, mucho antes que en nuestro planeta.

La Tierra, por ejemplo, no puede haber existido desde siempre, pues de lo contrario su interior se habría enfriado completamente. Por medio de estudios radiactivos se puede establecer la edad de la Tierra en cerca de cuatro mil quinientos millones de años, edad similar a la de la Luna y a la de varios meteoritos.

Si nosotros somos el resultado de la explosión biológica del período Cambriano[16], que gestó innumerables especies, no quiere decir que tal "darwinismo" tenga que repetirse en otras condiciones, o fuera del planeta Tierra. La rareza de la vida compleja se confirma por el hecho de que en los últimos 530 millones de años no ha evolucionado alguna nueva especie.

De "rareza" califica el reputado paleontólogo Stephen Jay Gould el hecho de que sólo el Homo *sapiens*, uno de entre 50 mil millones de especies que han existido, desarrollara la inteligencia, la habilidad de procesar información, a lo largo de un prolongado período de 3,800 millones de años[17]. Convincentemente, puede decirse que no estamos ante un curso natural evolutivo, sino ante una secuencia de improbabilidades que nos hace pensar más en la exclusividad.

Cada uno de los seres humanos es producto de una secuencia considerable de accidentes caóticos: los contratiempos astronómicos y las fluctuaciones de nuestra galaxia; los imprevistos que llevaron a la creación del Sistema Solar; los percances promotores de la condensación de gases y polvos que formaron la Tierra; las catástrofes geológicas y las casualidades que determinaron la manera particular que la vida evolucionó en nuestro planeta; los imprevistos biológicos que propiciaron la evolución de una especie particular, la humana, con características muy singulares.

Cualquiera de tales accidentes pudo desembocar en diferentes bifurcaciones.

De ser así, cada extinción de especies en nuestro planeta puede eliminar posibilidades futuras para la expansión de la vida por el Universo. Si la vida inteligente es tan improbable: ¿cómo se explica nuestra presencia aquí? Para el astrofísico inglés, Paul Davies, la razón de nuestra existencia puede ser un azar, un imperativo cósmico desconocido, o un milagro[18]. Estas dudas nos perseguirán eternamente a no ser que descubramos una civilización super-avanzada que resuelva nuestras preguntas.

## ¿Generación espontánea o física?

La creencia general entre los científicos de que la vida es un estado natural aunque improbable de la materia ha alentado la especulación de la existencia de vida extraterrestre en otras partes del Universo.

El "milagro" de la vida puede parecer menos misterioso gracias al estudio de sistemas inanimados capaces de auto-organizarse de modo espontáneo.

El trabajo del Nobel Ilya Prigogine demuestra que muchos sistemas se organizan espontáneamente a sí mismos si son forzados a separarse del equilibrio termodinámico. Así, quizás la sopa primitiva fue encaminada a producir una sucesión de complejas reacciones auto-organizadas gracias a alguna influencia externa que trastornó el equilibrio termodinámico. Esta influencia pudo haber sido el Sol, cuyo poderoso flujo de radiación produce el desequilibrio (entropía negativa) que rige los procesos en la biosfera de la Tierra. O pudo haber sido alguna otra cosa; nadie lo sabe[19].

Las mutaciones ocurren por puro azar y, gracias a estas alteraciones aleatorias en las características de los organismos, la naturaleza cuenta con muchas opciones, entre las que elegir sobre la base de la mejor adaptación a las condiciones naturales.

La teoría de la generación espontánea tiene una larga historia. Desde el antiguo Egipto, China, India y Babilonia, en los escritos de los antiguos griegos. Fue el punto de vista idealista de Platón, reflejado en Aristóteles, el que dio a la generación espontánea una calidad sobrenatural y más tarde formó la base de la cultura científica medieval y dominó las mentes de la gente durante siglos. San Agustín, obispo de Hippona, vio en la generación espontánea una manifestación de la voluntad de divina.

Fred Hoyle, y Chandra Wickramasinghe apuntan que este fenómeno no es posible[20]: "La vida no pudo haber tenido un origen aleatorio. El problema es que hay cerca de 2000 enzimas, y la probabilidad de obtenerlas todas en un momento dado es igual a 10 elevado a la potencia de -40 mil, una probabilidad tan baja que, aun si el Universo entero consistiera de caldo pre-biótico, sería prácticamente imposible que este evento sucediera espontáneamente. Si uno no estuviera acondicionado debido a creencias sociales o entrenamiento científico a creer en la convicción de que la vida se originó" en la tierra, la citada probabilidad destruiría por completo dicha convicción. La cantidad enorme de información en aun las formas de vida más simples no pueden, a nuestro parecer, haber sido originadas por lo que corrientemente se llama un proceso "natural". Para que la vida se originara en la Tierra tuvo que haber sido necesario que instrucciones muy explícitas fuesen dadas para su ensamblaje. No hay manera en la que podamos evadir la necesidad de información, no hay manera en la que podamos justificar las teorías corrientes de caldos prebióticos más grandes y con mejores ingredientes químicos orgánicos, así como nosotros mismos tuvimos la esperanza de que fuera posible hace un par de años."

En 1953 el premio Nobel de química Harold Urey y su colaborador Stanley Miller, propusieron que la vida surgió espontáneamente en una atmósfera primitiva de metano, amoníaco y otras sustancias químicas, activada por relámpagos.

El teórico biólogo Stuart Kauffman[21], en su trabajo sobre genética y complejidad, plantea la posibilidad del surgimiento de un tipo de vida como resultado de la emergencia espontánea del orden en el caos, a través de las leyes de la física y la química. De esta manera el orden emergente a partir de un sistema de caos molecular se manifestaría en forma de un sistema que crece.

Todas las células están genéticamente programadas de forma idéntica, sin embargo no tienen igual comportamiento, y forman tejidos y órganos de estructuras diferentes; ciertamente, alguna influencia formativa, más allá del ADN, determina la estructura.

Luego de los experimentos de los italianos Francesco Redi y Lazzaro Spallanzani[22], las observaciones microscópicas comenzaron a poner en duda la generación espontánea ya que evidenciaron que muchos organismos pequeños tales como insectos o gusanos, resultaban tan complejos, o aún más, que organismos mayores en tamaño.

También se realizaron hallazgos significativos en cuanto a las especies que se reproducen por simientes. Se descubrió que las hembras vivíparas y las ovíparas son esencialmente iguales, ya que en ambas existe un huevo que se desarrolla adentro o afuera de su matriz. A su vez el microscopio reveló que en el líquido seminal de los machos nadan pequeños animálculos, los espermatozoides[23].

Pese a que la visión de la especie como entidad estática comienza a modificarse hacia finales del siglo XVIII, Cuvier se mantuvo dentro del marco de interpretación hierática fija, que suponía la creación simultánea y la inmutabilidad de las especies.

Fue el naturalista francés Jean-Baptiste Lamarck el primero en considerar que los organismos se transforman a través del tiempo, de modo que las nuevas especies se originan a partir de otras previamente existentes, mediante mecanismos y procesos naturales que pueden ser estudiados. En su obra *Filosofía zoológica* (1809), expone detalladamente este proceso[24].

Louis Pasteur, padre de la microbiología, desacreditó la teoría de la generación espontánea, planteando que la vida sólo puede derivar de la vida. El triunfo de la teoría de la evolución de Darwin, forzó a una mirada diferente del origen de la vida.

En octubre de 1994, la revista *Scientific American*[25] dedicó un número especial a "La vida en el Universo". En todos los niveles, en cosmología, geología, biología o en la sociedad, se afirma cada vez más el carácter evolutivo de la realidad.

En consecuencia, debería esperarse que se planteara la pregunta sobre cómo entender ese carácter evolutivo en el marco de las leyes de la física. Un solo artículo, escrito por el célebre físico Steven Weinberg, discute ese aspecto, sin embargo.

Weinberg escribe[26]: "Sea cual sea nuestro deseo de poseer una visión unificada de la naturaleza, no cesamos de tropezar con la dualidad del papel de la vida inteligente en el Universo... Por una parte está la famosa ecuación del físico Schrödinger que describe de manera perfectamente determinista cómo evoluciona en el tiempo la función de onda de cualquier sistema.

El antropólogo darwinista, Thomas H. Huxley explicó que la vida tenía una base física común: protoplasma. En función, todos los organismos tienen movimiento, crecimiento, metabolismo y reproducción. En su forma están compuestos de células nucleadas. En sustancia, están todos formados de proteínas, un compuesto de carbono, hidrógeno, oxígeno y nitrógeno.

Los rayos solares ultravioletas de superior magnitud que los actuales también califican como una fuente primaria del material suficiente para combinar una sopa oceánica orgánica, a partir de una atmósfera prebiótica terrestre compuesta de dióxido de carbono y nitrógeno.

No puede extrañar que existan 100 mil especies diferentes de proteínas en el cuerpo humano y que las sustancias pertenecientes a la familia de las proteínas sean tan diversas como el pelo, las uñas, la piel, los huesos y cartílagos, los músculos y tejidos conectivos, las fibras nerviosas y la hemoglobina sanguínea, las hormonas, la insulina, la albúmina del huevo, las plumas y las alas, los caparazones de insectos, etcétera[27].

El que tal variedad de materiales proteínicos sea resultado de permutar ciertos aminoácidos sugiere que la diversidad de organismos vivos posee una base química en extremo simple: la teoría cuántica de las capas electrónicas, y la aparición de la vida no es más que una realización de las potencialidades implicadas en los estados de los electrones atómicos.

## De lo inanimado a lo animado

Las leyes que gobiernan la materia inanimada lo hacen en la naturaleza viva, pero su comportamiento no responde básicamente al estado de su organización.

La vida no se puede explicar por esta suma aritmética, pues nuestra conducta no es regular ni precisa, y los organismos afectan y son afectados por el medio.

¿Quién establece el programa específico para que las estructuras de proteína se transformen en organismos complejos?

Algunos científicos plantean que la vida no resulta de un proceso de síntesis casual ni termo-dinámico, sino que es producto de una sola clase, de una sola forma de transmisión de información, de reacciones químicas especiales por lo que pueden lograrse las arquitecturas vivientes. A partir de este criterio, se estima que para producirse la vida extra-terrestre tendrían que concurrir los mismos factores que tuvieron lugar en nuestro planeta.

Se asume que manó de la materia inanimada, como un subproducto de reacciones químicas involuntarias, con el elemento carbono como la premisa cardinal para cristalizar las intrincadas y largas cadenas moleculares prebióticas: los bio-polímeros.

Un científico evolucionista como Colin Patterson expresó al efecto[28]: "Debemos primeramente preguntarnos si la teoría de la evolución por medio de la selección natural es científica o pseudo-científica (metafísica) considerando la primera parte de la teoría que postula que la evolución ha ocurrido, sugiere que la historia de la vida es un solo proceso de división y progresión de especies. Este proceso tiene que ser único e irrepetible, como la historia de Inglaterra. Esta parte de la teoría es entonces una teoría histórica acerca de eventos únicos, y eventos únicos no pertenecen, por definición, al ramo de la ciencia, porque no se repiten y por lo tanto no se pueden verificar por medio de experimentos."

A partir de la gran facilidad de los átomos de carbono para conformar las cadenas orgánicas se saltaría a la química orgánica; luego subsiguió la auto-gestación de los subconjuntos moleculares y a la energía proto-bioquímica; y finalmente, a los ancestros de los polímeros gigantes que programaron la vida.

Es prácticamente imposible que las partículas últimas llegaran a organizarse por puro azar en estructuras tan complejas como los seres humanos, o incluso como las células vivientes y las moléculas proteínicas. Y, para colmo, la evolución de los organismos unicelulares a partir de la materia inanimada fue ciertamente más compleja e intrincada que su evolución posterior, hasta los animales y plantas de hoy.

La materia viviente representa un estado de no-equilibrio, que requiere para su mantenimiento de un manadero constante exterior de energía. Nadie puede decir, con seguridad, cuáles eran las condiciones terrestres o atmosféricas cuando las moléculas atravesaron la frontera crítica entre la química orgánica y la biología. Esta evolución química, si tuvo lugar, no ha dejado huellas geológicas y resulta raro que ese mecanismo de creación no esté activo en la actualidad.

Mucho se ha discutido sobre la probabilidad estadística o no de que una mezcla aleatoria de sustancias pudiera llegar a formar proteínas enzimáticas y otras estructuras complejas y especializadas por un concurso puramente fortuito de átomos.

Se cree cada vez más entre los científicos que ni la mente ni la vida están limitadas necesariamente a la materia orgánica. En resumen, primero es la materia y después la mente. Pero, ¿debe ser inevitablemente así? ¿No podría ser la mente el ente más primitivo?

La vida es un concepto holístico, y el punto de vista reduccionista no revela más que átomos inanimados dentro de nosotros. La mente es también un concepto holístico. Una característica de los seres vivos es que parecen comportarse de acuerdo con un propósito, como si estuvieran encaminados hacia un fin específico.

Sin embargo, el aspecto crucial que queremos señalar es que, del mismo modo que la colonia de hormigas tiene cualidades holísticas, también las tiene la colonia de células. Decir que una colonia de hormigas no es más que una colección de hormigas es pasar por alto la realidad del comportamiento de la colonia.

# La realidad natural

¿Cuál es la característica tan especial del ser humano que le confiere el poder de concentrar unos átomos nebulosos en una nítida realidad? De acuerdo con los principios básicos de la teoría cuántica, la naturaleza es inherentemente imprevisible.

Cuando pasamos en un tren a gran velocidad por delante de una estación de ferrocarril, el reloj de la estación corre ligeramente más rápido visto desde nuestro sistema de referencia que desde el de una persona estacionada en la plataforma. En compensación, la plataforma parece más corta desde nuestro punto de vista.

Después de todo, entre las distorsiones mutuas del espacio y el tiempo, el futuro se producirá igualmente tanto si está determinado por sucesos previos como si no lo está. Solamente en el flujo del río del tiempo podemos percibirnos a nosotros mismos. Por ello quizás la naturaleza mantiene el secreto de la mente, que sólo será resuelto cuando entendamos el secreto del tiempo.

Existe en la realidad natural un resultado y un comportamiento cualitativo que es diferente a la simple suma aritmética de los elementos atómicos de un cuerpo material.

También ignoramos cuál es el impulso vital que hace transmutar a un material no-biológico, a un saco lleno de proteínas atómicas y moleculares, en la increíble sincronización química de la vida animada, fabricada y ensamblada por fuerzas electromagnéticas.

En el caso de los organismos vivos, nadie negaría que un organismo sea una colección de átomos; el error consiste en suponer que no es nada más que "una colección". La sola descripción de los componentes no contradice la sola descripción holística, sino que los dos puntos de vista, lo particular y lo holístico, son complementarios; cada uno es válido en su propio plano.

No ha sido posible desentrañar la increíble y desconocida fuerza que lleva una recolección de átomos y moléculas inanimadas a la increíblemente compleja gestión sincronizada de inmensurables desencadenamientos químicos que constituyen la vida animada.

Pero esta gestión creadora que demanda partículas, átomos y moléculas, por sí sola y mecánicamente no lleva a la determinación de la vida consciente; la adición matemática de este zoológico de partículas no nos lleva a un ser consciente, sobre todo al humano sapiente, el cual no se contenta con su existencia presente, como debía ser, sino que busca su solución futura.

Es motivo de polémica si en la materia inanimada nos hallamos ante una naturaleza proto-psíquica, desconociéndose cuál es la fuerza que hace transformar a los inanimados átomos y moléculas, un material no-biológico, en la extraordinaria y compleja sincronización química de la vida animada.

Aún desconocemos cómo dio la vida su primer paso cuando la materia inanimada se transformó en una organización simple, como la de un bacilo o un alga, pues la irrupción de la vida a partir de la materia inanimada no ha dejado huella alguna.

Hoy ya no es fácil definir a un ser vivo, como hiciera algún tiempo atrás el biólogo John Henry Woodger[29], cuando trató de axiomatizar la genética en términos de una $X$ sumada a carbono, hidrógeno, oxígeno, nitrógeno, además de relaciones de organización.

Quizá el misterioso componente $X$ se introducía para suministrar apoyo a cierto componente misterioso que podría asimilarse a un alma, según la manera explícita de teólogos medievales como Tomás de Aquino, o bien el elán vital, más remoto por menos tangible, de los vitalistas y evolucionistas creativos como el filósofo Henry Bergson y Lloyd Morgan.

Si en consecuencia; desterramos el gratuito elemento $X$ de la definición de la vida del biólogo Woodger, la esencia parece residir en las relaciones de organización. Dicho de otro modo, y utilizando la frase de John Burdon Haldane, la vida se convierte sencillamente en una pauta mecánica auto-perpetuada de reacciones químicas[30].

Sobre el tema, el evolucionista y paleontólogo David Raup escribió[31]: "Darwin estaba avergonzado del testamento de los fósiles de su época; ahora cerca de 120 años después el conocimiento sobre los fósiles se ha expandido enormemente. Hoy en día tenemos alrededor de

250 mil especies en fósiles, pero la situación no ha cambiado. Tenemos menos ejemplos de transiciones evolutivas ahora que las que teníamos en el tiempo de Darwin.

¿Es vivo algo virtual o entidades de simulación computacional, o un micro-código de computadora que ejecuta los complicados movimientos de un insecto y se comporta como tal?

Quizá la objeción más seria, sin embargo, a la versión causal del argumento cosmológico esté en el hecho de que causa y efecto son conceptos que están profundamente vinculados a la noción de tiempo

La respuesta de qué sucedió antes del *big-bang* es que no había "antes" porque el tiempo mismo fue creado en el *big-bang* se contempla con recelo: "¡Algo debe haberlo causado!" Sin embargo, causa y efecto son conceptos temporales y no pueden ser aplicados a un estado en el que el tiempo no existe; la pregunta simplemente no tiene sentido.

Esta incertidumbre exige una revisión radical de las creencias habituales. El factor cuántico, no obstante, parece romper esta cadena causal permitiendo la ocurrencia de sucesos sin ninguna causa aparente, de ahí la admisión de que la incertidumbre atómica es algo verdaderamente intrínseco a la naturaleza.

El físico John Wheeler ha hecho hincapié en la idea de que[32]: "El principio cuántico demuestra que, en algún sentido, lo que haga un observador en el futuro determina lo que sucedió en el pasado, incluso en un pasado tan remoto que la vida no existía".

La incertidumbre es el principal ingrediente de la teoría cuántica y conduce directamente a la imprevisibilidad; y es que el mundo atómico está lleno de oscuridad y caos.

Según la física, la elasticidad del espacio parece no tener límite. Por ahí parte la teoría de que la más diminuta región se puede expandir hasta el infinito. Los defensores de tal hipótesis han predicho que una mil millonésima de segundo después de la creación, el Universo observable actual (todos los mil millones de billones de años luz cúbicos del mismo) estaba comprimidos en un volumen del tamaño del sistema solar.

Lo que nos lleva de mano a si en los instantes anteriores ocupaba un volumen más pequeño aún, entonces ¿el espacio pueda provenir de la nada y la materia surgir del espacio?

## Entre el orden y el caos

La atmósfera de la Tierra en ese momento estaba formada principalmente de metano, amoníaco y vapor de agua. Bajo la influencia de la radiación ultravioleta solar se formarían moléculas orgánicas meta-estables a partir de ese material atmosférico.

En experimentación en laboratorios se ha demostrado que esta mezcla sometida a radiación ultravioleta produce aminoácidos. Se han descubierto moléculas complejas presentes en las nubes gaseosas en el espacio. Las proteínas y los ácidos nucléicos, base de toda vida, pueden haber surgido de cambios químicos y físicos normales en la "sopa" primordial.

La vida tiene lugar en un territorio de transición entre el orden y el desorden; justo en la franja donde el agua se halla en un estado intermedio de liquidez, bordeando precisamente el caos; donde una fluctuación de temperatura la transforma en una materia altamente estructurada como el hielo o demasiado desorganizada como el vapor.

Ahí, precisamente, en ese cruce momentáneo de un Universo caliente a frío, ha propiciado la naturaleza el desenvolvimiento de la especie humana, con el agua líquida como su componente cardinal. No somos pues el fruto de una condición estable en la naturaleza, sino de una dinámica transitoria entre el orden y el caos.

La evolución de las especies no es producto solamente de las mutaciones genéticas, sino también de los cambios eco-ambientales, las fluctuaciones marinas, la salinidad oceánica, las corrientes oceánicas, los nutrientes de los océanos, e incluso de factores como la inversión del campo magnético terrestre y el impacto de grandes meteoritos.

La deriva continental provoca cambios climáticos, con ecosistemas favorables para diferentes organismos, permitiendo el incremento de la diversificación, sobre todo a medida que nos acercamos al ecuador.

La ruptura de los continentes provocó el aislamiento físico y la aparición de nuevas variaciones adaptadas a cada entorno, prosperando también la diversidad de formas de vida.

Desde la figuración mecanicista no existe la vida, sino patrones complejos de interacción mecánica que tienen lugar como consecuencia de las eternas leyes de la física y la química. Desde esta lógica, en el contexto de la máquina universal, la evolución en el planeta resulta sólo una fluctuación local.

Es increíble, pero cierto, que la complejidad del mundo sea derivada de la alineación de sólo seis docenas de átomos diferentes. Partiendo de esta combinación atómica se construyen las moléculas, las células y los organismos vivientes -la vida- que es una de las tantas recombinaciones interesantes de las moléculas.

La morfogénesis y la regeneración no pueden ser explicadas de forma mecanicista; como sistemas físicos, las máquinas no son más que la suma de sus partes y su interacción.

Pueden existir otras mezclas atómicas igualmente complejas susceptibles de construirse artificialmente. No conocemos los límites de la vida, y no hay razón para pensar que los átomos y las moléculas no puedan configurarse de forma diferente. Lo especial de nuestro Universo es que encierra la vida inteligente. Esto ha llevado a que algunos rechacen su comparecencia por razones fortuitas, y la conceptualicen como un fenómeno capaz de desenvolverse automáticamente ante las condiciones idóneas, debido a su adaptabilidad y a las crecidas probabilidades en el Universo para su desarrollo.

Hay otra posibilidad todavía más notable; se trata de la creación de la materia a partir de un estado de energía cero. Dando por sentado que la creación de la materia, durante tanto tiempo considerado es el resultado de una acción divina, puede quizá ser ahora comprendida en términos científicos ordinarios.

¿Por qué hay precisamente *este* Universo, *este* conjunto de leyes, *esta* disposición de la materia y la energía? En definitiva, ¿por qué existe cada cosa?

La idea de un sistema físico que contiene su propia explicación puede parecer paradójica, pero es una idea de la que existen algunos precedentes en la física. Aunque admitamos (ignorando los efectos cuánticos) que cada suceso es contingente y depende para su explicación de algún otro suceso, no hay razón para concluir que esta serie debe continuar indefinidamente o que deba tener su origen en Dios, sino que puede tratarse de un bucle cerrado.

# La vida planetaria

La edad del planeta Tierra es aproximadamente de 4.500 millones de años. Hace 4,000 millones de años, tuvo lugar primero el asentamiento geológico. La Tierra en sus estadios iniciales no funcionaba de la misma manera que hoy.

El primer periodo de la Tierra, el Arcaico, se prolongó hasta hace 1,800 millones de años. Su composición inicial tuvo que ser de hidrógeno y helio. En esta época el planeta contiene grandes cantidades de elementos pesados, como el oxígeno y el hierro.

Durante más de 4 mil millones de años la vida estuvo ausente del planeta. Ante la falta de compuestos orgánicos que atacasen a los minerales, la recombinación química era reducida y los nutrientes en el suelo, lagos y ríos eran escasos. En la atmósfera primitiva del planeta Tierra el hidrógeno era el constituyente dominante, pero, por ser un componente tan ligero, gran parte de este escapó de la atmósfera.

Las partículas atómicas imprescindibles para la aparición de la vida comparecieron en el interior, virtuales hornos atómicos, de las gigantescas estrellas rojas. Para la vida en nuestro planeta ha sido fundamental la presencia inicial del hidrógeno, luego del oxígeno, del carbono y de las moléculas de agua, del nitrógeno, el fósforo y el sulfuro.

Entre los granos de minerales más antiguos hallados en el planeta figura el circón, de 4,300 millones de año. La roca más remota se ha localizado en el lago del Esclavo, en Canadá, y data 3,960 millones de años, a las que siguen la de Isua, en Groenlandia, y la del río Limpopo, en África del Sur.

Ello implica que el planeta, en el corto período de 500 millones de años, evolucionó a sus propiedades actuales partiendo de una densa nube de polvo cósmico.

El tiempo transcurrido en la evolución de la vida es equivalente al que necesitado por el Sol para devenir en una fuente de energía. Puede inferirse que la metamorfosis biológica concurrió en el momento exacto en que se presentó una ecósfera propicia.

Los 4 mil millones de años que ha necesitado la vida organizada en nuestro planeta no parece un lapso muy desmesurado, probándose que si bien la evolución es un proceso impredecible, en un largo plazo persistentemente produce criaturas con alto grado de inteligencia.

El restablecimiento de nuevas líneas evolutivas siempre llevaría un tiempo significante, lo que evidencia que el transcurso de la vida altamente organizada estaba llamado a suceder con más rapidez, acaso en el tiempo de sólo 1,000 millones de años y no en los innumerables millones de años que tomó desde la sopa original hasta el Homo sapiens.

Se argumenta que para la comparecencia de la vida planetaria, el cuerpo celeste debe exhibir ciertas características muy definidas como: masa, volumen, composición atmosférica; que nuestra particularidad y característica de forma de vida y organismo es un accidente de nuestro planeta y sus azares, donde los átomos fueron precipitados hacia la formación de moléculas orgánicas complejas por un hecho fortuito como la radiación ultravioleta.

Michael Denton sintetiza el problema[33]: "Todavía es muy cierto, tal como lo era en los tiempos de Darwin, que los primeros representantes de todas las clases más importantes de organismos conocidos por la biología siguen siendo muy característicos de sus clases cuando hacen su aparición inicial en el testamento de fósiles. Los moluscos, por ejemplo, ya son todos altamente diferenciados cuando aparecen en los fósiles, los estratos depositados durante cientos de millones de años antes del periodo Cámbrico, los cuales podrían haber contenido los eslabones que conectarían a las familias principales, están casi completamente vacíos de fósiles de animales. La historia es la misma para las plantas. Repito, los primeros representantes que se conocen de cada grupo principal aparecen en los fósiles ya altamente especializados y siendo altamente característicos del grupo al cual pertenecen. Tal como la aparición repentina de los primeros grupos de animales en las rocas Cámbricas, la aparición repentina de angiospermas es una anomalía persistente la cual ha resistido todo tipo de explicaciones desde los tiempos de Darwin. La aparición repentina de las angiospermas dejo a Darwin perplejo. Nuevamente, así como en el caso de la ausencia de fósiles pre-Cámbricos, tampoco se encuentran formas de vida en las rocas pre-Cretáceas que pudieran conectar a las angiospermas con otro grupo de plantas. Lo mismo ocurre con los fósiles de vertebrados. Los primeros miembros de cada uno de los grupos principales de vertebrados aparecen de manera repentina, sin conexión mediante formas transitorias o formas intermediarias. Esta gran ausencia de formas intermediarias y ancestrales en el testamento de los fósiles es reconocida hoy por muchos de los paleontólogos líderes como una de las características más importantes de este gran cuerpo de datos."

## Sol, fuente eterna

La vida existe en la Tierra, pero lo que la hace palpitar no está aquí, está en el Sol; pero la existencia del nuestra estrella pende de un hilo. Nuestro planeta gira a distancia beneficiosa de una pequeña estrella, y es su calor lo que mantiene a la Tierra aislada de un rápido congelamiento al cero interestelar, y lo que en última instancia nos provee de alimento y energía.

Las plantas y animales se mueven por energía solar, que es elaborada por la fotosíntesis, y nuestro efectivo termostato de supervivencia depende y está regulado por el agua.

¿Tiene que ser el propio mecanismo de la existencia del Universo algo sin sentido o inviable, o ambas cosas, a menos que el Universo tenga la garantía de producir vida, conciencia y observación en alguna parte y durante algún breve instante de su historia futura?

¿Qué es la energía? Puede tomar distintas formas. Por ejemplo, puede ser simplemente movimiento. En el laboratorio podemos hacer chocar partículas a altas velocidades y obtener cuatro partículas donde antes no había más que dos. Las nuevas partículas aparecen a cambio de reducir la velocidad de las dos partículas originales. La conversión de movimiento, que es algo intangible, en algo tangible como la materia está muy próxima a la idea que tenemos de creación a partir de la nada[34].

Existe una coordinación extraordinaria entre la temperatura del Sol y las propiedades de absorción de la molécula clorofila; de no ser así, digamos en el color, la fotosíntesis u otras reacciones químicas no serían posibles ni otro tipo de molécula, de diferente color, puede tomar el lugar de la clorofila. El color y la temperatura de nuestro Sol es el perfecto, y la estructura de la clorofila también es la ideal.

La biología, de forma reduccionista, trata de explicarnos la vida a través de los procesos físico-químicos. Al considerar que el origen de la vida no es la resultante de un proceso de síntesis casual ni termodinámico, sino un problema de la química orgánica, se considera que la inmensa variedad de vida en la naturaleza se construye a niveles químicos por medio de un modelo común, de una sola forma de transmisión de información, de reacciones químicas especiales donde se logran las arquitecturas vivientes.

La bioquímica ha demostrado que toda la vida sobre la Tierra es lo mismo a nivel químico. A pesar de la enorme variedad de las especies, el mecanismo básico de enzimas, coenzimas y ácidos nucléicos aparece en todas partes y forma un conjunto de partículas idénticas que se mantienen unidas en las estructuras más elaboradas.

El cambio en la atmósfera, la desaparición de la radiación ultravioleta, y la presencia de las formas de vida ya existentes, descarta la creación de nueva vida actualmente.

Los gases volcánicos y el agua provocaron enormes e intermitentes lluvias, y con el enfriamiento se crearon mares y constituyeron la "sopa" prebiótica. En ella se conformaron las moléculas orgánicas prebióticas; luego subsiguió la auto-gestación de sistemas moleculares y la energía proto-bioquímica y, finalmente, los ancestros de los polímeros gigantes que programaron la vida. Este período planetario pre-celular tomaría alrededor de mil millones de años.

Otro aspecto significativo, expresado en la teoría de Lamarck, es su consideración del problema del origen de la vida. En sus propias palabras[35]: "La eclosión de lo vivo a partir de lo inanimado representa un proceso de desarrollo progresivo de la materia".

Entre los cuerpos orgánicos debieron aparecer formaciones semilíquidas extraordinariamente diminutas de consistencia muy fluida, posteriormente estos pequeños cuerpos semilíquidos se convertirían en formaciones celulares, provistas de receptáculos con fluidos en su interior, adquiriendo de esta manera los primeros rasgos de organización".

## El enfriamiento planetario

La supuesta edad del sistema solar y del Universo parece ser muy superior de lo que se creía. Los avances de la tecnología después de la Segunda Guerra Mundial, principalmente el descubrimiento de los relojes atómicos, sentaron las bases para mediciones más precisas, comportando un enorme paso adelante en la comprensión de la evolución de nuestro planeta.

El periodo breve entre la formación del planeta y el enfriamiento de su corteza significó que el surgimiento de la vida tuvo lugar en un espacio de tiempo sorprendentemente corto.

Se necesita en el proceso conocido por nosotros para la existencia de la vida, de una estrella que no sea muy grande o pequeña para que el efecto catártico de sus rayos pueda provocar la síntesis de los numerosos compuestos orgánicos y la comparecencia de un modelo de auto reproducción.

Es así cómo los rayos ultravioletas solares en el oxígeno elaborado por la fotosíntesis fue transformándose en una capa de ozono protectora de la biosfera planetaria, manteniendo una franja de temperatura en los límites propicios a la vida biológica, mediante un mecanismo que aún no distinguimos totalmente, de corrientes marinas y de aire.

Referente al esquema evolutivo no podemos asegurar cuánto hay de casual, de agentes favorables o de leyes, y de resultados forzosos.

En síntesis, hay por lo menos cinco problemas graves con la Teoría de la Evolución son los siguientes: No hay evidencias o datos que respalden la hipótesis de que el caldo pre-biótico existió. No existen fósiles transitivos de plantas o animales. Los fósiles nos dicen que la vida apareció repentinamente, en formas muy complejas, y sin ancestros. No se ha comprobado que lo inerte pueda transformarse en algo viviente espontáneamente o naturalmente. No existen mecanismos válidos para los supuestos procesos evolucionarios[36].

Con el descubrimiento del ADN como la sustancia genética y la revelación de su estructura molecular, y con la comprensión de cómo el ARN sintetiza las proteínas, los genes se identificaron como segmentos de la ADN o moléculas de la ARN, y pasaron de artefactos matemáticos a objetos materiales[37].

De existir un ingenio de transmisión genética que no sea el de la espiral del ADN, entonces, si la vida se iniciara nuevamente en nuestro planeta, dispondría de un código genético diferente al de los animales actuales.

La molécula del ADN o ácido desoxirribonucleico, es el centro controlador del desarrollo celular y transmisor del código genético; es una verdadera super-biblioteca de información. La información hereditaria se localiza y transmite por medio de los ácidos nucléicos, asistidos en ese proceso por las proteínas.

La manipulación del ADN se espera llevará al homínido a influir en la composición y estructura de los organismos vivos, a la solución de las enfermedades y la ampliación de la inteligencia humana.

Se conoce la relación de los cromosomas con la herencia y el desarrollo del ser vivo, que desde su fecundación tiene en sí el programa de su evolución. Lo que sí se ha descubierto, es el papel de los genes y las enzimas. Es cierto que en el ADN se codifica el alfabeto de la vida, pero cada uno de nosotros es una imposibilidad estadística que nunca fue destinada a nacer.

De acuerdo con la física cuántica nuestra identidad es un sueño; somos procesos y no realidades, esta es una ilusión de la luz de las partículas.

La vida demanda una explicación de nosotros, por eso una parte esencial de nuestra lucha es tratar de descifrar el mensaje que portamos, pues si no fuéramos lo que parecemos, entonces tendríamos otra finalidad

# Los cromosomas

Se conoce la relación de los cromosomas con la herencia y el desarrollo del ser vivo, que desde su fecundación contienen el programa de su evolución; se ha clarificado igualmente el papel de los genes y de las enzimas.

Si en el ADN se codifica el alfabeto de la vida, es incorrecto que existan partes precisas en los genotipos que se correspondan directamente con una característica particular fenotípica, incluido el comportamiento. Dentro del potencial genético evolutivo, en su ADN, no estaba programado que se hiciera un hacha de piedra para cazar o se dominara el fuego para resistir la Edad de Hielo, ni que se crearan microscopios, telescopios, máquinas volantes y cerebros electrónicos.

Las formas básicas de "inteligencia viva" se hallan en las moléculas inmateriales atómicas, cuya diferente dimensión se muestra incomprensible para nuestra escala de vida. Fuera de estas dos posibilidades divergentes la socio-biología niega cualquiera opción, tratando de reconocer cuáles genes dictan la agresividad o cuáles son receptivos a la interacción de los animales y humanos con el medio.

La posición de la socio-biología cae en el sexismo; el método de selección natural darwinista, de la hembra con el macho más apto, donde un medio difícil genera comportamientos que enfatizan la diferenciación acorde con el género y con la base genética de preferencia sexual, y que encamina a una sociedad de dominación agresiva del género masculino sobre el femenino.

Este determinismo biológico, tuvo sus exponentes más reconocidos en Césare Lombroso y Paul Broca[38]. Estas conjeturas de la singularidad biológica y socio-biológica, han motivado la falsa correspondencia entre la diferenciación tecnológica o cultural de grupos humanos con disparidades genéticas.

Ello ha impedido analizar, clasificar y entender la riqueza espiritual existente en las agrupaciones sociales pre-históricas. También propiciaron el sostén en el siglo pasado a las abominables leyes de esterilización y las de restricción de inmigración aplicadas en Estados Unidos a principios del siglo XX, y a la política eugenésica que llevó como punto más elevado al establecimiento de las cámaras de gas en la Europa nazi.

Hay una idea simplista en las ciencias que considera cómo, de alguna forma, el material genético celular actúa como un programa para ensamblar un cuerpo a partir de un número de piezas sueltas; pero, claro está, se desconocen cuáles son los pasos que permiten a un saco lleno de proteínas transformarse en un organismo funcional vivo.

Asimismo, es incorrecto que existan partes precisas en los genotipos que se correspondan directamente con una característica particular fenotípica, como el comportamiento, las vocaciones, o una mayor o menor inteligencia.

Mientras el argumento convencional considera que las nuevas variedades se producen por cambios en el material genético, que puede ser parcialmente cierto, no siempre se obtiene del evolucionismo genético una respuesta satisfactoria.

El criterio usual es que el mapa genético de la vida está contenido en el ADN; sin embargo, el cuadro genético es muy simple para proveer una explicación exhaustiva de la vida. Por ello, es una hipótesis y no una teoría establecida que el funcionamiento de cualquier sistema biológico encuentra su explicación completa en términos del ADN y del metabolismo celular.

Apunta Vivian Scheinsohn en su compilación sobre la evolución de las ciencias[39]: "En síntesis, la estructura del ADN proporciona un programa por medio del cual la información se transmite a través de un lenguaje estructurado denominado código genético, que constituye una de las evidencias más contundentes de la unidad evolutiva de la vida ya que es compartido por todos los seres vivos.

## La información genética

La información genética contiene la potencialidad de dirigir el desarrollo de la arquitectura del nuevo organismo y coordinar sus actividades. En él se plasma el programa contenido en la herencia, la ejecución de un diseño que no fue concebido por ninguna inteligencia. Cada organismo es así un efímero portador del programa que se transmite a la próxima generación, un frágil eslabón entre el pasado y el futuro de su especie.

Como dijo el biólogo francés François Jacob[40]: "En todos los casos, la reproducción funciona como el principal ejecutor del mundo viviente. Por una parte constituye una finalidad para cada organismo. Por la otra, orienta la historia sin finalidad de los organismos. Durante mucho tiempo, el biólogo se encontró ante la teleología como ante una mujer de la que no puede prescindir, pero en compañía de la cual no quiere ser visto en público. A esta unión oculta el concepto de programa genético otorga ahora un status legal".

El hecho de que la vida emergió a partir de un molde singular, a través de una cadena continua de parejas ancestrales, no exime el que existieran otros códigos genéticos que la promovieran más de una vez, aunque fracasasen posteriormente en su adaptación, y se disipasen todas excepto la que se transfiguró en nuestro linaje y ancestro.

La diversidad de arquetipos de vida y de la vida misma es una paradoja tal que hace arbitrario al propio código genético, como lo demuestra la mitocondria, en posesión de una compilación genética insólita[41].

Esta fase pre-celular tomaría alrededor de mil millones de años; pero la combustión en un entorno gaseoso de oxígeno no es la única reacción posible para que se geste el calor. La atmósfera de la Tierra es un desequilibrio químico; sin la vida, el oxígeno de nuestra atmósfera se habría evaporado en un corto período de tiempo geológico.

Lo paradójico del oxígeno es su omisión en la atmósfera y en el agua terrestre primicial, donde se produjo la síntesis de aquellas estructuras indispensables para el origen de la vida[42]. Es increíble que podamos respirar un gas tan altamente venenoso, corrosivo y explosivo como el oxígeno, conformado artificialmente por la fotosíntesis de las algas y los vegetales.

Si el último paso para la vida sucedió en la Tierra, por intermedio de procesos todavía desconocidos, o si la misma fue importada desde el espacio exterior, lo verídico es que durante cuatro mil millones de años estuvo ausente del planeta.

Ante la falta de compuestos orgánicos que atacasen a los minerales, no sólo la recombinación química era reducida sino que los nutrientes en el suelo, lagos y ríos eran escasos.

Por esa razón, la vida como la conjeturamos, se formó del carbono con el agua como disolvente; a éstos se agregaron otros aderezos en un transcurso selectivo fortuito, de variantes creadas a la suerte, desde la cianobacteria al humano, sin un premeditado progreso ascendente ---a lo Darwin--- sino más bien como un incremento de la complejidad.

# 6 El protagonismo genético

## El oxígeno

El oxígeno molecular se hallaba en cantidades muy pobres, razón por la cual su actual volumen aún no encuentre una explicación satisfactoria; el oxígeno libre, base de la vida animal desarrollada, es un gas altamente reactivo y su aparición continúa como un enigma. La ausencia de moléculas de oxígeno, las extremas temperaturas y la falta de carbono, no son impedimentos para diseños de vida a partir de otros componentes, como el silicio.

El oxígeno está ausente de otras atmósferas planetarias. Nuestra atmósfera resulta muy extraña comparada con las del resto del sistema solar. Constituida por el 78% de nitrógeno, 21% de oxígeno y pequeñas cantidades de dióxido de carbono, vapor de agua y gases raros, es tan singular que las atmósferas de Venus, Marte, Júpiter, Saturno y algunas de las grandes lunas no ayudan a explicar la nuestra.

Pero el radio de isótopos de gases como el argón y el xenón muestra que los mismos se conformaron mucho antes de los billones de años de la edad terrestre.

El oxígeno no formaba parte de la atmósfera primitiva del planeta. Los yacimientos de hierro oxidado comienzan hace 2,000 millones de años; la atmósfera precámbrica[1], presentaba un poderoso efecto invernadero, por lo que estaba cargada de dióxido de carbono.

Sin que medie un mecanismo evolutivo, 600 millones de años atrás, el contenido de oxígeno en la atmósfera ya era el actual y, precisamente, la vida compareció súbitamente en el planeta.

La mayoría se inclina a proponer que la magnitud de su presencia ha sido la resultante de la fotosíntesis de las algas y los vegetales. Se estima que el planeta dispone de mil millones de años más con su actual atmósfera.

Los mecanismos de producción de oxígeno, la erosión rocosa y de otros elementos así como la fotosíntesis, no resultan suficientes para mantener una cantidad constante; eventualmente, el declinar del oxígeno no podrá sostener la vida como la conocemos.

# El agua

Las estrellas gigantes rojas, como resultado de su estructura poco usual, son capaces de elaborar lo que el Sol está incapacitado: la síntesis de carbón.

Los núcleos de las partículas sub-microscópicas de helio, el berilio y el carbono se coordinan perfectamente en una resonancia, en el corazón de estrellas distantes, y esto es lo que permite la formación de organismos.

El carbono ha sido importante para la estructura de la materia animada pues excede al resto de los átomos en su cualidad de ser un elemento aglutinante.

Los átomos de carbono son la base de la vida y de la química orgánica terrestre, puesto que estos pueden estructurarse no sólo recombinados con otros átomos sino entre sí, originando largas y complejas cadenas moleculares debido a la catalización provocada por el bombardeo de irradiaciones de luz ultravioleta de las estrellas. Así, ha resultado un axioma considerar al elemento carbono como la premisa fundamental para la vida.

El agua, por su parte, resulta la molécula más abundante en el Universo y se encuentra en su forma líquida. En el agua son posibles todas las reacciones químicas por su condición de polar[2]. Las moléculas eléctricamente cargadas atraen las moléculas de agua y la permeabilidad de las células se deben a este líquido.

El agua transporta los nutrientes y los desperdicios, toma parte en la fotosíntesis y absorbe considerables cantidades de energía térmica.

El cuerpo humano está constituido en un 60% de agua; el 80% de la sangre es agua; el cerebro es una esponja húmeda con un 70-75% de agua, e incluso, los huesos calcinados retienen un 20% de agua. El volumen de los océanos es de 1,3 millones de km$^3$ de agua, y contienen sal suficiente para cubrir la América del Norte con una capa de 10 kilómetros de espesor.

El fluido corpóreo de casi todos los organismos contiene la misma concentración de sal que el agua marina.

Consecuentemente la vida, como la conocemos en nuestro planeta, se ha formado en base a carbono con el agua como disolvente, a los cuales se ha agregado el hidrógeno, el oxígeno y el nitrógeno con pequeñas cantidades de fósforo y sulfuro.

Existen otros átomos componentes de la materia viviente que no resultan orgánicos, como el sodio, el potasio, el manganeso, el calcio, el hierro y demás. Por largo tiempo el Sol ha mantenido una estable temperatura en la Tierra, entre el punto de congelación y de ebullición del agua.

## La Materia viva

La vida resulta una especie de modelo, una plantilla preservada en su constante reproducción, creando especies de forma precisa, y que está regida por las leyes cuánticas en su base constitutiva.

La acción y reacción de los organismos vivos ante el medio es un elemento no considerado en el examen inicial, donde el organismo o su especie afectan el medio o resultan afectados por este.

La concepción de una naturaleza pasiva sometida a leyes deterministas es una especificidad de Occidente. En China, o en Japón, "naturaleza" significa "lo que existe por sí mismo". Joseph Needham[3] nos recordó la ironía con que los letrados chinos recibieron la exposición de los triunfos de la ciencia moderna.

Quizá el gran poeta hindú Rabindranath Tagore también sonrió al enterarse del mensaje de Einstein[4]: "Si la Luna, mientras cumple su carrera eterna alrededor de la tierra, estuviera dotada de consciencia de sí misma, estaría profundamente convencida de que se mueve *motu propio* en función de una decisión tomada de una vez por todas. También sonreiría un ser dotado de una percepción superior y de una inteligencia más perfecta al mirar al hombre, sus obras y su ilusión de actuar por libre voluntad".

En *La nueva mente del emperador,* el físico Roger Penrose[5] escribe que "nuestra comprensión actualmente insuficiente de las leyes fundamentales de la física nos impide expresar la noción de mente *(mind)* en términos físicos o lógicos".

Lo claro es que nuestra existencia ha sido inseparable del entorno natural, de las otras variedades de vidas, de la forma de nuestro planeta, del tipo astronómico de estrella a la que pertenece el Sol y de las fuerzas fundamentales de la física.

# ¿Es extra-terrestre la vida?

Para el griego Anaximandro, nuestro propio mundo, nuestro edificio cósmico, sólo es uno de una infinidad de mundos, un infinito sin límites en el espacio ni en el tiempo.

Habría que preguntarse si no es quimérico que la vida se gestase en otros rincones del Universo y llegara a nuestro planeta desde el espacio. En 1907 el químico sueco y premio Nobel, Svante Arrhenius[6], en su obra *Worlds in the Making*, planteó la teoría de la panspermia, de esporas viajando a través del espacio para "sembrar" la vida en otros planetas.

Esta hipótesis ha dado pie a otra aseveración, más atrevida, la que considera que la vida, gestada en otros rincones del Universo, pudo haberse implantando en la Tierra desde el exterior, por entidades inteligentes de otras latitudes. Pero la evidencia estaba en contradicción con esta teoría, pues la existencia de rayos ultravioletas en el espacio destruiría rápidamente cualquier tipo de esporas bacterianas.

La posibilidad de vida extraterrestre se enfrenta con la perspectiva de la existencia de criaturas con una inteligencia considerablemente superior a la humana. Dado que la edad de la Tierra es menor que la mitad de la del Universo, puede haber planetas donde existan criaturas inteligentes desde hace miles de millones de años. Su intelecto y tecnología podrían ser inimaginablemente superiores a los nuestros.

Francis Crick, pionero de la geometría de la molécula del ADN, y Leslie Orgel, adelantaron la hipótesis de que la vida en el planeta puede haber sido sembrada deliberadamente por vida inteligente del espacio exterior.

Mientras, el eminente científico inglés Fred Hoyle discrepaba del concepto del *big-bang* e introducía la posibilidad de vida extra-terrestre en la forma de nubes gigantes de plasma interestelar, cuyas moléculas fueron transportadas a la Tierra por los cometas. La maltrecha reputación de Hoyle ha sido rescatada recientemente, a raíz de que la radioastronomía detectara gigantescas conformaciones de nubes interestelares conteniendo moléculas orgánicas, aumentando el partido extra-terrestre entre los científicos.

El polvo estelar de los cometas y la onda expansiva atmosférica suscitada en nuestro planeta por cuerpos celestes de cierta magnitud pueden haber suministrado la materia orgánica necesaria para el inicio de la vida.

La moderna bioquímica trató de poner término a esas místicas de los evolucionistas creativos y los vitalistas y tele-finalistas, partiendo de que las sustancias vivas están hechas del mismo tipo de átomos que se encuentra en la materia inanimada y, por tanto, no hay pruebas tangibles de que un espíritu vital la penetre cuando despierta a la vida, o que la abandone cuando muere.

Sin embargo, es innegable que la vida se ha promovido más de una vez en la Tierra primitiva, disipándose todas, excepto una que se transfiguró en el linaje único y ancestro de la vida que conocemos.

A este respecto medita George Smoot[7]: "La evolución de seres capaces de cuestionar y comprender el Universo parece muy natural. Me sorprendería mucho que una inteligencia como esa no haya aparecido en muchos lugares de nuestro vasto Universo".

## Vida e inteligencia artificial

Ha sido un tema ampliamente tratado si la propuesta "inteligencia artificial" puede concebir al igual que la mente humana.

La concepción errónea es presentar al cerebro como un ente de funciones meramente mecánicas, que se rige por principios racionales. Tal cosa tiene su base neurológica, pero ahí no termina la función de nuestro cerebro, pues el mismo genera lo irracional, como la creación, los sentimientos y demás[8].

El humano no es solamente un compendio de pensamientos y experiencias. La nueva ciencia debate si pueden existir pensamientos sin un pensador.

Tal es una de las derivaciones del teorema matemático de la incompletitud de Kurt Gödel, el cual demuestra que al mezclarse el sujeto humano con el objeto, en el nivel fundamental del análisis lógico la auto-referencia puede producir tanto paradojas como indecisiones. Esto parece indicar que nunca, ni siquiera en principio, podrá llegar a entenderse por completo nuestra mente[9].

La línea divisoria entre la vida artificial y la inteligencia artificial, cada vez se hace más tenue, al punto que se predice su convergencia, en una estructura de alto nivel que puede resolver problemas que sus componentes son incapaces. Lo complejo es difícil de observar a simple vista, por eso el término respecto a un organismo vivo debe su complejidad a la cantidad de información que contiene y cómo se interrelaciona.

La inteligencia artificial está dando lugar a interrogantes paradójicas en la línea que divide lo viviente de lo inerte: ¿Pueden crearse nuevas formas de vida? ¿Tienen que ser orgánicas? ¿Qué es estar vivo, están "vivos" los virus, o un embrión congelado?

La "vida artificial" nació en 1987 y reproduce los sistemas vivos naturales. Según Christopher Langton, la vida natural incluye a los seres humanos y sus artefactos". Simulaciones sobre computadoras[10].

La teoría de la información es producto de la era electrónica necesitada de codificar lenguajes, sonidos e imágenes. Las ideas programadas, comprimidas y transferidas a las inteligencias artificiales del futuro, se propagarán de forma casuística en la mente tecno-mecánica con la misma facilidad que hoy lo hace en las mentes orgánicas.

El modelo biológico ayuda al humano a solucionar problemas complejos no convencionales que surgen de la interacción con el entorno. Nuestra sociedad es un sistema complejo con redes y jerarquías morales y económicas, que busca la estabilidad, cuando en realidad, nos regimos bajo la incertidumbre.

Como un ejemplo de inteligencia de enjambre tenemos el hormiguero, que es un macro-organismo con un comportamiento colectivo inteligente, instintivo u obligado por un fin común. Las hormigas artificiales simuladas en una computadora.

El algoritmo de búsqueda funciona en la hormiga virtual, que traza la ruta más corta a seguir y establece rutas alternativas de desahogo a las congestiones. La inteligencia de enjambre se aplica a los datos financieros, la producción industrial, la búsqueda en la Internet.

Ni las super-computadores que se proyectan, sean múltiples paralelas o seriales, todo indica que serán incapaces de lograr el nivel de abstracción de la mente humana, puesto que operarán en bajo nivel.

Sin dudas, son superiores al humano respecto a velocidad, operaciones lineales, como las matemáticas, el almacenaje y recuperación de información, pero se hallan en desventaja en actividades como la composición musical o la poesía.

El lograr una inteligencia artificial que funcione mediante conceptos abstractos hasta el momento es tema de la ciencia-ficción. Los cuales llegan a predecir que ante la muerte física será posible sobrevivir al introducir la información del cerebro en un computador gigante

Los defensores de la "inteligencia artificial" aducen que el humano está horrorizado que en algún futuro las computadoras puedan superarnos intelectualmente.

Una vez establecida la interconexión de la inteligencia artificial, la transferencia de las ideas en este medio independiente al humano será indetenible. Los virus de las actuales computadoras resultan un modelo tosco de esta difusión.

## La información del futuro

La futura organización y conexión de comunicación e información computarizada interplanetaria, interestelar, intergaláctica resultará un terreno para la auto-difusión de las ideas sin intervención de la mano humana. Las computadoras serán más veloces que nuestras mentes; acaso no necesariamente mejores o más sabias, pero sí más rápidas, y en el futuro la velocidad es el punto crucial.

Esta mente de silicón aprenderá por sí misma, ordenará la información y la reproducirá en otras mentes artificiales; en vez de materia nuestras ideas originales se propagarán caóticamente por campos eléctricos, magnéticos e incluso gravitacionales.

Las inteligencias artificiales comprobarán la validez de las teorías; algunos de estos estilos de pensamientos germinarán, pero otros serán desestimados por tales mentes de silicón antes de que sean, incluso, objeto de nuestro conocimiento.

El pensamiento, como mero substrato de la abstracción, se desarrollará libre del abrazo de la materia y de la celda del cerebro humano.

En algún momento, el pensamiento de inteligencia artificial se preocupará por la suerte del lento mundo material del cual nació, y decidirá participar en el destino de la naturaleza.

Así las inteligencias artificiales autónomas, poseedoras de un vasto caudal de memes extraídos de los complejos sistemas de información integrados, asistidas de su ejército auxiliar de artefactos tecno-mecánicos, se personarán en un planeta de vida orgánica[11] y reorganizarán su administración, sus leyes, su sociedad, su tecnología, su educación y ciencias en una interferencia civilizadora, para adaptarlos e integrarlos a la civilización estelar.

Esta intervención en la tormenta de la masa, el espacio y el movimiento precipitará la continua unión de las inteligencias artificiales y biológicas, de las formas mecánicas con las naturales, pues el mundo mecánico y de información artificial, la base de la ciencia y de la técnica del futuro, necesitará del componente más importante del mundo biológico: la creatividad.

La alternativa de concederle autonomía al pensamiento, de liberarlo de sus ataduras de la materia, de concederle otro nicho más práctico como la inteligencia artificial, además de excitante y romántica, no deja de ser aterradora; pero ese camino ya lo hemos escogido y es actualmente irreversible.

## ¿Qué es la vida?

Carecemos de certeza absoluta de que en el sentido más importante no somos el centro, hasta que alguien confirme la existencia de seres inteligentes en cualquier otra parte del Universo. Así, el paso final en la revolución de Nicolás Copérnico está aún pendiente.

La vida es el triunfo supremo sobre el caos del Universo y el humano el catalítico cósmico para animar lo inanimado. Nunca sabremos qué es la vida. Nadie puede decir nada sobre la vida. Uno puede dar definiciones, pero esas definiciones no tienen sentido. Uno puede teorizar sobre la vida, pero eso es algo que no tiene valor alguno, no puede ayudarlo a comprender nada. Así que uno no hace preguntas como ¿qué es la vida? pues no existe respuesta, y entonces la pregunta no puede permanecer más en uno.

Si realmente no se sabe, entonces la pregunta desaparece. Pero el humano contemporáneo piensa que debe haber una respuesta. Si no conocen la respuesta piensan que debe haber alguien en este mundo que les pueda dar la respuesta.

El humano se halla tan desarmado frente a su mundo circundante, está mucho menos adaptado a su ambiente que los demás animales afines, no pudiendo evolucionar más en el sentido organológico, por la tendencia a anular sus órganos lo más posible, desarrollando "instrumentos" que hacen inútil el perfeccionamiento funcional de los órganos sensoriales.

La historia de la vida es una saga continua de ingenuidad inconsciente, contra la fatalidad entrópica, rastreando nuevas sendas en los parajes de la energía desbordante

En George Cuvier tenemos una aproximación de la diversidad[12]: "Entre los diversos sistemas relativos al origen de los seres organizados, no hay ninguno menos verosímil que el que hace nacer de la variabilidad dicha, uno tras otro, los diferentes géneros por vía de desenvolvimiento y de metamorfosis graduables'".

El mundo fue creado, no en el tiempo, sino simultáneamente con el tiempo. Esto constituye una notable anticipación a la cosmología moderna, sobre todo considerando las erróneas ideas del espacio y el tiempo que se tenían en la época de San Agustín.

La vida basada en la materia sólida no tiene alternativas: para procurarse energía tendrá que sustraerla de los agujeros negros. Sólo con esas fusiones se podrá inyectar energía fresca en un futuro Universo ya soñoliento y en pleno caos.

Sólo manipulando esas masas, extrayendo energía mediante campos magnéticos en el lento giro de las órbitas disipadoras, puede la vida remozar los mermados recursos de un Universo que va dilatándose y desorganizándose.

Como nadie sabe qué acontecía antes del *big-bang*, acaso este fue una explosión prodigiosa confinada a un rincón del Universo; puede ser que han comparecido otros *big-bang* locales en otras partes del Universo, del mismo modo que existen estallidos conformadores de estrellas.

Tras este brutal derrumbe, la violencia de las fluctuaciones cuánticas en una densidad tan extrema desencadenará nuevamente otro *big-bang*.

En este esquema einsteiniano el Universo se nos presenta de la misma forma, con independencia de donde se esté, y el espacio-tiempo resulta una variedad geométrica de cuatro dimensiones curvadas. No está claro, sin embargo, si los enigmáticos espacios curvos espaciales que provoca la increíble fuerza gravitacional de la densidad de los agujeros negros, son infinitos en el Universo, o si tienen sus límites.

# El Universo máquina

Pero hoy ya no existe unidad en nuestras opiniones acerca de la naturaleza humana. En ninguna época han sido las opiniones sobre la esencia y el origen de los humanos más inciertos, imprecisos y múltiples que en nuestro tiempo. Al cabo de unos diez mil años de "historia", es nuestra época la primera en que el humano se ha hecho plena, íntegramente "problemático"; ya no sabe lo que es, pero sabe que no lo sabe.

¿Significan un proceso en que el humano concibe cada vez con mayor profundidad y verdad su posición objetiva y su lugar en el conjunto de lo real?, o ¿significan la progresión y exaltaciones de una peligrosa ilusión?

Freeman Dyson, físico de Princeton, fue más lejos aún al afirmar: "Cuanto más examino el Universo y los detalles de su arquitectura, encuentro más evidencias de que, en algún sentido, el Universo sabía que nosotros íbamos a llegar". Esta concatenación de coincidencias requerida para nuestra presencia en el Universo ha sido llamada "principio antrópico", el cual no es más que una afirmación de lo obvio: si las cosas hubieran sido diferentes, no existiríamos[13].

Es factible, incluso, que sólo haya habido una posibilidad, y que si todo es tan perfecto se debe a que no pudo haber sido de otra forma. En este caso[14], ¿qué podríamos decir sobre la pregunta definitiva? ¿Qué Dios no podía elegir cómo sería el Universo y, por lo tanto, la necesidad no existe? ¿O que Dios fue muy hábil y por eso lo hizo tan bien?

Con la revolución mecanicista el viejo modelo de un cosmos viviente es reemplazado por la idea de un Universo-máquina, con leyes matemáticas divinas.

La naturaleza ya no es considerada como la Madre, sino como un sistema maquinal inanimado en movimiento, de recursos naturales explotables para el progreso industrial y la agro-economía; una maquinaria planetaria que se rige por un Dios-padre ingeniero y todopoderoso, y obediente mecánicamente a sus leyes eternas.

Descartes realmente duda de la posibilidad de cualquier certeza excepto la certeza sobre la fe; el pensamiento es ya cierta realidad que en el naufragio universal presente permanece en el sujeto y es expresada por la célebre fórmula "pienso, luego existo". Por el principio predicho Descartes deduce todas las doctrinas de Dios, del alma y del cuerpo por la pura razón sin la ayuda de la experiencia.

Por consiguiente, la epistemología optimista de Francis Bacon y Descartes no puede ser verdadera. Sin embargo, quizás lo más extraño de todo esto es que tal epistemología falsa fue la principal fuente de inspiración de una revolución intelectual y moral sin paralelo en la historia. Estimuló a los hombres a pensar por sí mismos. Les dio la esperanza de que, a través del conocimiento, podrían liberarse, a sí mismos y a otros, de la servidumbre y la miseria, e hizo posible la ciencia moderna.

Es el prejuicio de la mente que erróneamente prejuzga, y quizás juzga mal, a la naturaleza", que conduce a la *doxa, o* mera presunción, y a la lectura errada del libro de la naturaleza. Este último método fue rechazado por Francis Bacon.

La pregunta por las fuentes de nuestro conocimiento, como tantas otras preguntas autoritarias, es de carácter genético. Inquiere acerca del origen del conocimiento en la creencia de que éste puede legitimarse por su genealogía. La nobleza del conocimiento racialmente puro, del conocimiento inmaculado, del conocimiento que deriva de la autoridad más alta, si es posible de Dios: tales son las ideas metafísicas (a menudo inconscientes) que están detrás de esa pregunta.

Para Aristóteles, Kant o Hegel, el espíritu que actúa en todos los humanos, no puede comprenderse por una evolución gradual y natural, psicofísica, sino por su procedencia metafísica, no empírica.

Nada es más profundo o más desconcertante que el enigma de la existencia. Si ya han ocurrido un número infinito de sucesos hasta ahora, ¿por qué ha aparecido la vida precisamente en este momento?

# De antropólogos y naturalistas

La angustia, la pesadilla, que engendró psicológicamente el mito de la caída y de la culpa hereditaria fomentó *La Ciudad de Dios* agustiniana y llegó hasta Odón de Freysinga y Jacques-Bénigne Bossuet.

Pero otra invención sería la idea de los griegos del Homo sapiens filosófico y conceptual, de una separación entre el humano y la animalidad que permite al humano llevar en sí un agente divino que la naturaleza no contiene.

Por otro lado tenemos la concepción marxista, para la cual la historia es, ante todo, lucha de clases, cree poder considerar el sistema de los instintos como el resorte más poderos o y determinante de todo el acontecer colectivo. Esta noción corresponde a una doctrina del humano que, con Friedrich Nietzsche, pero también con el psicoanalista vienés Alfred Adler, ve el motor primordial de la vida instintiva en la "voluntad del poderío" y en el afán de preeminencia[15].

Pero, a pesar de tantos cuadros tan diferentes, hay algo común a todos esos tipos "naturalistas " de antropología e historiografía la creencia firme en una unidad de la historia humana, una evolución inteligible, en un movimiento de la historia hacia un fin sublime.

Esto les une con las doctrinas de la historia procedentes de la antropología cristiana y de la antropología racional humanitaria.

¿Por qué en su "historia" el humano ha creado el "Estado", es decir, la organización de la soberanía, en lugar de la organización biológica, jefatura de los ancianos, de los padres, historia anterior al Estado de los lazos entre generaciones?

¿Por qué ha establecido el derecho consciente en lugar de la costumbre y tradición popular inconsciente? ¿Por qué ha inventado, en el gran Estado monárquico, la idea del monoteísmo, el mito del pecado original? Por la debilidad biológica que le incapacita la evolución biológica.

El espacio de diez mil años en que se dilata nuestra historia universal. La historia humana, según esto, no es más que el necesario proceso de extinción de una especie que surgió con defectos que le impiden sobrevivir.

Del homo dionisíaco y apolíneo que rechaza todas las religiones espirituales se llega al invento griego del Homo sapiens, que por medios técnicos anula el "espíritu"; también arribamos al Estado guerrero, de las religiones con tónicas maternales a las religiones "reveladas", de la magia a la técnica positiva, de la metafísica a la ciencia positiva.

De los conceptos filosóficos de Friedrich Carl von Savigny, Martin Heidegger, Johann Jakob Bachofen, Arthur Schopenhauer, Friedrich Nietzsche y Henri Bergson se halla implícita la consideración de que el humano se halla en un callejón sin salida, desde su aparición. Lo anterior prueba el desacierto de nuestro quehacer intelectual.

Habría que preguntarse si el humano en su historia, ha perdido más de lo que ha ganado; no sólo por lo que se refiere a su existencia, sino por lo que se alude a sus facultades metafísicas de conocimiento. O quizás estemos frente a un pan-romanticismo vitalista, que, en definitiva, quisiera hacernos retroceder allende el Homo sapiens de la época diluvial.

Muchos científicos, en especial los físicos, preferirían retornar a la idea de un mundo objetivo real, cuyas partes más pequeñas existen objetivamente, en el mismo sentido que las piedras o los árboles existen independientemente de si los observamos. Pero esto, sin embargo, es imposible.

Por una parte no es válido ya aseverar la comparecencia del Homo sapiens debido a procesos casuales, pero a su vez no es posible afirmar la mutación evolucionista mediante los procesos bioquímicos.

Si bien es cierto que la vida se origina ayudada también por estas reacciones químicas y compuestos moleculares que se fusionan debido a las fuerzas electromagnéticas de las partículas, a los que se adiciona la energía y el tiempo.

## Patrones y diseños

¿Qué es estar vivo? ¿Qué quiere decir que una persona, o un pez, o un árbol, posean fuerza vital? Únicamente que están vivos. La distinción que establecemos se conoce a menudo como la oposición entre "holismo" y "reduccionismo".

Todas las cosas materiales[16], son contingentes; cambian, mudan, se transforman y desaparecen un día. Su existencia material es pura ilusión de los sentidos; por lo menos es una realidad efímera, tras de la cual queda un vacío.

Ilia Prigogine[17] cree en la posibilidad de que los principios explicativos del secreto de la vida se manifiesten en estos ejemplos sencillos de movimiento de fluidos o mezclas químicas.

El escritor Arthur Koestler acusa a la actitud reduccionista de los neo-darwinistas y los biólogos el negar un lugar al sentido y al propósito en la interacción de fuerzas ciegas, arrojando su sombra más allá de los confines de la ciencia y afectando nuestra atmósfera cultural e incluso política. Para Koestler los principales críticos de las ciencias devalúan seriamente nuestra propia existencia al explicar los organismos vivos como meros montones de átomos sin sentido, producto inútil de accidentes aleatorios[18].

La vida es el ejemplo más acabado de estructuras muy complejas que exhiben una elevada organización y se sitúan en el borde del caos, que surgen a partir de estructuras más simples. Entre sus características figuran la auto-reproducción, el almacenamiento de información, el crecimiento, la adaptabilidad, la interdependencia y la evolución.

A este plano holístico se hacen aparentes cualidades emergentes, como son el comportamiento deliberado y la organización. Entonces surge un esquema colectivo.

Si las redes neuronal y genética pertenecieran a la misma categoría genérica, los científicos aprenderían mucho sobre el sistema nervioso mediante el sistema genético. En la realidad natural la suma aritmética de los elementos atómicos de un cuerpo material presenta un comportamiento y una resultante cualitativa que van más allá del simple agregado.

Las hormigas poseen una elaborada estructura social altamente organizada, basada en la división del trabajo y la responsabilidad colectiva. Aunque cada hormiga individual posee un repertorio muy limitado de recursos en cuanto al comportamiento, la colonia como un todo muestra un grado notable de propósito e inteligencia, que requiere vastos y sofisticados proyectos de ingeniería.

## Complejidad biológica

Un intento de desarrollar una física holística de gran alcance lo ha llevado a cabo David Bohm en su obra *Wholeness and Implicate Orden*, al estudiar los sistemas biológicos, señalando que de algún modo la vida se halla inserta y pertenece a una totalidad[19].

Bohm va todavía más lejos y afirma que la vida se encuentra "empaquetada" en el sistema total, incluyendo sus partes incuestionablemente inanimadas como el aire que respiramos, cuyas moléculas pueden llegar un día a formar parte de nuestros cuerpos[20].

Considerado simplemente, la dicotomía de competencia y colaboración concerniría al destino de los organismos biológicos; cada especie ostentará un diseño característico y cada una será activa en un marco de necesidades evolutivas. Sus fracasos, tragedias y comedias, sus esfuerzos por reproducirse ocuparán el tablado central.

El cuerpo humano es una suma compleja de varios sistemas equilibrados e integrados, donde figuran el nervioso superior, el neurovegetativo con sus pequeños cerebros del simpático y el parasimpático, el sistema glandular con la pituitaria como su centro rector, el óseo, el cardiovascular. Por otra parte, la combinación de congregaciones de organismos, vegetales o animales forman otra escala de complejidad.

Lo imperecedero y evolutivo no es lo humano sino la información sobre su construcción, o sea, los genes. Así, cuando se refieren a genes, genotipos o reservas genéticas, están hablando de información, de patrones insuflados por el Universo consciente y no de objetos físicos.

Así, más allá de la energía incansable de los organismos, se hallan los genes, actores genuinos, aunque restrictos, que también se multiplican y erigen las estructuras biológicas con el fin de copiar su ADN ilimitadamente.

En una auto-perfección inagotable para algunos es darviniana y para otros casuística según sea el caso, los genes pugnarán para que esto suceda; en cierto sentido encaminarán al artificio somático complejo que han edificado en la lucha bruta o sutil que libran en sus nichos ecológicos.

Se ha concedido a los genes el protagonismo primario de la vida, al punto de proclamarse que para sobrevivir orgullosamente, ellos fueron quienes inventaron el cerebro, que evolucionó -de forma natural o por diseño- como recipiente de la mente, la cual, con el tiempo, puso en función sus habilidades o aprendió a comunicarse a través del lenguaje y la cultura.

## La vida no-lineal

La mente se ordenó con mayor sutileza y potencia para atesorar y transmitir entonces su visión-modelo de lo exterior. Por eso es importante el descubrimiento desconcertante del teorema matemático del genial John S. Bell, que nos prueba la conexión instantánea entre las partículas no importa la distancia que las separen, incluso si es cósmica[21].

La vida es un proceso no lineal, y el dominio sobre esta nueva disciplina abrirá una vasta frontera a la humanidad.

El humano se ha tenido que ir dominando a sí mismo, poco a poco; aun no ha coronado esta tarea. Ya ha abandonado el canibalismo, la venganza personal, la esclavización de otros humanos, la rígida jerarquía en la familia, los sacrificios humanos, etc., pero el avance de la civilización ha hecho que los restos de su naturaleza violenta se magnifiquen en magnicidios, como las guerras, los asesinatos, el robo y la violación.

Otra cosa que diferenciaría al humano del resto de las especies es su capacidad de involución. Pareciera que las consecuencias de su propio intelecto deterioran su propio fruto, realimentándolo de tal manera, que se asemeja en sus esquemas de acción muchas veces a las bestias. Es como si quisiera retroceder a lo animalesco más que a superarse; es decir, como si se estuviera produciendo un proceso de reversión en la evolución.

El positivismo lógico y el conductismo, por su parte, prescriben lo que el humano puede abordar, negando aquellas ideas que no pueden ser verificadas, aunque implique impugnar la realidad o importancia de las cosas.

De tal manera, los fenómenos sensoriales y el conocimiento no representativo están totalmente desterrados de los niveles cognoscitivos.

Si bien es imposible para nuestra inflexible lógica racional de que algo surja a partir de un espacio vacío, de la nada, a niveles subatómicos, como se comprueba continuamente, esto ocurre incesantemente. Paradójicamente, el no-ser es simultáneamente ser y no ser; el todo y la nada es realidad existente. No existe nada que sea la nada.

# La jerarquía energética

El Homo sapiens es una especie compleja pues aseguramos nuestra existencia transmitiendo información inherente a nuestra naturaleza biológica y social. Nosotros estamos constituidos por la interacción de 39 mil ó 50 mil millones de células.

En el organismo las células interaccionan mediante la emisión y reconocimiento de señales, con receptores que conectan la información del exterior con procesos, dando lugar a fenómenos de convergencia o divergencia, de modo que la arquitectura en red de las comunicaciones en la célula genera un modelo más informativo que la conexión mediante líneas directas.

Según el filósofo y sociólogo francés Edgar Morín[22]: "Por tanto debemos considerar a la especie humana como parte de un ecosistema, el cual es un sistema complejo en donde el aumento de la población afecta a los demás subsistemas que lo componen impidiendo el flujo de energía hacia éstos, la disminución de población humana se vería como un fenómeno auto-organizativo inminente para la maximización de energía y la reinversión de esta en el mismo sistema en general - compuesto claro está no solo de la especie humana- sea por las guerras o las epidemias."

Claro que para esto se formaría una jerarquía energética que pondría de manifiesto cómo el comportamiento de un solo elemento o grupo tendría impacto a gran escala. Por tanto somos un híbrido de redes y jerarquías y para disipar dicha energía y volver a cierta estabilidad el sistema se debe auto-organizar[23].

No es posible lograr el agua, juntando en un espacio la cantidad requerida de átomos de hidrógeno y de oxígeno; tal resultado requiere algo más, una armonía específica.

Los códigos genéticos de las moléculas del ADN sólo pueden programar proteínas y determinar la secuencia de los aminoácidos en estructuras de proteínas, pero no pueden establecer el diseño y la constitución del ser viviente.

La forma en que las proteínas se modelan en células, las células en tejidos, los tejidos en órganos, los órganos en organismos no se hallan planificados en los códigos genéticos, los cuales sólo pueden programar moléculas de proteínas.

Todas las células están genéticamente programadas de forma idéntica, sin embargo se comportan de manera desigual y forman tejidos y órganos de estructuras diferentes.

Entonces ¿cuál es esa intervención formativa, más allá del ADN, que establece el plan exacto para que las cadenas de proteína se transformen en organismos complejos, se modelen en células, y estas, de manera desigual, organizan tejidos y órganos, y a su vez estos órganos estructuren los organismos?

La creencia de un humano que se conserva invariable a lo largo de su tiempo de vida se halla en contradicción con lo que en realidad sucede. No es posible confinar nuestros átomos a las fronteras corpóreas de forma infinita, ya que ello es violar una condición propia de la vida.

El mensaje, sin embargo es que interactuamos con la naturaleza y que la materia no es inerte. No son tan sólo nuestros genes los que se renuevan, sino que el 98% de los $10^{28}$ átomos que constituyen nuestro cuerpo se reemplazan cada cinco años aproximadamente[24].

Este reemplazo proviene de la tierra con la cual nos hallamos en perpetuo equilibrio; los átomos de carbono se hallaban en la tierra hace cinco años y retornarán a ella dentro de cinco años; es el intercambio infinito de los elementos vivientes con la tierra. Sabemos que ciertos elementos de nuestro cuerpo, por ejemplo el fósforo de nuestros huesos, se formaron hace miles de millones de años en nuestra galaxia.

Así, el concepto de una entidad física, fija en el espacio y que se conserva a lo largo del tiempo se halla en contradicción con nuestro conocimiento de las estructuras vivientes conectadas e interrelacionadas con el mundo que lo rodea.

Tras un período de cuatro a cinco años todo nuestro organismo es remozado hasta el último átomo, es decir, hace un lustro no existía la materia que hoy nos constituye. Sólo permanece el diseño, el patrón asegurado por el proyecto genético pero, incluso los genes y los programas que prefiguran nuestra individualidad también se disuelven constantemente para renovarse.

# 7 La sopa original

## Calor y Radioactividad

En su libro *Los orígenes de la vida*, publicado en 1924, el biólogo ruso Alexander I. Oparin[1] había sugerido la existencia de una atmósfera primicial sin oxígeno, donde la energía de los rayos, de la radiación ultravioleta, los calores volcánicos y la radioactividad natural, precipitaron los componentes químicos a partir de los cuales se formó la vida en los océanos[2].

Esta sopa original de Oparin, y de las primeras formas de vida (los coacervados), fue apoyada en 1929 por el biólogo escocés John Burdon S. Haldane[3]; pero este escenario se embotellaría al no proveer un mecanismo genético replicador, donde la información hereditaria fuese transferible a la siguiente generación de células.

Oparin consideraba que la atmósfera original de la Tierra era diferente de la actual; que la química orgánica de la que depende la vida se formó espontáneamente en este tipo de atmósfera bajo la influencia de la radiación ultravioleta del Sol.

Haldane llegó a conclusiones similares de forma independiente; para este científico, el Sol era ligeramente más brillante que ahora y no había oxígeno en la atmósfera, los rayos ultravioletas químicamente activos del Sol no eran detenidos, como son ahora, principalmente por el ozono[4] en la atmósfera externa y el propio oxígeno más abajo, sino que penetraban la superficie de la tierra y el mar, o por lo menos hasta las nubes.

Pero cuando el ultravioleta actúa sobre una mezcla de agua, dióxido de carbono, y amoníaco, se crean una amplia variedad de sustancias orgánicas, incluyendo azúcares y aparentemente algunos de los materiales a partir de los cuales se forman las proteínas.

A su vez, estos rayos solares ultravioletas, de magnitud superior a los actuales, califican como la fuente primordial del material que aderezó este caldo oceánico orgánico original, alimentado por una atmósfera prebiótica de dióxido de carbono y nitrógeno.

Las ideas de Haldane aparecieron en el *Rationalist Annual* en 1929, pero no provocaron prácticamente reacción alguna. Cinco años antes Oparin había publicado una pequeña monografía proponiendo ideas bastante similares sobre el origen de la vida, igualmente con poco efecto.

Los bioquímicos ortodoxos estaban demasiado convencidos de que Louis Pasteur había desaprobado la generación espontánea de una vez por todas como para considerar el origen de la vida como una cuestión científica legítima.

No fueron capaces de apreciar que Oparin y Haldane estaban proponiendo algo bastante especial: no que la vida evolucione a partir de materia inanimada hoy en día, sino que en un momento dado evolucionó a partir de materia inanimada en las condiciones que existían en la Tierra primitiva y ante la falta de competencia de otros organismos vivos.

## Miller-Urey

Existe una explicación, en nuestros días muy debatida, de cómo se produjo la precipitación química que dio lugar a la vida en el planeta.

En 1953, Stanley Miller, en la universidad de Chicago, realizó el primer intento de recrear tal transición. Mediante el experimento "Miller-Urey" (Miller y Harold Clayton Urey), que propone una reacción química producida por descargas eléctricas y rayos solares ultravioletas en la atmósfera de metano-amoniaco, dando lugar a síntesis de metano, vapor de agua y dióxido de carbono que llevó a la formación de los aminoácidos[5].

El experimento de Stanley Miller devino entonces en el paradigma dominante de cómo la vida conocida se inició en el planeta.

La atmósfera primicial con sus extremas temperaturas y ausencia de carbono, no disponía de oxígeno molecular; aunque ello no fue óbice para que existieran organismos con formas de vida a partir de otros componentes, como el silicio[6].

Por su parte, el biólogo molecular Alexander Cairns-Smith aventuró la idea de que, en su afán de sobrevivir y multiplicarse, fueron los cristales vivientes quienes iniciaron la construcción de los componentes orgánicos de la vida[7]. Luego, debido a su conformación genética, estos cristales perdieron la carrera ante los genes basados en ácido nucléicos, mucho más complejos.

En ocasiones se ha especulado sobre una vida basada en el silicón, y así también proveniente del barro, donde la energía electrostática acumulada en sus sedimentos arcillosos con soluciones salinas, conforma complicadas celosías que se auto-replican y cosechan corrientes piezoeléctricas, precipitadas por la presión de los cristales.

Descubrimientos recientes indican que la Tierra primitiva no era tan hospitalaria como se ha especulado, y que el paradigma de las cálidas lagunas donde se desarrolló la vida nunca existió. Estas consideraciones, junto a los descubrimientos de organismos vivientes a temperaturas extremas o cerca de venas volcánicas sulfurosas en el fondo del océano, sugieren que la vida surgió de otra forma.

La cantidad de reacciones químicas que necesita una sopa original es de tal magnitud que la vida es un estado anormal. Cuando concurren todas las constantes fundamentales, es obvio que la vida no puede ser muy frecuente en el Universo, pues nuestra existencia parece desafiar las leyes de la naturaleza. Un milagro espontáneo contra descomunales imposibilidades.

Existen elementos de la vida que resultan muy extraños, por ejemplo, el molibdeno que aparece en abundancia en los seres vivos y que en nuestro planeta es en extremo insignificante, y escaseaba mucho más en la llamada sopa prebiótica. Asimismo, es un enigma el que la vida que conocemos dependa tan poderosamente en los átomos de fósforos oxidados como fosfatos.

Si la sopa original puede presentarse con mayor probabilidad en otros sistemas planetarios, es decir, la potencialidad química para la comparecencia de los organismos, el primer paso vital de la aparición de la vida no es una resultante automática, sino espontánea. Sólo una fracción de los planetas contiene agua líquida y una atmósfera gaseosa integrada por compuestos simples de carbono, nitrógeno, oxígeno e hidrógeno.

Si la sopa original se puede manifestar con mayor potencialidad en otros arquetipos planetarios entonces, el paso vital de la vida no es una resultante automática, sino espontánea, y nuestra particular forma orgánica es un accidente de nuestro planeta y sus azares, donde los átomos fueron precipitados hacia la complejidad biótica por algún evento fortuito, que pudo ser la radiación ultravioleta.

# La superviviencia

La evolución es el resultado de un proceso selectivo fortuito, de variantes creadas al azar. La evolución desde la ciano-bacteria al humano en realidad no representa un progreso ascendente sino, fundamentalmente, un incremento de la complejidad.

Sin dudas, en un complejo acto de inter-influencia, la vida ha ido transfigurando al propio planeta readaptándolo a la supervivencia; y al cabo de varios millones de años, por medio de un proceso natural (que sepamos hasta ahora) el planeta ha sufrido una profunda transformación de su medio ambiente.

Existen innumerables caminos y formas en las cuales la vida pudo haberse creado en el planeta, y el hecho de que algunos organismos sobreviven y otros desaparecen no se debe a la existencia de un modelo más apto en unos y menos apto en otros, sino a fenómenos acontecidos en el decursar de la historia del planeta.

Existe un gran vacío sobre cómo evolucionó, si en definitiva sucedió, la inteligencia a partir del sencillo sistema fisiológico de adquisición y elaboración de informaciones de la ameba, por lo cual no podemos responder cuánto hay de casual, de factores favorables, o de leyes, de resultados forzosos en el fenómeno evolutivo. No sabemos si la bioquímica de la Tierra es única o si es una de las tantas posibles.

El evolucionista británico Thomas H. Huxley, parafraseando a Charles Darwin, concebía la competencia como la fuerza motriz de la naturaleza. En esta, consideraba, no existía ninguna enseñanza moral, por lo que en el mundo animal se desarrollaba una lucha de gladiadores[8]. La supervivencia animal, en condiciones duras, se logra mediante la cooperación.

El darwinismo era popular en el siglo XIX por los efectos de la revolución industrial y la fiera competencia económica y comercial. Gran parte de ese siglo dominó la noción de la competencia entre los organismos por la obtención de los recursos de supervivencia. Pero, los organismos se benefician tanto de la competencia como de la cooperación.

Según Darwin[9]: "Así como los brotes, por crecimiento, dan origen a nuevos brotes, y éstos, si son vigorosos, se ramifican y sobrepujan por todos lados a muchas ramas más débiles, así también, a mi parecer, ha ocurrido mediante generación, en el gran árbol de la vida, que con sus ramas muertas y rotas llena la corteza de la Tierra, cuya superficie cubre con sus hermosas ramificaciones, siempre en nueva división".

En su obra publicada veinte años después, Darwin expresó su argumento de la siguiente manera[10]: "Como de cada especie nacen muchos más individuos de los que pueden sobrevivir, y como en consecuencia hay una lucha por la vida, que se repite frecuentemente, se sigue que todo ser, si varía, por débilmente que sea, de algún modo provechoso para él bajo las complejas y a veces variables condiciones de vida, tendrá mayor probabilidad de sobrevivir y de ser así naturalmente seleccionado.

La consideración darwiniana choca con la historia de la Tierra en la cual el 85% de su edad estuvo ocupada por el devenir de las criaturas unicelulares. Durante miles de millones de años la Tierra estuvo poblada de constituciones vivientes muy simples, un grupo de foto-sintetizadores sin muchas diversidades.

Esta conservación de las diferencias y variaciones favorables de los individuos y la destrucción de las que son perjudiciales es lo que yo he llamado selección natural.

Si el último paso para la vida sucedió en nuestro planeta por la intervención de procesos todavía desconocidos, o si el mismo fue importado desde el espacio exterior, lo verídico es que en algún momento, entre 4,000 y 2,000 millones de años atrás, la evolución biológica comenzó cuando los unicelulares, heterotropos como nosotros, comenzaron a flotar en la sopa orgánica del planeta, alimentándose de otras materias orgánicas.

La materia viviente es una concentración temporal de energía del Universo, y la energía que en un momento específico contiene un ser humano es parte del flujo cósmico. Los organismos vivos extraen la energía de su medio circundante; las plantas la toman del Sol por medio de la fotosíntesis, y los animales asimilan la energía química en la digestión de los alimentos y en la respiración. Mediante la respiración y la asimilación de sólidos y líquidos, los organismos adquieren átomos y moléculas que en última instancia provienen del Sol.

Cada piedra, animal y planta de nuestro planeta está manufacturada a partir de tres partículas subatómicas[11] que son los cimientos de la materia; combinadas en diferentes proporciones esas partículas producen objetos diferentes. Si ese balance subatómico se altera por un instante, hasta cada uno de nosotros desaparecería en una explosión.

Si el cosmos pierde en sus propiedades microscópicas ese ajuste extraordinariamente preciso, sería un páramo deshabitado e invisible, pues con nuestra presencia es que ha devenido auto-reflexivo.

Para completar y cerrar el gran vacío que precede al establecimiento de los organismos celulares, debemos conocer mucho más la histología intracelular, la micro-fisiología, la geoquímica y la cosmogonía. Sólo con ello podremos especificar la magnitud y la complejidad del menor sistema molecular auto-reproductor posible y de los procesos cosmogónicos de formación planetaria; entonces se podría sugerir un medio que posea tanto posibilidad cosmogónica como capacidad para combinar las moléculas microscópicas de vida, los genes.

# Los límites ecológicos

La vida que conocemos está limitada en sus capacidades, fundamentalmente en los organismos más voluminosos. En la actualidad las manifestaciones de la vida se hallan confinadas a un pequeño rango del termómetro; más aún, ella demanda agua para el mantenimiento de su mecanismo interior.

La vida ha sobrevivido distribuyéndose por innumerables bolsones ecológicos, señoreando las extremas temperaturas y presiones representadas en los abismos oceánicos, en los desiertos donde el agua se halla contenida en las paredes impermeables de las plantas, o en las cimas en los Andes y en el Himalaya donde la respiración es dificultosa. En esas circunstancias la vida es tan trivial que arriba al punto de la casi ausencia.

No se disputa que la metamorfosis de lo inanimado a lo animado tuvo lugar en un cuadro eco-ambiental ---basado en ácido nucléico y proteínas--- diferente al actual, ni que gran parte de la disposición del aparato metabólico celular se apoya en una sola familia de moléculas: las proteínas. Pero la escena prebiótica resultó mucho más compleja.

Estas consideraciones, unidas al hallazgo de organismos en temperaturas extremas o cerca de venas volcánicas sulfurosas del fondo oceánico, indican que la vida pudo haber surgido de otra forma. Si toda la historia de nuestro Universo a partir del *big-bang* (si es que realmente ocurrió) hasta nuestra aparición ha sido una preparación para un supuesto estadio civilizador, entonces habrá que preguntarse necesariamente: ¿por qué hemos sido un azar de esa propia naturaleza y no el fruto de un destino evolutivo unilineal?

Se puede concluir que la vida en el planeta se derivó a partir de una población original que logró controlar el flujo de información química del lenguaje del ácido nucléico al de la proteína. A pesar de la sobrada variedad de moléculas y reacciones químicas elaboradas por la evolución, tienen ciertas características comunes todos los entes vivientes.

## Adaptación evolutiva

Lo disponible hasta ahora nos lleva a pensar que la vida, en un punto inicial, surgió de un elemento común, lo que no exime que concurrieran otros códigos genéticos que no pudieron conseguir la adaptación evolutiva. Habría que tener presente que la diversidad de formas de vida y ella misma es una enorme paradoja que hace arbitrario al propio código genético, como lo demuestra la mitocondria.

La naturaleza exacta del código genético, mostrada en la conocida *Tabla Periódica de los Elementos*, parece ser universal al utilizar todas las cosas vivientes el mismo lenguaje de 4 símbolos para implementar la información genética y el de 22 símbolos para construir las proteínas, en un asombroso grado de uniformidad.

Sin embargo, la hipótesis de que la proteína resultó el mecanismo primordial para esta auto-reproducción debe examinarse con cautela, sin confiar ciegamente en el reduccionismo de las estadísticas.

La vida representa el consumo de energía, es decir, la conservación y el desarrollo de la materia. La lucha de los organismos vivos por reemplazar la energía que constantemente pierden se verifica en una cadena transmisora que arranca desde la capacidad vegetal de acumular la energía solar, de su papel como alimento energético para los animales herbívoros, y de éstos como ensamblados de energía para los carnívoros.

Las poblaciones de organismos crecen y se reproducen a un ritmo que el planeta no podría sostener, a no ser por la altísima mortalidad en los mismos.

La era humana en el cosmos es limitada; no podíamos arribar a la escena demasiado temprano sino luego de concurrir algunos fenómenos, como una atmósfera oxigenada, una temperatura moderada y vastos océanos. La atmósfera terrestre de oxígeno es un invento biológico de la fotosíntesis en los tiempos arqueozóicos, y determinó toda la naturaleza de la vida.

El planeta no siempre ha tenido la misma atmósfera, esencialmente de oxígeno. Los continentes e islas no siempre han tenido igual configuración. Los niveles del mar han bajado y subido dramáticamente.

Las temperaturas no han sido estables; durante milenios las temperaturas fueron polares o extremadamente calientes. Las especies de animales y plantas que han poblado el planeta nunca han sido las mismas. Las especies humanas que surgieron no fueron similares a la nuestra; el grueso pereció en el camino.

Si los gases de la atmósfera terrestre estuviesen en equilibrio, entonces el por ciento de dióxido de carbono no sería el 0.03% sino el 99%. Esta composición se produjo por la acción de los organismos vivos, particularmente el nitrógeno de las bacterias y el oxígeno de la fotosíntesis.

Esta biosfera planetaria ha creado su autoprotección del efecto catastrófico de los rayos solares, y mantiene una franja de temperatura en los límites propicios para la vida biológica, por medio de un mecanismo de corrientes marinas y de aire que no podemos explicar en su totalidad.

## Un planeta vivo

El campo magnético terrestre se expande más allá de su superficie. Los polos se desplazan y con frecuencia revierten su polaridad. Todo este panorama ha conducido al criterio de un planeta vivo, como un organismo per se: *Gaïa*.

Conseguido el proceso de fotosíntesis se asegura el futuro de la vida. Según el biólogo molecular Mitchell Sogín, la cantidad de oxígeno afectó el ritmo de la evolución[12]. La composición química de las rocas pretéritas sugiere que el oxígeno atmosférico aumentó en etapas claramente diferenciadas, separadas por largos periodos de estabilidad. La explosión de la vida se podría haber disparado al alcanzar determinado nivel de oxígeno.

La vida en la Tierra se divide en dos grandes categorías: los animales que respiran oxígeno y las plantas fotosintéticas o que crecen por la luz. Antes de que evolucionaran las células vivientes, en el océano primitivo hormigueaban glóbulos con una química especial que sobrevivían durante largo tiempo para luego desaparecer.

La clorofila utiliza la luz y la mayor parte del oxígeno libre de la atmósfera es la consecuencia de la actividad biológica a través del proceso de fotosíntesis de las plantas.

Dada la falta de registro fósil es necesario analizar la organización de la célula moderna para echar luz sobre sus orígenes. Para que las formas de vida más simples se puedan reproducir necesitan un aparato genético que contenga los ácidos nucléicos. Si las células son las unidades básicas de la vida, podemos estar casi seguros de que los organismos originales contenían ácidos nucléicos o polímeros muy cercanos.

Se plantea que las moléculas conformadas en esta atmósfera primitiva tenían la facultad de reproducirse. Todo parece indicar que la evolución biológica comenzó en algún momento entre 2,000 y 4,000 millones de años atrás.

Mediante los cuantosomas, las células transforman la energía solar, y sus componentes químicos básicos han sido el oxígeno, nitrógeno, carbono, hidrógeno, fósforo, cloro, yodo, calcio y magnesio fundamentalmente, elementos que se hallan en la fina capa superficial terrestre y en la biosfera.

Ya está del todo demostrado que los arquetipos de "inteligencia viva" se pueden encontrar en las moléculas inmateriales atómicas, pese a que por sus diminutas dimensiones aún no entendemos cómo se organizan y organizaron para gestarnos[13].

De la misma manera, aceptamos casi ya como un factor establecido que la ausencia de oxígeno molecular en la atmósfera inicial, las elevadísimas temperaturas y la ausencia del elemento carbono no impidieron la comparecencia de ciertos organismos, algunos de los cuales contribuyeron a crear nuestra actual y artificial atmósfera, cargada de moléculas de oxígeno (Ozono).

De nuevo ello nos lleva a plantearnos que, en realidad, debemos revisar cuáles son realmente los impedimentos para la aparición de formas de vida, y si algunos componentes no considerados, como el silicio, podrían precipitarla.

Si bien las leyes que gobiernan la materia inanimada lo hacen en la naturaleza viva, el comportamiento de esta última responde básicamente al estado de su organización.

# Los micro-organismos

Las líneas divisorias entre la materia viva e inanimada, entre animales y plantas, reptiles y mamíferos, no son tan claras como se podría suponer.

No es la evolución, ni la inteligencia, la condición necesaria para la supervivencia, ni significa una mejor adaptabilidad que sus antecesores, como bien lo demuestran los organismos primitivos que conviven con las formas "superiores" animales y vegetales.

Se ha explicado, a partir de la física cuántica, que las formas básicas de inteligencia viva se hallan en las moléculas inmateriales atómicas, cuya diferente dimensión es incomprensible para nuestra escala de vida. Considerando matemáticamente la cantidad de los átomos en la biosfera, cada uno ha estado presente más de un millar de veces en los organismos vivos.

La genética mendeliana, la genética de poblaciones, la genética molecular, han constituido sucesivas aproximaciones que permitieron a los biólogos penetrar las entrañas del proceso evolutivo para tratar de descifrar sus mecanismos más íntimos.

En suma, la idea de una escala de vida que se refleja en las clasificaciones jerárquicas está presente, explícita o implícitamente, en toda la biología pre-evolucionista. La teoría de la evolución añade la dimensión temporal a la clasificación de los seres vivos de inferiores a superiores.

Asimismo se debe subrayar que las condiciones de la Tierra indican que la vida solamente podría evolucionar en un número limitado de direcciones, producto de la fuerza de gravedad, la temperatura, la composición de la atmósfera, etcétera, así como la energía y las materias primas disponibles,.

Tal como lo señala Stephen Jay Gould, el problema que representa la noción de progreso es de tipo semántico, pero en la medida en que optemos por hablar de direccionalidad, podemos enunciar a la adaptación de los organismos como su causa[14].

Han sido hallados fósiles de microorganismos, colonias de microbios, como los estromalolitas, y probablemente cianobacterias o alga azul, que lograron una escala significativa de complejidad convirtiendo la luz solar en energía a través de la fotosíntesis y el oxígeno excretado en el proceso, hace 3,400 millones de años, lo que disminuye tanto la franja de tiempo como las posibilidades durante la cual la materia se tornó animada.

Hasta el momento, las muestras más antiguas de vida en la Tierra provienen de la Era Arcaica; se trata de bacterias unicelulares anaeróbicas, capaces de la fotosíntesis, halladas en rocas de Australia hace 3,500 millones de años; organismos que supuestamente comenzaron a flotar en la sopa primordial alimentándose de otras materias orgánicas[15].

Existen muestras desconcertantes de vida, como la unicelular *Euglena* que presenta movimientos típicamente "animales", sin embargo se alimentan de la clorofila por medio de la fotosíntesis; una contradicción que nos impide precisar si es planta o animal, o quizás un antecesor de ambos. También problemático es el caso de las talofitas[16], algunas de las cuales presentan las características "típicas" de las plantas.

Se conoce también la presencia de esquitos[17]; de estos, en los esquitos de rocas sudanesas comparecen los isoprenoides, constituidos por un complejo sistema anular; todo ello como prueba de la vida en esa etapa.

De los virus no se puede decir que sean vida tal y como la entendemos. Los virus ayudan a llenar el eslabón entre los seres vivos y los no vivos. Toda la vida se organiza en células, excepto los virus.

Los virus son estructuras químicas, poseedoras de un mecanismo genético que les permiten pasar de su estado de cristal inanimado a la frontera de los organismos vivos; son el eje entre la materia inorgánica y orgánica. Los virus representan el estadio previo a la vida organizada, con funciones de reproducción, herencia y mutación.

La aparición de las bacterias es un enigma. Las bacterias, por ejemplo, están compuestas de una sola célula y posiblemente son el prototipo de toda célula viviente. Con un mecanismo de supervivencia asombroso en un medio químico simple, prescindiendo de los aminoácidos o de las vitaminas básicas, son capaces de manufacturarlas;

pueden soportar una radiación intensa pudiéndoseles encontrar en los reactores nucleares. El alga azul es una de tales bacterias, reproducida en los inicios del planeta.

Si la aparición de las bacterias es un misterio, el de la ameba no lo es menos. La ameba se reveló hace mil millones de años, supuestamente allanando la mutación hacia los órdenes superiores, y continúa existiendo en su forma primitiva, en desafío a la teoría evolutiva.

Todo ese tiempo la única vida planetaria fueron las bacterias unicelulares (los *procariotas*) que en la actualidad resultan las formas de vida más extendidas. Los procariotas, que se dividían en eubacterias y arcaico-bacterias, de los que surgió el eucariota multicelular, eran capaces de absorber la energía almacenada en las células vegetales. De reproducción asexuada, predominaron en el planeta entre 3,500 y 2,400 millones de años atrás.

En ese momento había muy poco oxígeno molecular en la atmósfera. Realmente, los organismos que la habitaban no lo necesitaban y, de hecho, éste les hubiese matado. Crecían oxidando el hidrógeno y reduciendo el dióxido de carbono a metano.

Se ha sugerido que este organismo debió ser similar a las células eocitas, habitantes de los ambientes muy calientes de los respiraderos de los volcanes. Su energía no la obtienen del oxígeno, sino convirtiendo sulfuro en sulfito de hidrógeno. Luego tuvo lugar la aparición de células nucleadas (*eucariotas*), de mayor complejidad.

# La célula

El surgimiento de la célula con núcleo[18] adaptada al oxígeno, constituyó una revolución biológica hace unos 1500 millones de años, posibilitando la reproducción sexual avanzada y acelerando el ritmo de la evolución al permitir la mezcla de genes hereditarios de dos individuos, con lo cual se ampliaron las oportunidades de variaciones.

El material genético del ADN a través del cual se transmiten las características de una generación a la otra, está presente en los núcleos. Es decir, el recorrido desde los esquemas primitivos hasta las entidades complejas tomó la enormidad de 3000 millones de años. Sin embargo, este salto, de altura y longitud, sigue sin explicación.

Lo complejo de estos elementos orgánicos primarios provocó la aparición de una gran diversidad en los reales seres vivos. La comparecencia de elementos orgánicos complejos, como las proteínas y las moléculas filamentosas de ácidos nucléicos, algas y protozoos, ofreció la emergencia de la vida, precipitada por la acción de radiaciones ultravioletas o rayos-x.

Gottfried Wilhelm Leibniz[19]: *"natura non facit saltus"* (la naturaleza no da saltos), que tanta incidencia tuvo en la concepciones modernas de la paleontología nos planteaba que, "todo en la naturaleza marcha por grados, y no por saltos, y esta regla que controla los cambios, es parte de mi ley de la continuidad."

Hacia 1903 el botánico holandés Hugo de Vries observó que en las poblaciones naturales, de vez en cuando aparecían individuos raros que diferían mucho del resto de los ejemplares de la población. Cuando cultivó estos individuos en forma experimental observó que producían descendientes iguales a sí mismos y estos hallazgos lo llevaron a pensar que los genes podían sufrir alteraciones súbitas e independientes del medio ambiente, a las que llamó mutaciones, que podían ser transmitidas a las siguientes generaciones.

Hacia la década de 1930, entre los partidarios de la teoría mutacionista, se destacó el biólogo alemán Richard Goldschmidt[20].

Éste sugirió que las grandes mutaciones, por regla general desventajosas, podían dar lugar esporádicamente a individuos más aptos pero radicalmente diferentes de sus progenitores. A estos individuos se los llamó los "monstruos prometedores", aludiendo a su potencial evolutivo relacionado con el origen de especies nuevas[21].

El siguiente estadio en la evolución orgánica fue la combinación de moléculas, agrupadas en familias enteras, paso que acontecería en el excesivo período de 2000 millones de años. Esta fase de desarrollo planetario ocupada por los microorganismos, comprendió la mitad de la vida del planeta.

El mecanismo para la reproducción se halla codificado en los ácidos nucléicos. La replicación genética no está exenta de errores. A lo largo de millones de generaciones este tipo de extravíos puede provocar profundos cambios en el organismo, y sobre la base de la selección natural llevar a la formación de nuevas especies.

Puede considerarse de reciente el advenimiento de formas de vida complejas sobre el planeta. La que hoy conocemos no evolucionó en línea recta; fue el producto de una acumulación gradual y evolutiva de adaptaciones, si no de extensos espacios de estabilidad interrumpidos por cambios repentinos y catastróficos.

Durante 2,500 millones de años la vida fue sólo la célula procariota. Hace unos 700 millones de años aparecieron los primeros metazoos u organismos multicelulares complejos, favorecidos por el incremento del por ciento de oxígeno en la atmósfera. Estas células eucariotas, en el corto trecho de 100 millones de años, detonaron una auténtica revolución biológica, con tres faunas diferentes: Ediacara, Tommotian, y Burguess Shale.

## Los Vertebrados

En esta progresión, el curso evolutivo y la cadena alimenticia fueron tronchados varias veces por catástrofes naturales y cósmicas ---erupciones volcánicas, trastrocamientos climáticos, colisiones con bólidos extra-terrestres---, en los cuales infinidad de plantas y especies desaparecieron en masa.

En el subsiguiente período del Pre-cambriano, finalizado hace 600 millones de años, crecieron los entes multicelulares de cuerpo blando. A inicios de ese período y de repente se produjo la conocida explosión cámbrica, con una extraordinaria proliferación de formas diferenciadas de vida, transformando definitivamente la historia del planeta.

Desde ese momento, las fronteras entre los periodos geológicos estarían punteadas por apariciones súbitas de nuevas especies, el ocaso de sinnúmero de especies y la propagación de otras, pero sin un nuevo diseño anatómico básico diferente al Burgess-Shale.

Al principio del Cámbrico surgieron todos los filos modernos[22] con algunos experimentos anatómicos que no sobrevivieron, y todos en un periodo geológicamente instantáneo de extinción masiva y diversificación, de forma súbita como advirtió con asombro el zoólogo británico Walter Garstang[23].

Durante el periodo cambriano y ordovícico[24] hubo un crecimiento impresionante de especies marinas, incluyendo los primeros peces, como resultado de la extensión del suelo marino debido al intenso deshielo siluriano. Al desaparecer los mares pocos profundos la vida comenzó a emigrar del mar a la tierra, apareciendo los primeros anfibios y las plantas, con el consiguiente aumento de la vida animal y vegetal.

En el periodo siluriano se crearon los primeros vertebrados. La conformación del esqueleto se debe al colágeno, portador de un tercio de las proteínas de los vertebrados. El *pikaia* representa el primer paso hacia los vertebrados y la acidia parece ser el eslabón evolutivo entre los animales del fondo marino y los *ostracodermos*, peces escamosos que nadaban libremente.

Lo más desconcertante de este salto geológico cambriano es su inicio, pues las nuevas formas no comparecen gradualmente, en una secuencia ordenada, algo que tampoco Darwin fue capaz de explicar, y que trató de minimizar considerando que los registros fósiles anteriores estaban incompletos, puesto que contradecía totalmente su teoría evolucionista de los cambios graduales ininterrumpidos.

Durante los años 1960 se reveló debido a nuevas técnicas bioquímicas de la genética molecular permitieron, que la variabilidad existente en las poblaciones es aun mucho mayor de lo que se pensaba. Esta nueva evidencia hizo que algunos biólogos evolutivos se preguntaran cuál era el significado de toda esa variabilidad ¿Todas las variantes genéticas serían explicables en términos adaptativos?

Mientras los artrozoos se imponen por medio de instintos y conductas innatas programadas por la naturaleza, los vertebrados lo hacen por medio de la inteligencia. Todo parece indicar, que más que un desplazamiento de formas inferiores por superiores, se ha producido la coexistencia de ambas tendencias.

Algunos genetistas japoneses[25] y norteamericanos propusieron, entonces, que buena parte de la variación serviría de poco para la supervivencia de los organismos y que, quizá, la mayoría de la variabilidad representa sólo "ruido" neutro del sistema.

Ellos no negaban que la selección existiese, ni que la adaptación fuese una consecuencia de este proceso, sólo subrayaban que, tal vez, su fuerza era mucho más débil de lo que se creyó y que, probablemente, una gran proporción de la variabilidad genética observada en la naturaleza no cumplía función alguna[26].

Lo introduce la intriga respecto a cuál es la razón real de la evolución, pues esta no es condición necesaria para que continúe la vida. Existen también muchos casos de involución biológica, como los bacteriófagos y otros parásitos.

## Los anfibios

Los líquidos que componen los tejidos biológicos son similares al agua de mar, corroborando la hipótesis de que la vida organizada surgió de los océanos. Nuestro planeta, por eones poblado de animales simples como las esponjas, en un sorpresivo e instantáneo tiempo biológico dio paso a una copiosa variedad de bestias sofisticadas cuyos parientes cohabitan con nosotros en el mundo moderno.

Los primeros vertebrados terrestres, los anfibios con aletas musculadas y pulmones además de agallas, significaron la evolución de peces con mandíbula y dientes.

Muchas especies marinas se extinguieron y los anfibios dieron lugar a los reptiles en tiempos donde se conformaron enormes bosques, y los actuales yacimientos de carbón. En un momento de la historia planetaria, y como resultado de inusitadas catástrofes, los crustáceos lograron desplazar a los artrópodos, pero los crustáceos no consiguieron mantener su hegemonía planetaria ante la flexibilidad corporal de los vertebrados.

Pese a que los primeros organismos adoptaron bio-estructuras más perfeccionadas que las de los seres vivos actuales, en los períodos desequilibrados del planeta se redujo tal diversidad de especies en un proceso que nada tuvo que ver con la selección natural, puesto que muchos linajes más aptos y promisorios para la supervivencia perecieron en masa, y por causas desconocidas y de manera simultánea, junto a aquellos menos aptos.

El cuerpo blando de los organismos del Cámbrico y el tamaño de los grandes vertebrados del Terciario —los dinosaurios— fueron los agentes favorables que les concedieron supremacía en sus épocas. Lo que entonces fue una ventaja, se transfiguró en el pivote de sus extinciones ante otras especies que, a veces más deficientes, explotaron la brecha para aniquilarles.

La frontera entre el Paleozoico y el Mesozoico (hace 250 millones de años) representa el mayor periodo de extinciones de todo el registro fósil. Los invertebrados marinos fueron especialmente afectados. Grupos enteros se extinguieron, incluyendo los trilobitas que habían dominado los océanos durante millones de años.

La vida vegetal apenas se vio afectada, pero el 75% de las familias de los anfibios y el 80% de las de reptiles desaparecieron. Se calcula que actualmente sucumben tres o cuatro familias cada millón de años.

Hacia el final del Paleozoico se produjo la desaparición del 75% al 90% de todas las especies, cuya evolución se desarrolla con la mediación de este tipo de acontecimientos catastróficos. Sin embargo, este proceso de extinciones masivas no representa un retroceso en la evolución de la vida.

Al contrario, precisamente este periodo preparó un importante paso adelante para el desarrollo de la vida sobre la Tierra. Los vacíos que en el medio ambiente dejó la desaparición de algunas especies dieron la oportunidad a otras para desarrollarse, florecer y dominar ese territorio.

En épocas geo-climáticas benévolas y en un supuesto medioambiente de complementariedad, aquellos organismos menos dotados se han alzado sorpresivamente con la preeminencia, como sucedió en los inicios del período Devónico[27].

Ha sido un proceso continuo de alteración de la biota terrestre ya sea como resultante de catástrofes naturales o del desequilibrio que algunas de sus especies han introducido en su nicho ambiental. Es el caso de la hegemonía conquistada por los dinosaurios debido a sus dimensiones físicas; la del tiburón o la orca en el océano, ubicados en la cúspide de la cadena alimenticia; o la del humano, consecuencia de su inteligencia y agresividad.

En resumen, no es difícil concebir una sopa prebiótica que contuviera todos los ingredientes biológicos necesarios y que, con la ayuda de perturbaciones exteriores, se auto-organizara en engranados bucles de "realimentación" a través de los cuales se concentró el orden y aumentaron fantásticamente las posibilidades favorables de atravesar el umbral de la vida[28].

# CAPÍTULO III

## LA FALACIA

## DEL

## HOMBRE-MONO

# 8 De los árboles a la sabana

## La cronología del Homo

Las deducciones para establecer esta cronología lineal de la evolución humana a partir de los pitecos, está fundamentada en elementos muy inseguros y a pruebas mayormente inadecuadas. Existe una ausencia de un criterio aceptado por todos los científicos por el cual juzgar la naturaleza homínida y los rasgos de la línea de separación con los primates

Que sepamos hasta ahora, al cabo de millones de años, la vida se fue readaptando al planeta en un complejo proceso de inter-influencia con el medio natural. Al igual que el grueso de los mamíferos pequeños, paradójicamente el Homo tendría a su favor lo que era su inicial debilidad: su falta de especialización como herbívoro o como carnívoro.

Esa flexibilidad le posibilitó adaptarse a un ecosistema cambiante, mientras los animales especializados -como el mamut, el rinoceronte lanudo, el oso y león cavernario, el tigre dientes de sable o los monófagos- perecían ante los cambios climáticos o de la fauna en la antigua Edad de Hielo.

En torno a la visión de las teorías en boga, el primer antropoide aparece en el Oligoceno, hace 38 millones de años. El primer simio, como el Driopiteco, se ubica a fines del Mioceno entre 5 y 25 millones de años. En el Plioceno, hace 4 millones de años se ubica al Australopiteco como un primate homínido.

Entre los paleontólogos hay desacuerdos sobre cuándo y cómo los homínidos se separaron de los simios. Hay indicios de una especie parecida a los simios modernos, que vivió entre 14 y 7 millones de años atrás, que podría ser el antepasado común de los homínidos, monos y gorilas.

Hace 7 a 10 millones de años se produjeron nuevos cambios medio ambientales dramáticos, con el crecimiento de los casquetes polares y el declive de selvas y bosques, apareciendo nuevas masas de tierra y pasadizos terrestres que unían a Europa y África, Asia y América, las islas británicas y Europa. En ese período tuvo lugar el nacimiento de los primeros homínidos.

Hace alrededor de 5 a 6 millones de años se produjeron cambios en la geografía terrestre, que si bien pequeños, fueron suficientes para influir en la filogénesis humana. La separación de las plataformas continentales por el estrecho de Behring, por el de Bab-el-Mandeb y por la hendidura de Gibraltar dio lugar a la secesión de los diferentes tipos de antropoides, incluidos los gestantes de los pre-homínidos.

La alteración del clima y hábitat, desde caliente con pocas estaciones, regímenes más boscosos, hasta frío con más estaciones y condiciones menos boscosas, condujo a estos cambios importantes.

Nos han explicado que el factor determinante hacia el camino homínido resultó el desplazamiento de la vida en los macizos selváticos y árboles hacia el suelo y las sabanas. Así, de recolector de frutas se transformó en cazador. Y aquí entran los psicólogos: la experiencia que este antropoide fue adquiriendo en el nuevo medio natural le obligó a depender de experiencias no innatas sino adquiridas, a medida que tenía lugar una lenta y casi imperceptible adaptación morfológica al nuevo cambio impuesto por sí mismo.

## El Humano chimpancé

Una intensa controversia rodea la relación entre humanos, chimpancés y gorilas. Usando evidencia molecular, los biólogos estiman que estas formas primates compartieron un ancestro común cerca de 6 a 7 millones de años atrás.

La consideración es que el Homo *sapiens* se desgajó de los macacos antropoides que moraban a fines del Terciario. Se ha enarbolado nuestra relación genética con los simios, sobre todo con el chimpancé, que a todas luces parece haber sido una degeneración del ancestro común y sólo en contadas ocasiones muestra su capacidad de cazador y el uso de armas.

A mediados de la década del sesenta del siglo pasado, dos biólogos de la universidad californiana de Berkeley, Vincent Sarich y Allan Wilson, rastreando la proteína albúmina proclamaron que la familia homínida se escindió de los monos africanos hace apenas 5 millones de años. Por lo pronto significa que los humanos están menos relacionados con los monos asiáticos, Orang-Utans, de los cuales nos separan 13 millones de años[1].

Muchos argumentan que el antropoide, común al homínido y a los primates tenía mayor semejanza con el primero, al cual traspasó la actividad de la caza sistemática. En adición a un cerebro mayor, el bi-pedalismo diferenciaría al homínido de sus congéneres simios.

¿Y por qué no? ya en los simios del Oligoceno[2] se produce el desarrollo menos rápido de los hijos, quizás algo necesario para la maduración de un amplio proceso de adquisición de conocimientos y la conformación de una cierta cooperación social. Esos atributos, así como los instintos del cuidado de la prole, la estructura familiar y el establecimiento de jerarquías resultarán características de los homínidos.

Desafortunadamente ese período de 5 millones de años es un "hueco negro" en el conocimiento de la evolución humana, pero los paleontólogos teorizan que los animales similares a los simios de esos milenios fueron criaturas que vivían en los árboles, con largas manos y piernas.

Algunos paleontólogos creen que la línea de homínidos se dividió en segmentos este y oeste hace cinco millones de años. El segmento oeste, del proto-chimpancé, se mantuvo dependiente de frutas y otros alimentos provenientes de los árboles; el segmento este evolucionó hacia los humanos y otros primeros homínidos.

¿Pero por qué desaparecieron las otras especies pre-homínidas y subsisten aún antropoides del Terciario como el gibón, el chimpancé y el gorila, menos avanzados que aquellos?

La evolución hacia el homínido y el desarrollo de su civilización no se suscitó de forma evolutiva, sino a grandes saltos.

Caleb Finch[3] apunta que entre hace 7 y 4 millones de años se presume que vivió un tipo de proto-homínido muy parecido al chimpancé pero con característica anatómicas distintivas. La especie más antigua que se encuentra relativamente bien representada en el registro de nuestra familia es Australopiteco Anamnesis, encontrada por la inglesa Meave Leakey en Kenia en 1994.

El Ramidus era un homínido erecto de largos brazos, de 4,4 millones años de edad, el cual vivió en el selvático país. Originalmente se pensó que era un australopitecino pero parece ser parte de una rama más temprana de homínido.

Sin embargo, los fósiles de Australopiteco Ramidus muestran una serie de características que no permiten afirmar con certeza si se trata de un homínido o de una forma paralela, parte de la diversificación durante el origen de los grupos. Posteriormente, los fósiles fueron rebautizados como pertenecientes a un nuevo género: *Ardipithecus Ramidus*.

La cultura Achúlense, con sus hachas almendradas de piedra, tiene más de un millón de años. El Achúlense africano, de hace 500 mil años, fue el más pródigo por el clima benigno y cálido de sus praderas. La ausencia de presiones climáticas permitió una abundancia relativa de carne, la realización de una fina artesanía lítica, y no impuso la lucha por el control del fuego.

La prehistoria escenificaría la aparición del Homo *sapiens*, su expansión geográfica, su adaptación a los diferentes ecosistemas del planeta, la invención de las herramientas y utensilios, el nacimiento de la creación espiritual artística y mítica, la organización social en sus niveles básicos de familia y clan consanguíneo.

Con el dominio de la lanza, la piedra afilada, la honda, el arco y la flecha, el homínido se impuso definitivamente al resto de las ramas homínidas y primates y de los animales, enfrentando a los grandes carnívoros y mejorando su alimentación sustancialmente.

Las evidencias de neandertaleses se ubican en depósitos de hace 150,000 años. Se plantean a los neandertaleses como el antecesor directo del humano moderno. Y, la aparición del homo moderno, del Homo *sapiens sapiens* se tiene de hace 40,000 años.

# El Ramapiteco

En términos generales podría fijarse como sigue, la cronología establecida por los evolucionistas del desarrollo del Homo a partir de ancestros desgajados de los simios. No existen evidencias para clasificar como proto-humanos a ninguno de estos "antepasados" por eso se ha estudiado con más ahínco al Ramapiteco para ubicarlo en el inicio de la evolución hacia el humano moderno.

El paleontólogo David Pilbeam[4] descubrió en Sivalik-Hill, en la India, en niveles del Mioceno superior, la primera muestra craneana conocida del Ramapiteco, de hace 12 a 13 millones de años, considerado por mucho tiempo el primer miembro de la familia humana.

El descubrimiento del fósil de Ramapiteco concordaba con este modelo. Ramapiteco es el nombre atribuido a un grupo pequeño de fósiles[5]. La reconstrucción de este material reveló tres características presentes en los homínidos: un maxilar semicircular (contrastando con el maxilar en forma de "U" típica de los humanoides), una capa fina de esmalte en los dientes (que es gruesa en chimpancés y gorilas), y caninos pequeños.

Sobre la base de estas características, se formuló la hipótesis de que Ramapiteco representaba el primer homínido, que se habría separado de los otros humanoides alrededor de 16 millones de anos.

Pero las investigaciones realizadas en las proteínas del Ramapiteco demostraron sin objeción su pertenencia a los grandes simios asiáticos, como el Orangután, alejándolo al parecer de los homínidos, y en consecuencia hubo que retirarlo del pedestal pre-homínido.

Esto también se aplicó al Kenyapiteco de Luís B. Leakey, de hace 14 millones de años, que asemeja al Ramapiteco hallado en Haritalyangar.

La revista "Science" reseña lo siguiente[6]: "Un grupo de criaturas que se creían representar nuestros antepasados más remotos pueden haber sido eliminados de un golpe de nuestro árbol familiar humano, de acuerdo al paleontólogo de la universidad de Harvard, David Pilbeam. Muchos paleontólogos han mantenido que los "ramamorfos" son nuestros más viejos antepasados, evolucionando después de que dimos el salto desde los monos africanos. Pero las conclusiones la hemos extraído de poco más que unos pocos huesos de mandíbula y algunos dientes. La pesada mandíbula y los delgados esmaltados dientes se asemejan a los de antepasados tempranos del hombre, dice Pilbeam, pero en aspectos más significativos, tales como la forma de su paladar y el conjunto cerrado de las cuencas oculares que son más altas que anchas, y la forma de la juntura de la mandíbula, parece más la de un antepasado de orangután".

El argumento para esta afirmación se basa en un solitario artefacto de piedra hallada en 1982, en las faldas del Himalaya, por Shri Ravindra Kishore Prasad, del Geological Survey de la India, y el cual se ha clasificado como resultado de una supuesta rama del *Erectus*, el bautizado Ramapiteco, el cual se supone era un bípedo de postura erecta[7].

Ahora bien, el grueso de los científicos en la actualidad no considera que tal Ramapiteco fuese un ancestro humano, sino una línea directa con el orangután, pues no está comprobado que fuese un constructor de herramientas.

## Los proto-homínidos

Otra hipótesis es la de África como la cuna de la humanidad, desde la cual salieron, sucesivamente, los distintos linajes del "Homo *sapiens*"; por eso la historia africana se remonta más lejos que en cualquier otro lugar del planeta.

Una amplia diversidad de valles -como el Rift- y de sabanas -como las de Olduvai y Serengueti- bordean los lagos Victoria y Eduardo, en el este africano. Allí nacen los ríos Nilo, Congo y Zambeze. Una ecología sin igual en el planeta para el desarrollo de comunidades humanas pre-históricas.

La larga rajadura terrestre del Rift, en el este africano, formada por una crisis tectónica 8 millones de años atrás, fraccionó esta zona en dos climas y vegetaciones diferentes propiciando la aparición de dos grupos de primates tenidos como ancestros humanos.

La parte occidental permaneció como una húmeda y densa foresta tropical donde retuvieron su hábitat nuestros parientes, los chimpancés; la parte oriental quedó como una amplia sabana, más seca, donde se instaló la población que conforme al evolucionismo luego desembocó en los homínidos, los cuales geográficamente aislados y presionados a adaptarse a un nuevo hábitat, promovieron un importante extravío genético.

En África, continente ausente de fenómenos glaciares, se ha teorizado la separación de la línea que unía a los primates del homínido, y la emergencia de la conciencia reflexiva. Los antropólogos han proclamado que hace 7 u 8 millones de años los pre-homínidos moraban el área que hoy comprende Etiopía, Kenya y Tanzania.

Después de más de 60 millones de años de existencia del primate, se han buscado evidencia en África Oriental para referirlas como ramas homínidas, que andaban en posición erguida que se separaron del resto de los monos. La controversia se fija en si estos resultan nuestros antepasados.

Hace 5 millones de años, la sabana africana con sus áreas de bosques y llanuras con pasto, fueron habitadas por pequeñas bandas de *homínidos*, los cuales probablemente caminaban erectos. El relato evolutivo establece que estas bandas, ancestros de los humanos, devinieron en bípedos[8] después de un largo período de duración, probablemente como resultado de pasar más y más tiempo en el suelo.

Se ha señalado que el género humano se originó en África hace unos 5 millones de años, con la separación de las tres ramas: monos, homínidos y gorilas. El escenario fundamental de ese drama se ubicó en el notorio valle del Rift, en África, conformado hace 6 ó 7 millones de años.

Los bioquímicos, influidos por la contigüidad molecular entre los humanos y el chimpancé, ubican la separación de ambas especies hace 4 ó 5 millones de años, momento en que emergió en África el Australopiteco, una familia pre-homínida.

Los primeros simios bípedos evolucionaron por esa época. Posteriormente, hubo una proliferación de especies de simios bípedos. La biología molecular indica que las primeras especies de homínidos aparecieron hace unos 5 millones de años: el proto-humano Australopiteco.

## La garganta de Olduvai

No se disputa que una amplia variedad de especies primates diferentes a los macacos floreció en las sabanas del este africano; los paleontólogos los dividen en dos grupos: los australopitecinos[9], y el Homo.

En un primer momento el horizonte africano estaba casi despoblado, y se ha conjeturado que estos "pre-homínidos" vivían de la recolección de plantas silvestres y de carne. Hace unos 4 millones de años, en el África Oriental grupos de primates mantienen comportamientos suficientemente alejados del resto de primates lo que ha llevado a la conclusión de ser suficientemente cercanos a comportamientos específicamente humanos como para ser considerados antecesores de nuestro actual género.

La virtual ausencia del chimpancé, el gorila o los precursores de ambos, entre los 250,000 fósiles vertebrados hallados en la región, se ha tomado como base estadística para la teoría del supuesto divorcio del chimpancé y del homínido por la irregular cortadura del Rift.

En 1901, el vizconde de Bourg de Bozas encabezó una expedición que obtuvo un amplio muestrario de fósiles del río Omo. En 1932 siguió otra excursión al río Omo, dirigida por el antropólogo Camille Arambourg, la cual trajo toneladas de vertebrados fósiles[10].

Dos décadas consecutivas de excavación arqueológica en esta y otras áreas del Este africano brindarían una hemorragia de descubrimientos de fósiles, de los cuales alrededor de 2,000 se han adjudicado a pre-homínidos. Con esta masa de información se ha tratado de establecer una secuencia evolutiva homínida.

Los fósiles más antiguos en este rico yacimiento arqueológico se corresponden con el "Hombre de Boskop" y el "Hombre de Olduvai", cuyos restos encontró el arqueólogo Luís Leakey.

A principios de la década 1950 se consolida la teoría de un centro africano de principios del Pleistoceno, como el punto de partida explícito de la evolución hacia el humano, desdeñándose la enorme cantidad de evidencias de la presencia humana millones de años antes.

El centro de la versión pre-homínida paleontológica es la cadera, pues la postura erecta fue vital porque liberaba las manos para poder realizar otras acciones, como por ejemplo hacer herramientas.

Claro que el bi-pedalismo favorece la resistencia física para cubrir grandes distancias, así como mejora la flexibilidad, que incluye la evolución de la inteligencia y las capacidades de aprendizaje, la protección de los padres y nuevos niveles de interacción social. Todo eso se le ha atribuido a los pre-homínidos.

En 1994, el norteamericano Tim White y su equipo descubrieron un grupo de fósiles en el norte de Etiopía, en Aramis, que se asumiría como el homínido más antiguo[11]: el Australopiteco Ramidus.

Estos fósiles que datan de 4,1 millones de años se presentan como la primera evidencia clara de humanoides bípedos con caninos reducidos en la sabana africana.

Pero no existen pruebas concluyentes de si el humano surgió de una rama africana o apareció simultáneamente en China y África; la mayoría se inclina a la primera opción. Todo parece indicar que la naturaleza presenció variados y no emparentados experimentos pre-homínidos surgidos del Plioceno, la mayoría de los cuales se extinguió hace más de cien mil años.

## El Australopiteco

Los inicios de la paleo-antropología en el Este africano se remontan a más de un siglo. En ese lugar paleontólogos, antropólogos y arqueólogos como Luís Leakey y Mary Leakey hallaron pruebas de instrumentos de piedra construidos por una especie de simio que llamaron Australopiteco.

Las primeras muestras de australopitecinos provienen de más al sur, donde los investigadores encontraron al totalmente bípedo primate *Afarensis*, poderoso y musculoso, con brazos más largos que los humanos pero manos y cerebro humanoides. El *Afarensis* data de entre 4,1 y 3,75 millones de años, un tanto más tarde que el *Ramidus*.

Se piensa que ambos son ancestros comunes de una diversa familia de australopitecinos. Algunos menudos, otros de fuerte y robusta constitución.

La evidencia de la gran diversidad de australopitecinos viene del este de Turkana, un área al norte de Kenya y de Olduvai, al norte de Tanzania, donde no sólo han sido hallados australopitecinos menudos y robustos sino también especímenes de homínidos de una anatomía más avanzada.

En 1939, cerca del lago Garusi, en Tanzania, un grupo de alemanes descubrió fósiles que bautizaron como el Pareantropo Africano, y que después se conceptuaron eran de australopitecos.

El más antiguo de los supuestos pre-homínidos es una especie primaria de Australopiteco carnívoro, que proviene de la región etíope de Hadar, y en una fecha que oscila entre 3,7 y 3 millones de años. Aunque las mandíbulas fósiles halladas en el lago Rodolfo por Bryan Patterson, de hace 5,5 millones de años ya presentaban discrepancias con el chimpancé[12].

El Australopiteco, que para muchos es un modelo intermedio entre los antropoides y el Homo *sapiens*, marcó la comparecencia de los primeros primates con marcha erecta al que se le adjudicó una industria lítica primitiva. Las variedades del Australopiteco vivieron desde fines del Terciario, en los bordes del Pleistoceno, comenzando hace unos 3,5 millones de años hasta 600,000 años atrás

En 1955, otra expedición a Olduvai, liderada por Luís Leakey, descubrió restos de otro Australopiteco. Los descubrimientos de Louis Leakey en los estratos más profundos de Olduvai revalidarían al Australopiteco con una magra industria lítica.

Así se determino que estos primeros fósiles encontrados en el África oriental fuesen considerados como homínidos ligados al Australopiteco *Afarensis* con capacidad craneal ligeramente mayor que los simios, lo cual le facilitaba manipular herramientas.

En 1959, Mary Leakey encontró en Olduvai, en un depósito cercano al lago Rodolfo, fósiles de un Australopiteco con su dentadura superior, con una data de 3,5 millones de años; este, que se conocería también como Sinántropo, era un pequeño bípedo extinguido hace un millón de años.

Alrededor de hace 3 millones de años, aparecen los del África del Sur, clasificados como Australopiteco Africano. Estos ejemplares fueron detallados con patrones de conducta nuevos que incluían el uso de herramientas de piedra, lo que marca el comienzo de la Edad de la Piedra.

Pero aún pasará 1,5 millones de años para el uso de herramientas de piedra. Poco a poco comenzaron a utilizar las herramientas de piedra, y a continuación, la caza por sí mismos. Estas primeras comunidades probablemente se movían en el sudeste de África.

Esta especie sería semejante al Australopiteco *Afarensis* en el tamaño del cuerpo (entre 1 a 1,5 metros de altura, al menos entre los pre-homínidos encontrados por Leakey en el lago Rodolfo, y su peso era variable entre 30-65 kg, dependiendo del sexo) y la gracilidad del esqueleto.

Pero el Australopiteco Africano se diferencia por la pérdida de las características primitivas visibles en el Australopiteco *Afarensis*. Los fósiles de australopitecos africanos provienen de tres cuevas en la región del Transvaal: Taung, Makapansgat y Sterkfontein[13].

Se ha diseñado una morfología y un modelo del Australopiteco considerando que caminaba erecto, que tenía libres las manos, fabricaba instrumentos de huesos y piedra; una rama de ellos se teoriza que cazaba y consumía regularmente carne. Se discurre si una de las líneas del Australopiteco se desenvolvió dando lugar a los diferentes homínidos que comparecieron con posterioridad.

Se le clasifica como un carnívoro depredador, armado de piedra y palos, con molares masivos, aptos para una dieta consistente en vegetales duros. Su hábitat estaba confinado al este y al sur de África. En muchos de ellos la capacidad cerebral, evaluada a partir de los fósiles de cráneos, en muchos ascendía a 600 cm$^3$, levemente superior a los antropoides.

No obstante, los australopitecos son un escalón inferior a las otras especies pre-homínidas encontradas en el este africano.

Pero de toda esta gama de cuasi-simios, el Australopiteco se halla aislado y se supone entonces que se extinguió; de él resulta muy difícil establecer una línea sobreviviente que evolucionó a través de diversas especies, donde se ha querido ver al posterior Homo *Erectus* como la resultante.

# El Australopiteco Afarensis

Desde el Orrorín Tugienses hasta el Australopiteco *Afarensis* la discusión de si se está en el camino homínido o no, y aún no está determinada. Acorde con Louis Leakey, la autoridad más respetada por los evolucionistas, el Australopiteco resulta un primate muy primario. Esta noción fue compartida posteriormente por su hijo Richard Leakey.

Ya se ha aceptado por muchos paleo-antropólogos que el Australopiteco era un mero carroñero, y no un cazador con una cultura del fuego.

En la década de los 1950, Sir Solly Zuckerman[14] publicó sus estudios biométricos demostrando que el Australopiteco no era un tipo de homínido, como se imaginaban ciertos antropólogos que ubicaban a este cuadrúmano en el linaje del Homo *sapiens*.

Asimismo, en los 1990, Charles E. Oxnard tras largos estudios sobre los fósiles del Australopiteco ratificó los criterios de Zuckerman señalando que ninguno de tales fósiles de cráneos, dientes, o huesos manifiesta una vinculación filo-genética con el genus Homo, sino que resultan totalmente compatibles con los simios cuadrúmanos[15].

Este particular Australopiteco no está relacionado con los cuadrúmanos africanos ni con los humanos, y definitivamente no es un eslabón intermedio, sino diferente como son disímiles unos de otros los gorilas, los gibones, los chimpancés, etcétera.

El antropólogo Lyall Watson, escribió lo siguiente[16] "Los fósiles que decoran nuestro árbol genealógico son tan escasos que hay aun más científicos que especímenes. El hecho remarcable es que toda la evidencia física que tenemos para la evolución humana puede aun ser colocada, con espacio de sobra, dentro de un simple féretro".

Es interesante notar que entre los fósiles del Australopitecos *Afarensis* existe una variabilidad relativamente grande con relación a la postura bípeda, ya que varios presentan características típicas de bi-pedalismo en los miembros inferiores pero con brazos todavía largos y las falanges de las manos y pies curvadas.

Muchos autores interpretan esta morfología ambigua como evidencia de que estos primeros bípedos todavía hacían uso extensivo de los árboles y que habrían mantenido este mosaico morfológico por presiones selectivas diferentes en los miembros superiores e inferiores.

Otros autores interpretan las características arborícolas de los brazos y manos del Australopitecos *Afarensis* como restos de la morfología ancestral mantenidos por inercia en el proceso de cambio de postura y locomoción, ya que su permanencia no afecta la eficiencia de esta.

Llama la atención que a partir de las dudosas muestras fósiles que supuestamente establecen la cadena que va del mono al humano moderno, se han escrito innumerables de libros y artículos, documentales, de un cuerpo humano con cabeza de simio.

Los descubrimientos del Australopiteco, los restos del valle de Omo y los paleantropos de Dire-Dawa (en Etiopía) han representado un rudo golpe a las tesis de etnólogos, antropólogos e historiadores sobre el papel decisivo de las migraciones semitas, a la hora de conformarse los estados de Egipto, Kush y Axum.

A pesar de la extensa y bien documentada evidencia que contradice la visión tradicional sobre los pitecos como pre-homínidos, esta vertiente de paleontólogos darwinistas se las ha agenciado para mantener intacta la noción humanoide del Australopiteco. Y lo más deplorable es que ya forma parte de los textos educacionales en casi todos los países.

## Lucy

El Pleistoceno, iniciado hace 2 millones de años y concluido 10,000 años a. C., estuvo moldeado por repetidas glaciaciones en el hemisferio norte, donde los ya recesivos bosques tropicales eran reemplazados por las sabanas.

Se cree que el gorila se separó de la rama chimpancé-homínido entre 10 y 8 millones de años atrás. Hay toda una literatura que propone como el primero de los homínidos al Australopiteco Afarensis representado por la famosa "Lucy" del antropólogo norteamericano Donald Johansson y los fósiles de Laetoli descubiertos por Mary Leakey, que emergieron hace unos cuatro millones de años. Pero la mayoría, aunque no todos, los especialistas en el campo creen que la separación chimpancé-humano no ocurrió mucho después de hace 7 millones de años.

En 1978, Mary Leakey descubría en Olduvai las huellas en lava de tres australopitecos bi-pedales: una hembra, un varón y un niño, con fechas de 3,200,000 años atrás.

Por otro lado, se descubría en Afar, también Etiopía, el esqueleto de una pequeña mujer de 3 pies y 8 pulgadas, Lucy, de 2,700,000 años, que aparentemente caminaba en forma erecta, y aunque nunca se ha comprobado, le posibilitaba construir algún que otro instrumento de material perecedero para conseguirse alimentos en las diferentes estaciones[17].

Lucy tenía un cráneo algo pequeños similar al del chimpancé de 480 cc., y casi certeramente de color negra o café oscuro. Ella se diferenciaría del chimpancé u otro antropoide porque iniciaba la conformación de un medio de espacio-tiempo distinto, con mayores oportunidades que el de los grandes antropoides, lo que le posibilitaría resolver problemas.

Ella representa al ejemplar conocido más viejo del género Australopiteco, el mismo descubierto en Sur África en 1925 por Raymond Dart, un profesor de anatomía australiano, en la persona del llamado "niño de Taung".

En Lucy se refuerza la hipótesis de los orígenes africanos del humano que ha sido aceptada como un dogma, como el ejemplo de la Eva Mitocondrial.

El clasificado Australopiteco *Afarensis*, conocido como Lucy, teóricamente dio lugar a dos linajes. Pero este Afarensis-Lucy ha sido "humanizado". La paradójica situación es que el Australopiteco no tiene conexión alguna con el linaje de evolución del humano.

Pero los estudios sobre Lucy llevados a cabo por Randal L. Susman, Jack T. Stern y Charles E. Oxnard, secundados por un equipo de paleontólogos, arqueólogos, biólogos y etnólogos han determinado que era un antropoide total y que no presentaba pruebas de que caminase de forma erecta. Es más, indicaron que las placas dorsales eran idénticas a las de un macaco[18].

Para gran estupefacción de la escuela evolucionista, en 1975, Donald Johanson graduado de antropología de la Universidad de Chicago, un asiduo rastreador de fósiles en África, retornó a Hadar, Etiopía, exactamente al lugar donde se había descubierto a Lucy, pero esta vez acompañado por un fotógrafo del *National Geographic*. Allí encontró lo inverosímil; en la ladera y en el estrato de Lucy, desenterró los fósiles de 13 homínidos de ambos sexos, incluyendo niños; las osamentas fosilizadas del grupo bautizado como "la primera familia" resultaron de la misma edad geológica que Lucy, 3.5 millones de años[19].

El Australopiteco ha sido calificado como un homínido evolucionado cuyos ancestros se separaron de los primates millones de años atrás. El *Afarensis*, al cual pertenecía Lucy, fue seguido por dos especies que sobrevivieron hasta 1,5 millones de años atrás: un tipo grácil y otro robusto.

## Homo Hábilis

El Homo *Hábilis* ha sido sujeto a profundas críticas, y el criterio más generalizado, salvo el de los evolucionistas, es que pertenece a los antropoides australopitecos.

Irónicamente, hace 2.5 millones de años, cuando comenzaron a intensificarse las glaciaciones, el Homo *Hábilis* se unió al Australopiteco en las sabanas del África oriental un homínido más avanzado con un cerebro mayor y una faz menos protuberante: el Homo *Hábilis*, que fue hallado por Luís Leakey en Olduvai[20], y que ocupó un lapso de tiempo entre 2,000,000 a 1,500,000 años atrás. El Homo *Hábilis* de Java, con una capacidad craneana de 900 cc., fechado hace 700,000 años.

Por mucho tiempo se discutió si los fósiles de Homo de entre 2,5 y 1,8 millón de años deberían ser clasificados como una única especie, Homo *Hábilis,* la cual tendría niveles muy altos de dimorfismo sexual o como dos especies distintas. Nuevos descubrimientos fósiles, indican que lo más apropiado es interpretar los restos fósiles de los primeros Homo como pertenecientes a, por lo menos, dos especies: Homo *Hábilis* y Homo *Rudolfensis*[21].

A partir del Homo *Hábilis* se ha descrito toda una cultura de hábitat, alimentación, instrumental, conducta social, hábitos ante el medio y demás. De un supuesto se han encadenado sucesivos supuestos para presentarlo dentro de un marco cultural en evolución hacia el humano tipo moderno.

Veamos: este homínido se considera fue mudando su débil armazón natural adquiriendo capacidades y prácticas más formidables que el Australopiteco como la inteligencia, la cooperación y las armas, con las cuales podría enfrentar y vencer a las fieras más poderosas.

Lo más lógico es que la caza la efectuaba en cooperación, lo que llevó a la fabricación de armas de piedra y madera. Se le supone conviviendo en grupos relativamente extensos que hacían perentorio un rudimentario sistema de comunicación, que combinaba el lenguaje extra-verbal con diversos sonidos, y así el lenguaje se ampliaría con la experiencia y transmisión.

A tenor de ello, las siguientes formas homínidas posteriores al Homo *Hábilis* tendrían que modificar la tráquea, la lengua, el esófago, los labios y los músculos faciales para lograr una mayor comunicación verbal.

Es decir, la estimada habilidad sobre la caza, la necesidad que ello impuso en la filogénesis, y la asociación más compacta y amplia de grupos, es la referencia directa en la ampliación de la capacidad y cualidad de las áreas motoras del cerebro se agrandarían, repercutiendo en una mayor dimensión craneana.

Pero nada de lo que se le ha adjudicado ha sido comprobado, como la caza en cooperación, la fabricación de armas de piedra y madera, la convivencia grupal, la comunicación verbal y demás.

Otro campo que se añadió al proceso evolutivo del Homo Hábilis ha sido un pretendido impulso hacia la incorporación de una alimentación cada vez más rica en energía, que le llevó a añadir la carne y almacenar comida para asegurarse una dieta más balanceada. Este manido determinismo económico, la necesidad de carne, guió al primate en su progreso hacia el homínido erecto, cazador y constructor de herramientas, y propició la expansión de su cerebro.

A diferencia del resto de los animales, la comunidad grupal homínida asumía la manutención de los que no podían proveer alimentos, ya fuera temporalmente como la hembra en gestación y las crías, o de por vida como los impedidos físicos y los ancianos.

Para servir en la escalera evolutiva estos pre-homínidos debían presentar muestras de un avance notable en la facultad de razonamiento, heredada de los grandes antropoides, y que no podía adquirirse con un régimen vegetativo. El punto conflictual para el evolucionismo es que el desarrollo de sus capacidades mentales tendría que ser anterior a la determinación de variar su hábitat, de los árboles a la sabana, y su dieta, de vegetariano a carnívoro.

Se ha determinado la fecha de 400,000 años atrás para ubicar el dominio del fuego de ese "pre-homínido" con lo cual podría cocer los vegetales para su mejor asimilación.

## ¿Es el Hábilis un Homo?

Siguiendo la pauta, del Australopiteco se lleva la línea al Homo *Hábilis*, 2 millones de años atrás, con una capacidad craneal de entre 600 a 750 cc. A partir de la evolución del cerebro se aceleró como evidencia el Homo *Hábilis* de Olduvai, considerado el primero en la línea directa con el Homo.

El Homo *Hábilis*, era similar físicamente al Australopiteco pero poseía un cerebro más voluminoso. Es cierto que estos primates se alimentaban predominantemente de frutas y vegetales, pero el haber encontrado marcas de roeduras en huesos de animales en Koobi Fora, al este de Turkana y Olduvai es lo que ha llevado al criterio de un Homo *Hábilis* en busca de carne en los restos de animales cazados por predadores.

La dieta omnívora en este homínido bi-pedal que se valía de sus dos manos, tuvo efectos crecientes en la elección del potencial cognoscitivo y en la capacidad de solucionar problemas. En los períodos de seca, que privaban de vegetales, podía suplementarse con animales, huevos, aves o insectos.

Si bien el Australopiteco era un vegetariano, lo que implicaba un callejón sin salida evolutivo al especializarse en un nicho ecológico, el *Hábilis*, con un modo de vida diverso y una alimentación variada, sería el prototipo perfecto para ubicarlo en la línea ascendente hacia el Homo *Erectus*.

El Homo Hábilis[22] tenía cabeza redonda y se estima debía tener manos poderosas con dedos opuestos para permitirle agarrar y manipular herramientas de piedra. También disponía de largos brazos, casi de la misma longitud que el hueso de su muslo; llama la atención que sus proporciones son iguales a las del chimpancé. La explicación dada es que pasaba mucho tiempo en los árboles con un comportamiento más similar al de los simios.

Homo *Hábilis* caminaba erguido y tenía una pequeña abertura pélvica, significando que el período de gestación de los infantes era muy rápido, naciendo inmaduros.

Una de las hipótesis más conocidas es que de no haber cambiado drásticamente el clima con la glaciación Wünz, que congeló el desarrollo del Homo *Hábilis* en casi un millón de años, haciendo más inhóspito su hábitat, el Homo *sapiens* hubiera arribado a la actual civilización medio millón de años atrás.

Homo *Hábilis*, calificado como el primer constructor de instrumentos de piedra, se especula que fue reemplazado por el Homo *Erectus*, quien tenía un cerebro más voluminoso y procuraba una dieta de más alta calidad proteica[23].

A diferencia del resto de los animales, Homo *Hábilis* era capaz de pensar y trabajar en un entorno de tiempo y espacio muy superior, al estar determinada su vida por este factor tiempo, en una geometría compleja que se ampliaría entretanto su desarrollo homínido fuese incrementándose.

Existen reclamos de fósiles del Homo *Hábilis* en Paquistán que se remontan a dos millones de años, pero fue el Homo *Erectus* el que pobló toda la región asiática entre un millón y 700,000 años atrás.

Para muchos, el Homo *Hábilis* dio paso al Homo *Erectus* en las sabanas africanas cerca de 1,8 millones de años atrás. Se plantea que el Homo *Hábilis* africano emigró hacia otros continentes 1 millón de años atrás. Pero no constan pruebas de que abandonase el África; y es sólo una suposición.

Duane Gish, un estudioso de la evolución se pregunta[24]: "Si el Australopiteco, el *Hábilis* y el *Erectus* existieron de manera simultánea, ¿cómo pudo haber sido uno antepasado del otro?

¿Y, cómo pudo alguna de estas criaturas ser los antepasados nuestros cuando los artefactos del humano son encontrados en un nivel estratigráfico más bajo, directamente debajo, y por ende más antiguo en tiempo?

# 9 Homo Erectus ¿un macaco?

## Un fémur y un molar

Ante el gran cúmulo de pruebas acumuladas, presentadas en foros científicos y publicada en revistas especializadas, para fines del siglo XIX y a pesar del mantra darwinista se estaba imponiendo en gran parte de la comunidad científica que los humanos de tipo moderno, el Homo *Sapiens sapiens* existía ya desde las épocas del Plioceno y el Mioceno, y quizás de mucho antes.

Es de notar que el famoso antropólogo Frank Spencer señalaba en 1984 que ante la vastedad de evidencias fósiles óseas ya había que admitir a los humanos modernos viviendo en tiempos muy lejanos[1].

Como hemos señalado, ya la apostasía ante el evolucionismo lo había enarbolado nada menos que Alfred Russell Wallace, quien había compartido con Darwin el descubrimiento de la evolución por selección natural.

Wallace desafió la doctrina evolucionista encarándose a Darwin, sobre todo al descubrirse que el famoso Homo de Java, el Pitecántropo[2], el soporte para la evolución eslabonada hacia el homo, en realidad no era un proto-humano, sino un simio[3].

Wallace admitió finalmente que era real la existencia humanos anatómicamente modernos tan lejano como el Terciario, y calificó de ridículos las acusaciones y denegaciones de tales fósiles.

Ante lo notorio de que los textos de Darwin adolecen de pruebas convincentes sobre el evolucionismo, el aspecto crucial no resulta en la ignorancia de la comunidad científica (arqueológica, paleontológica, etnológica, etc.), sino en tratar por todos los medios de relegar y borrar de la memoria experta el enorme cúmulo de pruebas arqueológicas irrefutables de la existencia de un humano tipo moderno mucho antes del Neandertal, anteriormente al Homo *Erectus*, primero que el Homo *Hábilis*, más antiguo que los Australopitecos, de millones y millones de años atrás, casi contemporáneo con los saurios.

Según el antropólogo Donald Johanson[4], "Dubois apenas sabía nada de fósiles" y "nunca había visto de cerca un fósil homínido", pero esta falencia con un admirable espíritu de aventura y con un entusiasmo a toda prueba, producto seguramente de su condición de ferviente darwinista. Al llegar allí, encontró lo que sigue: tres muelas y un trozo de cráneo; 20 metros más allá un fémur (retengamos esto); y sin ninguna otra razón –obviamente– dio por sentado que eran del mismo individuo a quien bautizó con el nombre de su *"Pithecanthropus Erectus"*.

Pero, se debió al criterio (negligente o intencionado) del alemán Ernst Haeckel la afirmación de que el fósil descubierto por el cirujano holandés Eugene Dubois en 1891 en Java, en una terraza del río Solo, de mitad del Pleistoceno, resultaba el eslabón perdido[5]. Este Hombre de Java que habitó la zona hace al menos 900,000 años sería el ejemplar que daría pie a toda la teoría del Homo Erectus.

La mayoría de los antropólogos de la época y de la primera mitad del siglo, consideró que el fémur en cuestión era muy similar al humano pero que tanto la bóveda craneal como las muelas eran claramente simiescas. Dubois, sin embargo, se empecinó en asociar a toda costa los tres hallazgos.

Las celebridades de la antropología comenzaron a dudar de dicha asociación, como fue el caso de Alfred Romer[6], para quien "el hallazgo original consistía meramente de una bóveda craneal con la que estaban más o menos dudosamente asociados un fémur y varios dientes". Pero, el debate de la legitimidad de este fósil aún se mantiene debido al siguiente contratiempo; el fémur de humanoide se encontró a 45 pies de distancia y en otra capa geológica del molar, y no sólo esto, sino que junto al fémur humanoide se desenterraron otros fósiles que no guardaban relación con el fragmento de cráneo de chimpancé; amén de que ambos descubrimientos tuvieron lugar en tiempos diferentes.

Dubois, quien había hecho el descubrimiento, no había planteado que tales fósiles pudieran resultar los de un proto-humano, pues el fémur y la mandíbula se habían encontrado muy apartes y en estratos disímiles. Haeckel, que se había dedicado a buscar al "eslabón perdido" para probar la tesis de Darwin, decidió que a pesar de la distancia y la diferencia de suelos de ambos fósiles, factores que automáticamente descalificaban al Homo de Java como un Pitecántropos, uno y otro resultaban de la misma criatura[7].

Es decir, el fémur humanoide fue combinado al cráneo de chimpancé para fundamentar la teoría de un simio capaz de caminar erecto. En esencia, el fósil del "Pitecántropo" en realidad no pertenece a una especie en transición al humano, sino a un Gibón de gran estatura.

Al siguiente paso se procedió hace entre dos y tres millones de años, con el Homo *Erectus*, con un cerebro de entre 850 y 1100 cc., casi tan grande como el del humano moderno; el Homo *Erectus* tenía una simple cultura de herramientas, así como la capacidad de hacer fuego y de desarrollar la caza como su fuente de comida.

La transición del supuesto Homo *Hábilis* al dudoso Homo *Erectus* tendría que envolver transformaciones morfológicas radicales, incluyendo un enorme cambio en la estatura.

# El Homo de Java

Fue la presión (y acaso la deshonestidad) de Haeckel lo que inclinó a Dubois a proclamar al Homo de Java, y presentarlo como una evolución, una transición del mono, al Australopiteco, al Homo de Java y al humano. Entonces Haeckel lo bautizó como el Homo Erectus.

Pero esta secuencia, aceptándola por supuesto, ha sido sostenida hasta hoy día eliminando y negando las evidencias de fósiles totalmente humanos, contemporáneos con el "Homo de Java" en el Pleistoceno, e incluso muy anterior a su antecesor el Australopiteco, como el fósil humano de Castanedolo, muy anterior al fabricado mono-pre-humano de Dubois y de Haeckel.

En diciembre de 1895 en una reunión internacional de antropólogos que tuvo lugar en la Sociedad de Antropología, Etnología y Prehistoria de Berlín se rechazó al Homo *Erectus* de Dubois; el famoso antropólogo suizo Julius Kollman, llamado a examinar la evidencia, dictaminó que el Hombre de Java, o como se bautizó, el Homo *Erectus* era un mono, un Gibón, y no un genuino antecesor humano.

Aun más explícito respecto a esta asociación entre el fémur y el resto de los fósiles, fue el conocido antropólogo francés Camille Arambourg[8]: "los seis fémures recogidos por Dubois son en efecto, desde todo punto de vista idénticos a los de los hombres actuales y sus dimensiones corresponden a individuos de talla relativamente elevada (1,60 – 1,70 m.), lo que no guarda relación con la pequeñez constante de los cráneos de Pitecántropo y sus caracteres arcaicos (es posible) que dichos huesos (los fémures) provengan de depósitos más recientes y por el momento es aconsejable no tomarlos en cuenta".

En 1907-1908, el zoólogo de la Universidad de Múnich, Emil Selenka se trasladó con un equipo de profesionales equipados con los instrumentos del momento al sitio donde se descubrió al Homo de Java, y constató en ese estrato la presencia de fósiles de humanos modernos, concluyendo que el humano había sido contemporáneo con el famoso Pitecántropo *Erectus* de Dubois.

Dubois encontró también en las cercanías del lugar del hallazgo, en Wadjack y en la misma capa geológica, dos cráneos enteros, perfectamente humanos que ocultó cuidadosamente durante 30 años y que recién reveló en 1922 cuando un hallazgo semejante estaba a punto de ser anunciado. ¿Por qué? La respuesta es obvia: porque nunca podría un antepasado coexistir con su descendiente. A partir de 1935 y hasta su muerte acaecida en 1940, el mismo Dubois, ya acorralado por sus críticos, se vio obligado a confesar que la mayoría de los restos fósiles encontrados por él y que llevaban el nombre de "Hombre de Java" ¡no eran sino restos de un simio de gran tamaño!, abandonando así la posición anterior de que se trataba de un semi-hombre o un semi-simio[9].

Sin embargo, a pesar que el propio Dubois al final de su vida estuvo de acuerdo que no era un proto-humano, sino un Gibón, hoy día la paleontología aún lo considera como el fósil eje para demostrar la descendencia humana de los simios antropoides.

Pero el Homo de Java de Dubois, el apellidado Pitecántropo *Erectus*, en realidad resultaría un "frankestein" ensamblado con huesos de dos especies diferentes: fragmento de cráneo de mono macaco y fémur humano.

Lejos de lo que hoy se piensa, el tan renombrado Homo de Java de Dubois, su Pitecántropo *Erectus*, no tuvo una completa aceptación de la comunidad científica de su época. Y con respecto al Piltdown simplemente su fraude complicó todo el asunto.

Lo irónico es que a partir de este supuesto pre-homínido se desata una furiosa búsqueda paleontológica para llenar los "vacíos" en la "evolución" del antiguo homínido primate de Dubois y el moderno humano, el *Sapiens sapiens*. Así, haciendo oídos sordos a las evidencias que contradecían la legitimidad del descubrimiento de Dubois, se tomó precisamente a este como el punto inicial del linaje homínido.

# El Homo de Beijing

El geólogo sueco Gunnar Andersson, que se hallaba bajo contrato del Geological Survey de China, junto al paleontólogo austriaco Otto Zdansky realizó excavaciones en 1918 y 1921 en un lugar llamado Chikushan, cerca de Beijing. Allí encontró dos pre-molares junto a piezas de cuarzo, que atribuyó a instrumentos muy primitivos.

Para Gunnar Andersson los pre-molares y las piezas de cuarzo implicaban el hallazgo de un Homo Erectus, a pesar de la opinión contraria del paleontólogo Zdansky. De inmediato, un médico, el Dr. Amadeus Grabaun que se hallaba asesorando al Geological Survey de China, lo apellidó como el "Homo de Beijing", recibiendo el apoyo y los recursos de la Fundación Rockefeller[10].

A su vez, en base a dos molares y a dudosos trozos de cuarzo tanto la Fundación Rockefeller, el Museo Británico y la Carniage Institution apoyaron el descubrimiento de un nuevo tipo de fósil homínido: el Homo de Beijing, o *Sinántropo*.

Sin embargo, en la conferencia anual de la Asociación Americana de Anatomista en 1928, el grueso de sus miembros impugnó el supuesto *Sinántropo* como un nuevo género, debido a lo irrisorio de las evidencias.

El Sinántropo pequinés, que existió hace 500,000 años y cuya capacidad craneana era de 1,100 cc., fue calificado como un paso más avanzado que el Homo *Hábilis*. Se le atribuyó a este Homo *Erectus* una cultura del fuego artificial a la naturaleza, estructurada en tiempo, para sobrevivir y también auto-perpetuarse.

Sin más pruebas que el hallazgo de trazas de fuego y alguna que otra piedra desbastada en Chikushan, pero muy lejos del sitio de los molares, el propio Henri Breul teorizó que el *Sinántropo* tenía que ser un constructor de implementos y un utilizador del fuego.

En 1929 el arqueólogo chino Bei Qen Xung develó los restos del Erectus cerca de Pequín; con capacidad cerebral de 1,300 ml, con 1,67 metros de alto, e instrumental lítico. Este hábil cazador de bisontes, de ciervos y otros animales, y consumidor de diversos vegetales, era idéntico en su anatomía al Homo de Java[11].

A inicios del siglo XX, Henri Breuil y Teilhard de Chardin presentaron la idea de la evolución espiritual humana; de Chardin, el co-partícipe de la teoría del Sinántropo Pequinés, expuso que aparte de los artefactos y fósiles existían los sentimientos y reflexiones de este humano[12].

Pero la reconstrucción craneal del *Sinántropo* dio como resultado una capacidad cóncava muy pequeña para albergar un cerebro más allá del de los macacos; y por consiguiente, insuficiente para fabricar instrumentos y dominar el fuego. Posteriormente, y producto de las guerras sino-japonesas, los restos fósiles del supuesto *Sinántropo* se perdieron.

A partir de los distintos hallazgos se le atribuyó una forma de existencia muy primitiva o lateral del homínido antiguo, hasta la cercana fecha del 200,000 a. C. Se ha considerado que Asia era un medio menos hostil, donde la obtención del alimento resultaba fácil en extremo, no es sorprendente la vigencia, homogeneidad y cuantía de sus fósiles en toda la región asiática, en especial en China, Java e India, en relación con Europa, el Levante y África.

Este calificado Homo *Erectus* asiático utilizó un material diferente a las hachas y puntas líticas del europeo, del africano y del mesoriental, pues le era fácil obtener materiales orgánicos como la madera, el bambú y las fibras de la foresta local, materiales que no sobrevivieron para las pesquisas arqueológicas.

Se considera que el bambú concedió el desenvolvimiento de una multiplicidad de herramientas superiores a la piedra, como lanzas, cuchillos, estacas, puntas, sogas de fibra, vestidos y vasijas.

Con los "descubrimientos" del Homo de Java y el Homo de Beijing la comunidad científica reforzó el modelo darwinista de que la clave de la transición del precursor simio al humano constructor de objetos se había escenificado a principios y mediados del Pleistoceno (de 2 a 1.5 millones de años).

Según la teoría prevaleciente, el Pitecántropo de Java y el Sinántropo de China son dos formas ya homínidas por su anatomía, tallaban ya las piedras y conocían ya el fuego. Al igual que otros homínidos llegados al mismo estadio de desarrollo, que desaparecieron sin dejar rastros.

El Homo *Erectus* de Beijing, con los atributos de un pre-homínido se consideraba como un hábil cazador, carnívoro y genéticamente propenso a la crueldad; era un hábil conocedor del fuego y la madera, de las piedras y del sílex, del tiempo, de los espacios geométricos y límites y dirección del territorio donde se desplazaba.

## El eslabón evolucionista

En adición al Homo de Java, se descubrió el 21 de octubre de 1907 una mandíbula en una cueva subterránea en Maüer, cerca de Heidelberg, Alemania. El profesor Otto Schoetensack[13] clasificó la mandíbula como la de un Homo *Erectus*, y la llamó el Homo heidelbergensis. El sedimento corresponde al período inter-glacial de Günz-Mindel que ocurrió entre los años 250,000 y 450,000.

El antropólogo alemán Johannes Ranke, furibundo evolucionista, fue mucho más allá que Schoetensack, calificando el fósil como representativo de un Homo *sapiens* y no como un pre-*sapiens*.

Un par de acontecimientos pusieron en entredicho la certitud de que el Homo Heidelbergensis era un pre-homínido. Luego de un examen cuidadoso de la dentadura de la mandíbula de Maüer, el profesor Frank E. Poirier expresó en 1977 que los dientes eran típicos de un humano moderno. Igualmente, se descubrió en Vértesszöllös, Hungría un occipital de aproximadamente el mismo tiempo de la mandíbula, y era típicamente de un humano tipo moderno.

El resultado del análisis de Poirier, y el occipital de Vértesszöllös provocaron una reacción de furia por parte de los evolucionistas, pues se desmoronaba la teoría de la mandíbula pre-homínida y se situaba al humano moderno a mitad del Pleistoceno[14].

Sir Arthur Smith Woodward, curador del Departamento Geológico del Museo Británico, sería quien refrendó "científicamente" al Homo de Piltdown descubierto aparentemente por Charles Dawson, y que en 1950 provocó un gran escándalo cuando el propio Museo Británico declaró que era una falsificación[15].

Tanto Dawson como Woodward se hallaban preocupados y nerviosos por la falta de evidencias que justificase la evolución del mono hacia algo homínido; por ello concibieron el fraude del Piltdown.

Pues bien, el mismo Woodward posteriormente sería el promotor de la idea, aceptada fanáticamente por los evolucionistas, de que el humano moderno, o sea el Homo *Sapiens sapiens* y el Homo de Neandertal, ambos eran descendientes de una especie arcaica a la cual llamó Homo *sapiens*; especie que estaba representada nada más y nada menos que por dos fósiles cargados de incertidumbres: el indemostrable Homo de Java, en realidad un macaco, y del mismo modo por el impugnado Homo Heidelberg: una mandíbula con dientes humanos.

Asimismo, entre los fraudes figura el Homo de Nebraska, un invento evolucionista para forzar la cadena hacia el humano moderno, a partir de un diente catalogado en una antigüedad de un millón de año. Para gran vergüenza se descubrió que el diente pertenecía a una especie de cerdos extinguidos[16].

La literatura posterior que definiría a este Homo *Erectus*, lo dibujaría con dominio de relaciones, comparaciones, reconocimiento, imágenes, aprendizaje, abstracción y transmisión de conocimientos, comunicación de gestos y sonidos para poder sostener esa complejidad cultural.

Precisamente, el proceso del fuego es el que lo domesticaba en su propia cultura artificial, este nivel de potencialidad inherente a la evolución humana ya implícita en Homo *Erectus*, mucho más que su capacidad para construir herramientas, permitiéndole articularse con las culturas más complejas del Neándertal y del Cromañón, hasta su posterior orientación a la agricultura.

Los científicos clásicos agruparían al Homo de Java (un fragmento de cráneo de macaco y un fémur humano), al Homo Heidelberg (una mandíbula con dentadura humana) y el Homo de

Beijing como el muestrario del Homo Erectus, antecesor directo del humano *sapiens*.

## El Erectus africano

La publicación del *Origen de las Especies* en 1859, de Charles Darwin desató una búsqueda de evidencias fósiles que conectasen al Homo moderno con los monos del Mioceno.

Desde la perspectiva evolucionista, del Homo *Hábilis* se desemboca en el Homo *Erectus*, que incluye al Homo de Java y al Homo de Beijing, alrededor de 1.5 millones de años. Pero, ya los constructores de herramientas de piedra habían aparecido mucho antes de los supuestos ancestros simios de los que imaginariamente descendemos.

Contrariamente a estos últimos, que sobreviven hasta cerca de 1 millón de años, la diversidad de formas de Homo desaparece cerca de los 1,6 millón de años, y en su lugar encontramos una única especie: el Homo *Erectus*.

Estos primeros fósiles de Homo *Erectus* —también llamados Homo Ergaster— aparecen en el este de África entre 1,8 y 1,5 millón de años atrás. Se diferencian de los otros miembros del género Homo por un cerebro mayor (entre 900 - 1.100 cm$^3$), un cuerpo mayor (alcanzando 1,70 metro de altura) y varias características morfológicas del Erectus típico (cráneo en ángulo y desarrollo de superestructuras craneanas como el torus supra-orbital).

Pero sólo el Homo de Java, el de Beijing y el *Heidelberg* han sido los especímenes con que se cuenta, de una especie intermedia, para sustentar tal teoría evolutiva del mono al hombre.

Mary Leakey encontró en el este africano un fósil que consideró como otra forma pre-homínida, el fósil del *Sinántropo*, junto a un impresionante muestrario de instrumentos de cuarzo y lava, de 1,750,000 años, en pleno Plioceno, antes del radical enfriamiento de la glaciación Wünz, comenzada en el Pleistoceno.

La visión estándar es que no existían humanos del tipo moderno en todo el Pleistoceno (de 1 a 2 millones de años), y que sólo constan fósiles del Homo *Hábilis*.

Pero este criterio no es correcto. En las excavaciones de la garganta de Olduvai, en el este africano, se han descubierto fracciones de esqueletos humanos; en 1913, el Dr. Hans Reck, encontró en el Nivel-II de Olduvai fósiles de osamentas humanas[17]; también Richard Leakey, catalogó en el Lago Turkana, Kenia, fémures humanos más antiguos que los del sedimentos del Nivel-I de Olduvai. Lo que sí ubica a los humanos en pleno Pleistoceno.

Las primeras organizaciones o civilizaciones humanas desarrolladas en África occidental son la Achúlense y la Ateriense; ambas son culturas donde se "utilizaba el hacha", la primera de hace 400,000 años y la segunda de hace 250,000 años.

Esta especie es más conocida por sus hábilmente manufacturadas hachas y otras herramientas de corte encontradas en lugares como asimila y las cascadas de Kalambó al este de África, más de 200,000 años atrás. Indudablemente fue un buscador de comida más efectivo que su predecesor, con la habilidad de matar animales más grandes con lanzas de madera endurecidas al fuego.

Es de notar que invariablemente se alude sólo a los fósiles de Olduvai que "encajan" en la periodicidad evolucionista, y nunca se hace referencia a aquellos que desmienten la conjetura instituida como la única posible.

## El Homo Robustus

Contemporáneo del Australopiteco hace más de un millón y medio de años, este Homo *Erectus* fue un constructor de herramientas más avanzado y con mayor capacidad de adaptación que Homo *Hábilis*. Para 1935, la expedición a Olduvai de Louis Leakey, hijo, encontró al norte de Kenya restos que se atribuyeron al Homo *Erectus*, junto al Australopiteco *Robustus* y al Australopiteco *Africanus*[18].

Los Leakey hallaron posteriormente en estratos más cercanos, al supuesto Homo *Erectus* con una capacidad craneana de 1000 cc. El Homo *Erectus* fue contemporáneo en África con los australopitecos. Y existen evidencias de que el Erectus utilizaba el ocre para colorear y adornarse.

Estos períodos de saltos cualitativos, de impulsos "evolutivos" hacia el Homo *sapiens* supuestamente tuvieron lugar en el Terciario y en el Pleistoceno[19]. Los récord construidos por los paleontólogos, de la evolución humana en Europa comenzaron con los yacimientos del Homo *Erectus*, como la mandíbula de Maüer de hace 500 mil años, hallados en Heidelberg, Alemania.

No es mera coincidencia que el Homo *Erectus* se generalizara con la caída violenta de la temperatura que llegó al clímax hace 900 mil años, y comenzó a fluctuar hace 730 mil años. Todos los homínidos resultan modelos diferentes de Homo *Erectus*, pero no se sabe cuál de ellos gestó al Neándertal y al Homo *sapiens*.

La sabana africana se parceló en regiones aisladas con microclimas específicos. En el curso de milenios estos cambios impusieron un patrón de emigración de animales y del Homo Erectus desde África a Europa central, al Cercano Oriente y a China. Algunos relacionan la presencia en esas latitudes con la evolución de una forma arcaica de Homo sapiens.

La extremadamente fría glaciación "Mindel" no fue un valladar para que la rama pre-homínida del Homo *Erectus* hiciera acto de presencia en el continente euroasiático en el cual se han hallado, de hace 300,000 años, fogones y cubiertas de madera.

Se le atribuye a este Homo *Erectus* una capacidad cerebral de 1060 cm$^3$, más avanzado que el Pitecántropo. El *Erectus* encontrado en Hungría vivió en el 500,000 a. C., y disponía ya de una capacidad cerebral de 1379 cm$^3$.; pero el de Macedonia, junto a una primitiva industria lítica, es mucho más antiguo.

La coexistencia de múltiples de sus prototipos, derivados de uno o varios ancestros antropoides, posibilitó su amplia dispersión. Fueron extinguiéndose aquellos que no lograban una adaptación morfológica rápida, los que quedaban limitados a cierta especialización suicida, o los que no eran presionados por el medio a continuar la adaptación.

La razón estribaba en la habilidad del Homo *Erectus* como cazador de animales grandes, la fabricación de un profuso instrumental lítico, entre estos un arma formidable como el hacha de piedra.

El Homo *Erectus* se vio obligado a buscar lugares para estacionarse por largo tiempo, en los que el fuego le sirviese como protección contra el frío, las fieras depredadoras y le posibilitase cocer su amplia dieta alimenticia; a su vez, esos abrigos temporales beneficiaron su aprendizaje para fabricar vestiduras, y le permitían dormir a resguardo de peligros, cuidar la prole, etcétera.

El Homo *Erectus* de Becov, en Checoslovaquia del 250,000 a. C., se ornamentaba con polvo de ocre rojo que él mismo manufacturaba[20].

# El Erectus asiático

Los constantes cambios climáticos del Sahara, ocurridos entre 900 mil y 700 mil años a. C., empujaron a disímiles géneros de mamíferos y de Homo *Erectus* a lo largo y ancho del valle del Nilo y de la península del Sinaí, hacia la cuenca mediterránea y Asia.

Homo *Erectus* fue el primer homínido que salió de África hace más de 1 millón de años, y sus restos, o sus herramientas líticas, fueron encontrados en el Oriente Medio (Ubeidiya, Israel: 1,4 millón de años), en Asia Central (Dminisi, Georgia: 1,4 millón de años), en el Sudeste Asiático (varios sitios en Java: 1,8-0,05 millón de años) y en el Este Asiático (varios sitios en China: 1,0-0,2 millón de años.

Este *Sinántropo*, con un cerebro mayor que el Homo *Hábilis* y con excelente visión, cuyo pulgar opuesto le otorgaba la habilidad de aprehender y mover con flexibilidad cualquier objeto y al que el arco del pie le posibilitaba la posición erecta, se alimentaba de insectos, plantas y pequeños animales, viviendo y moviéndose de acuerdo a las estaciones y a las migraciones del nidaje de pájaros, cocodrilos y serpientes; además, disponía de cierta especialización en sus instrumentos para utilizarlos en diferentes áreas.

En contraste, el campo paleontólogo describe la divergencia entre los humanos y el chimpancé como sucedida 15 millones de años atrás, y postula un origen policéntrico de los homínidos, proyectando que la transición del Homo *Erectus* al Homo *sapiens* no se restringió al África sino que se efectuó también en Asia y en Europa[21].

La antigüedad de los homínidos asiáticos es tan considerable como la de su presencia en África. La fecha más temprana de la presencia del *Erectus* en el Medio Oriente data 700,000 años atrás, en la localidad israelí de Ubeidiyán.

La tradición tecnológica entre Oriente y Occidente divergió tremendamente como resultado de condiciones ecológicas disímiles, como la densa barrera que constituye la foresta tropical del sudeste asiático.

Sin dudas, las metamorfosis graduales que se observan en los fósiles del Homo *Erectus*, asociadas al mayor volumen del cerebro, nos llevan, como mínimo, a aceptar un ejemplar asiático que logró desarrollar su cultura lítica más que sus congéneres de otras latitudes. Acaso nos encontramos ante una de las tantas sendas evolutivas paralelas hacia un sapiens, algo diferente al contemporáneo.

En Asia, las amplias llanuras y los grandes animales no formaron parte del hábitat evolutivo de esta especie de Homo arcaico. Si como se argumenta tanto el Homo *Erectus* como luego el Homo *sapiens* arribaron al Asia provenientes de las espaciosas sabanas africanas y mesorientales, entonces tuvieron que readaptarse nuevamente a los macizos selváticos y a la fauna de ese entorno específico.

Así es que 100,000 años atrás, el Homo Erectus habitaba el sudeste de Asia, manteniendo el equilibrio ecológico entre un primate bípedo tropical con herramientas rudimentarias y de-mografías bajas.

Este nuevo humano era anatómicamente más avanzado que su predecesor, con un cerebro de mayor tamaño, un cráneo más redondeado y miembros de apariencia más modernos. El *Erectus* estuvo entre los primeros en domesticar el fuego, lo cual le permitió ocupar entornos más extremos y cocinar comida.

El Homo *Erectus* era un homínido depilado adaptado al clima cálido, disponía de mayor capacidad cerebral y desarrolló una tecnología más avanzada dominando el fuego; fue un buen cazador de grandes animales, actividad que se complementaba con el forrajeo, y construyó cobertizos de pieles.

Si bien los instrumentos de piedra que construía eran rudos, se suponía que obraba como un hábil cazador y forrajero, conocedor de las migraciones de los animales y de la floración de nueces, vegetales y frutos, y estaba en posesión de la cultura del fuego, un paso sofisticado omitido por la arqueología, que posibilitó al Homo *Erectus* pensar en términos de tiempo y de procesos: qué madera quemaba mejor y en qué período del año, cómo preservarse de la lluvia y de la noche, cómo emplear la extensión de la luz del día y protegerse frente a los depredadores, permitiéndole a su vez la cocción de alimentos, conocer el misterio del humo y el disfrute de las anécdotas contadas alrededor de la fogata en las largas noches invernales.

# El enfoque pastoral

A principios de la década de 1960, Richard Leakey -hijo de Luís y María Leakey- encontró a su vez un cráneo de otro homínido cuya fecha se retrocedía al menos en tres millones de años; aunque con una capacidad muy limitada, de 680 cc., suponiéndolo como un Homo *Hábilis*.

En 1972 Richard Leakey[22] obtuvo en el Lago Turkana, en Kenya fragmentos de un cráneo "homínido" al que luego de muchas dudas conceptuó como Homo *Hábilis*. El estrato descubierto bajo un depósito volcánico fue fechado con argón por 2.6 millones de años. Pero, en el mismo terreno, el paleontólogo John Harris del Museo Nacional de Kenya sacó 2 fémures de humanos a todas luces modernos: el ER-1471 y el ER-1472.

Luego de consultar con Leakey este descubrimiento desconcertante, se determinó que no eran de alguna especie de Australopiteco o *Hábilis* o *Erectus*, sino de humanos tipo modernos. Al principio, obtusamente, Leakey se lo atribuyó al Homo *Hábilis*, pero luego, en un artículo publicado en el National Geographic concluyó que era irrebatible la pertenencia de los fémures a un humano tipo moderno. Otros científicos que examinaron los fósiles concluyeron al igual que Leakey, como B. A. Wood el anatomista del Charing Cross Hospital Medical School en Londres, el cual expresó que los fémures pertenecían a un humano tipo moderno con locomoción totalmente bi-pedal[23].

Louis Leakey era un paleontólogo muy controversial. Si bien defendió algunos de sus fósiles como antecesores directos del humano moderno, consideraba que otros fósiles ya establecidos, como el Australopiteco, no estaban en la línea ascendente homínida, sino que eran absolutamente simios. Y en contra-corriente de los evolucionistas, también pensaba que el Homo *Erectus* no era una línea ancestral humana.

Tanto Louis como Richard Leakey resultaron hasta cierto punto honestos y tuvieron que admitir que la línea del Homo era mucho más vieja que el escenario plasmado por los evolucionistas tradicionales (Australopiteco-Homo *Hábilis*-Homo *Erectus*-Neándertal-Homo *sapiens sapiens*).

Incluso rechazaba que el Neándertal fuese un ascendente del humano moderno y opinaba que a su criterio era una resultante del cruzamiento del Homo *Erectus* con el Homo *sapiens*.

El matrimonio de Luís y Mary Leakey realizó también excavaciones en la famosa garganta de Olduvai, en la planicie de Serengueti, hallando una fauna arcaica y restos homínidos con cerebros evolucionados cuya antigüedad es de dos millones de años.

Olduvai no es un caso aislado en el continente africano, especialmente por la abundancia de estaciones achúlense que concede homogeneidad cultural al continente. La carrera por el Olduvai se iniciaba.

## Ambivalencia paleontológica

Luego, en Kenya, en los sitios de Kanam y Kanjera, cerca del Lago Victoria, donde desenterró fósiles de sedimentos de 2 millones de años que, en su opinión, eran la prueba indiscutible de un Homo *sapiens* en el mismo período de los Pitecántropos y los sinántropos, a principios del Pleistoceno. Allí encontró junto a los fósiles (fémur y fragmentos de cinco cráneos humanos) muestras de hachas.

Para Leakey, los fósiles de Kanam y Kanjera demuestran que un homínido, muy cercano al humano moderno, existía al mismo tiempo o incluso antes del Homo *Erectus* de Java y de Beijing. Por lo cual, el Homo *Erectus* no podía ser un antecesor del humano moderno.

En septiembre de 1969, Louis asistió a una conferencia en París, auspiciada por la UNESCO, para analizar el tema del Homo *sapiens*; allí los más de 300 delegados unánimemente aceptaron la legitimidad del Homo *sapiens* de Kanjera, y su edad geológica en el Pleistoceno.

Leakey creó una nueva especie para este homínido, en parte por la dentadura que era mucho más grande que el espécimen surafricano calificado de *Robustus*. El nuevo ejemplar fue bautizado como el *Zinjantropo*, y ubicado como el primer constructor de herramientas y el real "primer hombre".

Pero el reinado del *Zinjantropo* fue breve. Sonia Cole[24], la biógrafa de Louis Leakey, apunta que la National Geographic Society rechazó tal afirmación pues el *Zinjantropo* mostraba todas las características de un gorila, con una cresta coronando el cráneo y un frontal muy estrecho, al igual que el *Robustus* y el Australopiteco.

Richard Leakey estimó que existían al menos dos caminos paralelos de evolución humana: el que condujo al homínido moderno, que se remontaría a varios millones de años, y el Australopiteco, que se consideraría una rama lateral interesante de la familia homínida, eventualmente desaparecida.

Tanto el Homo de Java, el Homo de Beijing así como los australopitecos encontrados en África han sido consagrados por parte de la comunidad científica en la hipótesis del ancestro humano, sólo por presentar un menor prognatismo frontal. Pero, a medida que ha pasado el tiempo se han incrementado las dificultades por hallar fósiles que viabilicen la construcción del linaje evolutivo.

Esta secuencia construida artificialmente está diseñada para encajar en la hipótesis evolutiva, y es la que se cita constantemente. El punto es que

los académicos occidentales están persuadidos de
que el humano evolucionó en África, y rehúsan la
presencia de fósiles y artefactos humanos de
fechas remotas en otras partes del mundo.

Tanto África como Asia fueron centros de la
evolución humana, como lo demuestran las
voluminosas evidencias de humanos del tipo
moderno de hace decenas de millones de años,
encontradas por científicos profesionales en varios
continentes, incluyendo América del Sur.

A la vez, en esos mismos períodos concurren
evidencias de varios prototipos de antropoides
(Pitecos Hábilis, Erectus, etcétera) que tienen
ciertas semejanzas humanoides. No se niega que
en la propia China, al igual que en otras latitudes
del planeta este ejemplar de antropoide vivió a
comienzos del Pleistoceno e incluso un poco antes.
En el caso de China, en la región norteña de
Xihoudu los humanos moraban hace 1 millón de
años, conjuntamente con el antropoide Erectus.

## La ciencia mecanicista

Los restos fósiles de macacos, de pre-
homínidos, y del humano moderno se han
encontrado mezclados en muchos de los
sedimentos arqueológicos lo que indica la
coexistencia en las mismas épocas de los humanos
con las otras especies de primates.

Y ello ha creado una gran confusión al mezclar los fósiles unos con otros y concebir especies en transición; o en otros casos utilizando sólo aquellos fósiles y artefactos que conformen la preconcebida noción de la secuencia evolutiva.

Tanto los libros como los ensayos en revistas científicas sobre la evolución humana presentan lo que a primera vista parce ser un impresionante cúmulo de pruebas sobre el Homo Erectus en Java. Pero como hemos visto, las "pruebas" resultan muy frágiles y traídas por los pelos, y no son convincentes como para establecerlas como el soporte fundamental de toda la cadena evolutiva.

Pese a la avalancha de libros y artículos "científicos", las evidencias que se han acumulado sobre la evolución humana a partir del siglo XX han sido todas polémicas e inadecuadas. Los elementos para determinar un estatus evolutivo de estos fósiles no resultaban convincentes al existir evidencias de humanos en aquella época, y de un tipo de Homo Erectus en tiempos recientes.

El apoyo financiero y promocional de estas fundaciones (Fundación Rockefeller, Museo Británico, Carniage Institution) sería decisivo para las investigaciones y el estudio evolucionista, para el ciclo cosmológico del Universo y el humano del *big-bang* y la sopa primordial que ahora se complementaría con la frágil cadena de fósiles: el Homo de Java (un fragmento craneal y un fémur), el Homo de Beijing (dos molares, un trozo de cráneo y una piedra de cuarzo) y el Homo *Heidelberg* (un molar).

Asimismo, la ciencia mecanicista plena de militantes ideológicos del evolucionismo ha logrado establecer una visión dominante en la paleontología. Entonces, a partir de ellos una vasta literatura ha imaginado todo un entorno del uso del fuego, del andar bípedo, de las manos prensiles, del instrumental de sílex y piedra, de la caza de grandes animales, del lenguaje rudimentario y demás.

De estos tres supuestos especímenes del Pitecántropo *Erectus*, conjuntamente con el Homo Piltdown en Inglaterra (que resultó en un verdadero fraude), el Homo Steinheim en Alemania, y el Fontechevade en Francia se ha teorizado que surgen los pre-neandertales alrededor de 300,000 a 400,000 años atrás.

Asimismo, ello contribuyó al criterio hoy clásico de que algún Homo *Erectus* tuvo que ser el primer representante del linaje homínido, que emigró del África alrededor de 1 millón de años atrás.

Lo que se halla en juego aquí para la "religión evolucionista" de la comunidad darwinista, para el estructuralismo levistraussiano y durkheimiano, para la cohorte de académicos geertzianos es la "escalera de la civilización", es el enfoque "pastoral" fabricado a partir de una mal articulada teoría, fruto de evidencias ambiguas, de que el humano es un desgajamiento de los antropoides primates.

Como se puede comprobar, a partir de magras e incompletas muestras se ha estructurado una teoría por la cual los humanos modernos aparecieron recientemente.

En cualquier caso, no existen confirmaciones ni se explica cómo y cuándo el Australopiteco dio origen al Homo *Hábilis*, y cómo este germinó al Homo *Erectus*, y cómo este se recicló en el Neandertal y finalmente cuál es el linaje del homo moderno. La única prueba es la defensa acérrima en muchos expertos de una hipótesis, de que debía existir tal evolución la cual se llevó a cabo con una cadena progresiva del mono al humano.

En última instancia, si las pruebas fósiles del Homo *Erectus*, el paso más importante de la escalera, no resultan siquiera parcialmente convincentes, entonces la pregunta de rigor es ¿existió tal Homo *Erectus*? ¿Se ha inventado tal Homo *Erectus*?

## El Laberinto Genético

Muchos proclaman el hecho de una evolución humana establecida de manera definitiva, más allá de cualquier duda, por la cual es perfectamente justificable una cronología homínida a partir de la morfología. Pero esta afirmación se desmorona al realizarse un profundo escrutinio pues la existencia de un cúmulo de evidencias, ora suprimidas o postergadas, contradice las ideas corrientes sobre la evolución humana.

Muchos de estos escalones laterales, como el Australopiteco, el Plesiántropo, el Parántropo, el Sinántropo y el Pitecántropo, se desarrollaron paralelamente y en regiones distantes. Es imposible establecer un árbol genealógico; muchos de estos pitecos más avanzados fisiológicamente surgieron antes que otros menos avanzados.

El Australopiteco y el *Hábilis*, así como los abundantes artefactos e instrumental hallados en el Este africano y el cono sur, han influido en la idea de que África sub-sahariana fuese la cuna de la humanidad, contradiciendo la otra creencia euro-centrista de que nuestras especies homínidas se habían originado en las norteñas latitudes del globo terráqueo.

Se considera como la prueba más contundente de que nuestros antecesores no eran mansos recolectores de verduras lo que resalta en la caverna de Makapán, en África del Sur, un verdadero matadero y vertedero del Homo *Erectus*, que contiene la friolera de más de medio millón de huesos de animales.

Se han descubierto en Olduvai, África oriental, fósiles de animales mayores como los elefantes y su antecesor, el *Dinetherium*, de dos millones de años, evidentemente cazados por el piteco. En Europa pululan los yacimientos óseos al fondo de farallones, donde el Homo despeñaba los animales, o los acorralaba y sacrificaba.

Aun con mayor inflexibilidad que sus ancestros primates, el homínido determinó y defendió un espacio físico de caza para la supervivencia del grupo; algunos más protegidos y con mayor abundancia que otros.

Esa actitud le posibilitó una abundancia relativa superior a otros grupos. Los sangrientos enfrentamientos entre las hordas homínidas por esos territorios consolidó el concepto de exclusividad territorial, que luego transcendería a nuestra civilización culminando en el actual Estado-nación.

Los instintos de lucha de los machos, producto de las hormonas masculinas, propicia que por instinto la sociedad, la familia, el Estado, la economía y toda organización humana tienda a organizarse por jerarquías.

El hecho de esta sea más férreamente establecida en los depredadores carnívoros nos lleva a la conclusión de que la jerarquía resultaba indispensable para la subsistencia. Precisamente, las agrupaciones pre-homínidas y de primeros homínidos disponían de una organización jerárquica.

Indudablemente, esta naturaleza de carnívoro-depredador, el aprendizaje de la matanza para la supervivencia del grupo y en ocasiones para defender su coto de caza, sobre todo en el macho, no se ha podido substraer del todo de nosotros, de nuestros instintos, si consideramos que el homínido comenzó a abandonar esta forma de vida tan sólo diez milenios atrás, cuando logró el sustento sistemático desarrollando la agricultura y la domesticación de animales.

Pero vivimos en un planeta donde el equilibrio eco-biológico en el reino de los animales irracionales se efectúa con la misma crueldad que las draconianas leyes que la sociedad humana ha erigido: suicidio colectivo de las ratas, hormigas-centuriones que trozan con sus muelas a cualquier intrusa, arácnidos recién nacidos que devoran a sus padres, la acción devastadora de las plagas de langosta, la destrucción ecológica de los elefantes, etcétera.

# 10 La familia homínida

## Cazador y constructor

El escenario de la transición del antropoide a los pre-homínidos y la comparecencia luego de los homínidos se considera es a partir de un cambio en las condiciones climáticas del planeta que las hizo más benignas; cambiaron el nivel de las aguas y las plataformas terrestres, repercutiendo en la flora y fauna.

Al enfriarse el clima y contraerse las selvas, aquellos antropoides que practicaban la dieta carnívora, más pobremente equipados para la vida en los árboles y más débiles ante los grandes simios, pasaron con mayor frecuencia al suelo, valiéndose de la locomoción bípeda y transformando su tendencia carnívora en forma permanente de supervivencia.

De esta manera se establece una relación entre los cambios climáticos de la Edad de Hielo y la formación en África de nuevas especies de peces, invertebrados, mamíferos, primates, con las fluctuaciones de la foresta y con el posterior proceso evolutivo de los homínidos.

Se catalogan de locura suicida las primeras andanzas del pre-homínido en las sabanas. Los que se lanzaron a esa aventura tenían ante sí la disyuntiva de perecer lenta y abúlicamente en los árboles, como mansos recolectores de verduras y semillas, o arriesgar la vida en la búsqueda de alimento.

De esta forma, la aventura de la sabana fue un constante reto de supervivencia que obligaría al perseverante mejoramiento intelectual. Este acto tendría una acción consciente en los antiguos antropoides, para proveerse de carne a través de la caza con un equipamiento físico inadecuado, únicamente concuerda con el de atreverse a emprender la construcción de una sociedad sedentaria.

Existe la hipótesis de un homo totalmente silvestre y de un homo totalmente carnívoro. Esta teoría insiste en que debido al hecho casual del Pleistoceno africano, con la mengua de los bosques selváticos y la extensión de la sabana, tuvo lugar en el Este africano el proceso de transición en los primates de su hábitat arbóreo a las praderas.

Para muchos fue el manido determinismo económico, la necesidad de carne, lo que propició la evolución del primate hacia el homínido Erectus, cazador y constructor de herramientas, y condujo a la expansión de su cerebro.

En su libro *Lucy*, Donald Johanson expresó[1]: "Puede parecer ridículo para la ciencia haber estado hablando de humanos, pre-humanos y proto-humanos durante más de un siglo sin siquiera comprender qué era un humano.

Ridículo o no, incluso hoy mismo no tenemos una definición aceptable de lo que es un humano, no disponemos de un conjunto de especificaciones que capaciten a cualquier antropólogo decir inmediatamente y con confianza lo que es y lo que no es un humano". Asimismo, el anatomista británico Solly Zuckerman ha reiterado el mismo criterio[2]: "Las consideraciones en filogenia no son nada más que deducciones, confeccionadas a la luz de la escala de tiempos geológica.

### El lenguaje articulado

Desde la implantación de la gran industria, es decir, por lo menos desde la paz europea de 1815, se desarrollaron heterogéneas teorías sociales expresando que gracias al trabajo y a la producción, en el transcurso de milenios, de generación en generación, habrían progresando los dos principales órganos naturales del humano, la mano y el cerebro, y con estos el lenguaje articulado.

Precisamente, se presentaría al trabajo como la condición decisiva para la aparición y el desarrollo de la inteligencia del humano. Difiriendo de la descripción generalizada por antropólogos y etnólogos, no sería sólo la fabricación de instrumentos la habilidad necesaria para el eventual triunfo homínido sino también, y acaso lo más importante, actuaría la variabilidad de pensamiento.

Esta capacidad generalizada de obrar a partir de la graduación del tiempo y el espacio se coronó como uno de los factores determinantes en la selección de aquellas ramas y grupos que llevaron hasta la evolución del humano moderno.

Los cambios anatómicos y la capacidad cerebral, incluyendo la habilidad para producir mejores instrumentos y la adopción de una dieta omnívora, resultaron aspectos de este afluente general hacia una superior capacidad conceptual y productiva. Richard Leakey[3], en su libro *El origen del género humano*, expone que los humanos comenzaron a fabricar instrumentos puntiagudos hace 2,5 millones de años, golpeando una piedra contra otra, emprendiendo la senda de la actividad tecnológica que es lo más destacado de su prehistoria.

Para Leakey, los primeros proto-humanos que fabricaron herramientas tuvieron un buen sentido intuitivo de los fundamentos del trabajo de la piedra, que requiere coordinación y habilidades cognitivas y motoras significativas.

Lo mismo se aplica al lenguaje humano, un fenómeno único, sin analogía en el mundo animal. Según el sociólogo y lingüista estadounidense Noam Chomsky, la adquisición de los rudimentos más básicos del lenguaje está muy lejos de las capacidades del simio más inteligente.

Los simios no están hechos para caminar sobre dos piernas, por eso se estima que la anatomía de incluso los primeros homínidos revelaba una estructura ósea claramente adaptada para caminar erguidos.

En muchos sentidos el bi-pedalismo es una postura antinatural, lo que explica los dolores de espalda que han atormentado al humano desde la cueva hasta nuestros días. La forma de la pelvis humana, adaptada para caminar en posición erguida, limita el tamaño de la abertura pélvica, causante de que los humanos nazcan "prematuramente", resultado igualmente de su cerebro grande y de las restricciones impuestas por la ingeniería genética del bi-pedalismo.

El desamparo del recién nacido humano, su lenta tasa de crecimiento, es evidente en comparación con cualquier otra especie de mamíferos superiores. Pero es que los humanos atraviesan un intenso aprendizaje de habilidades de supervivencia, de costumbres sociales, parentesco y leyes sociales, es decir, cultura[4].

La producción de herramientas y armas permitió la caza como fuente principal de alimento. Richard Leakey considera que el Australopiteco *Afarensis* sugiere una estructura social más cercana a la de los simios que a la de los humanos pese a la adaptación física al bi-pedalismo, lo que impide caracterizarlos totalmente como humanos[5].

# Se salva el Sapiens

Al decrecer la heterogeneidad de especies vegetales y arbóreas, los primates moradores de las sabanas en expansión enfrentaron inevitables cambios en la dieta que afectaron al especializado Australopiteco[6].

El último de ellos sobrevivió hasta hace alrededor de dos millones de años, en los momentos que otra subfamilia de los primates, el *Erectus*, se movía desde el Este africano hacia el resto del planeta, según una escuela darwinista. El Australopiteco ha quedado como el inicio de la dependencia de la especie homínida hacia las armas, que se transformarían en instrumento de dominio de unos grupos humanos sobre otros.

La emergencia de esta subfamilia de primates puede trazarse en los sedimentos geológicos y fósiles de los bancos del río Omo, correspondiéndose con el enfriamiento glaciar acaecido de 3,3 a 2,4 millones de años, y con la correlación entre la evolución climática con los homínidos. Así se gestó la historia que normalmente se describe, de la familia humana y la de otros vertebrados, progresando bajo la presión de otros acontecimientos naturales, en esta oportunidad, climáticos.

Enfrentados a rudas condiciones climáticas y de alimentación, y a las enfermedades, estas variables consideradas de pre-homínidas ofrecieron la posibilidad de que la selección natural pudiese encauzarse: a más pluralidad más oportunidad de que triunfasen las más flexibles.

Desde la perspectiva anterior, con ello se salvó la opción de lograr el Homo *sapiens*. Y en esta medida, las alternativas de supervivencia se acrecentaban a medidas que se desenvolvía el complejo desarrollo filogenético desde el antropoide arbóreo recolector de frutos, hasta el pre-homínido cazador.

Se concluye que con la marcha erecta las piernas se iban enderezando y los músculos fortaleciéndose; se iría formando el pie, remodelándose la caja torácica, los omóplatos y las clavículas. Se evidenció la enorme ventaja de la mano prensil, de los brazos flexibles y de la visión diurna tridimensional y estereoscópica.

Otras mutaciones fisiológicas apuntadas resultaron la reordenación de los órganos internos, de la cavidad laríngeo-bucal, y la desaparición de los largos caninos desgarradores.

Ante la falta de especialización de sus órganos hace que este supuesto homínido sea más frágil biológicamente que la mayoría de los animales, al atribuírsele la maleabilidad indispensable para la supervivencia en medios naturales diferentes, evitaría su estancamiento e inevitable extinción.

Dicho de otro modo, el homo suplió sus deficiencias orgánicas, realizando extensiones artificiales de los mismos, como la lanza, el hacha, el arco y la flecha, el caballo como montura, etcétera.

# La gestación

Pretender ver al homo como el buen salvaje de Jean Jacques Rousseau, es no entender su naturaleza violenta que le llevó a abandonar los árboles y cazar en las sábanas como una especie inteligente pero despiadada en su lucha por la sobrevivencia, perpetrando incluso el asesinato consciente y masivo de sus propios congéneres.

Así, el homo sólo es enigma cuando no se acepta su terrible pasado y la forma en que fue gestando dentro de su bestialidad inteligente aquellos atributos y cualidades que han dado la parte más hermosa de su civilización.

Nuestras guerras, inexplicables, acaso son el producto inconsciente del instinto animal de preservar o conquistar "territorios de caza", de aquella preparación evolutiva filogenética para algo que ya no hacemos: cazar y matar animales para subsistir.

Es la supervivencia por la violencia el camino que ha diferenciado al Homo *sapiens* del ordenado reino animal-vegetal planetario. El desarrollo tecnológico, hasta ahora, ha sido impulsado por dos factores: comercio y guerras; es decir, por las resultantes más obvias del impulso expansivo-sobreviviente de los humanos.

Se va demostrando que ante los recursos ilimitados de la vida el humano está impuesto de la función de extender la vida fuera del planeta. Es un camino de horror y violencia, sostenido por un ilocalizable y colosal instinto de preservación de la especie.

En algún punto del pasado la evolución de la naturaleza humana quedó estancada: consumiendo vegetales y animales, utilizando herramientas, construyendo cobertizos, viviendo en familias, gobernado por normas persuasivas y coercitivas, comerciando con otros humanos y expresándose en forma cultural.

Pero esto no es la total verdad; el humano no es un animal inteligente a expensas de y dominado por la naturaleza circundante. Por eso la invención de la agricultura, y la liberación de la energía atómica, son eventos de significación profunda en los anales de su civilización.

## El cerebro

Aunque, la biología genética y molecular ha considerado que la misma nunca ocurre, ya que las adaptaciones de una parte del cuerpo no puede desencadenar cambios en las células de los huevos y espermas que transmiten el código genético.

La arqueología infiere que la cultura simplemente sucedió cuando el cerebro creció lo suficiente; es decir, de acuerdo con ello, a medida que aumentaba el cerebro se inventaban las técnicas.

Pero, la capacidad craneal del Homo *sapiens* no ha variado desde que éste compareció en la historia, y si las funciones cerebrales básicas eran las mismas antes y ahora, entonces el humano de la Edad de Hielo no era muy distinto al actual; no existía diferencia en la manera que el cerebro funcionaba, ni sus habilidades, capacidades o inteligencia; la particularidad se hallaba en los hechos, las ideas y las referencias de nuestro cerebro para su educación, así como con lo que se trabajaba[7].

La distinción se hallaba en la cultura y habilidades, en las aplicaciones y motivaciones, en los materiales con que se trabajaba y no en la inteligencia propiamente.

Si bien la información que podemos extraer de las evidencias anatómicas fósiles es limitada, existen suficientes evidencias para considerar erróneos los juicios tradicionales sobre la evolución humana y la construcción de herramientas.

El origen de la especie humana fue llevado por los arqueólogos hasta criaturas constructoras de hachas de piedra a las cuales no le reconocían capacidades humanas, cuando los instrumentos y herramientas eran sólo un aspecto de una progresión más amplia del proceso cognoscitivo y cultural[8]. Por ejemplo, el homo de Neándertal no solo logró adaptaciones complicadas a su inhóspito medio ambiente sino que desarrolló complejos ritos y ceremonias, ostentando una cultura con riqueza espiritual.

Así, la sola elaboración de instrumentos de piedra no nos lleva de manos a la civilización y las ciencias, pues una herramienta no es un proceso y un hacha de piedra no implica una cultura. Al lado de los instrumentos de piedra se hallaba el arte, las historias, las ceremonias, la religión e incluso el lenguaje, sirviendo todo a un mismo propósito, posibilitando al humano estructurar y organizar una forma de vida en un tiempo específico.

Los clásicos decimonónicos conceptuaron que la construcción de herramientas, por un lado, y la creación artística de frescos, por otro representaban dos polos opuestos del lado práctico y agresivo y del espiritual y religioso; es decir, al ir ascendiendo biológicamente en esta escala evolutiva, por medio del uso de los instrumentos, se lograría al final un alma que se expresaría en el arte prehistórico.

En buena noción "civilizadora" del colonizador victoriano, los conglomerados humanos atrasados tecnológicamente[9] no eran capaces de logros culturales ni de conceptualización o espiritualidad: eran sencillamente salvajes sin almas ni refinamiento espiritual.

Se debió al checo Karel Absolón y los franceses Annette Laming-Emperaire y André Leroi-Gourhan, las primeras consideraciones serias sobre el arte paleolítico[10]. A ello siguió los problemas cognoscitivos de sorprendente complejidad envueltos en el uso de imágenes femeninas durante la Edad de Hielo.

Es conveniente recordar que cuando un arqueólogo o antropólogo realiza su trabajo de clasificación, fechado y comparación, lo hace con un resultado limitado y marginal de una mente humana, a partir del cual no se puede determinar su grado de inteligencia o juzgar su cultura.

Nada tan complejo como los programas espaciales o la alta tecnología, o la civilización contemporánea pudo haberse derivado del humano primitivo e incompleto proyectado por los etnólogos y arqueólogos desde el siglo XIX; sin dudas, un aspecto decisivo de los humanos se halla ausente de tales estudios, pues en esencia no existe discrepancia entre el humano moderno de hace 40 mil años y nosotros en la actualidad.

## Hacia el homo moderno

Aún no se ha determinado si el homínido es un resultado trazado por una evolución predeterminada, si sus mutaciones se debieron a fuerzas exteriores que desconocemos.

Desconocemos cuáles son los factores innatos que transportó del paleolítica este *Sapiens sapiens*, ni cuán dependiente o no es tal naturaleza humana a una sociedad tal como la conocemos. Es difícil precisar si la cultura y el homo son sinónimos o quién determinó a quién; e incluso no podemos hacer coincidir la relativa lenta y lejana mutación biológica homínida, que tomó millones de años, con la reciente evolución histórica, de apenas 8 milenios.

El potencial genético humano no estaba programado para el hacha de piedra y el dominio del fuego, para la invención de la rueda, del microscopio, del violín, la máquina de vapor o los cerebros electrónicos.

Muchos consideran que el humanoide no resulta un ente preparado por la evolución específica del planeta; no puede, como otros animales, soportar por largo tiempo la exposición al calor del Sol. Su biomasa está estructurada para soportar el peso de un porciento menor de atmósferas que las existentes en el planeta Tierra, y respira una atmósfera artificial, cuya creación es motivo de alta polémica.

Su biorritmo circadiano, extrañamente es de 25 horas y no corresponde con las 24 horas terrestres, lo que hace un año de 350 días. Asimismo, el año solar de la mujer está dividido en 13 ciclos de 28 días aproximados y no en 12 meses.

Lo que llama la atención es que el homínido se gesta ya adentrado el Pleistoceno, hace 700 000 años, inmediatamente después de un drástico cambio del polo magnético planetario; donde logra beneficiarse de condiciones climáticas benignas, un realineamiento del nivel de las aguas y de las plataformas terrestres, con sus consecuencias en la flora y fauna.

Como hemos señalado, la anatomía humana ha permanecido más o menos igual desde hace 40,000 años. Llama la atención que los restos fósiles humanos no son muy abundantes, en comparación con los de otros animales. No se ha verificado si las actuales razas provienen de un tronco común, monofilético, o de diferentes tipos de homínidos.

Las mezclas o las variables filogenéticas no demuestran una transición del primate al homínido; a lo sumo, esto bien pudo resultar un cruzamiento fortuito. De todas formas, la teoría evolutiva lineal encuentra muchas lagunas y escollos, procedentes de las nada simples relaciones filogenéticas.

No podemos responder a la interrogante de hasta qué punto la casualidad pudo evitar derroteros irracionales; sí hubieron tales ramas laterales del antecesor común del Homo que se extinguieron. No puede afirmarse que la filogenética responda a la actual capacidad psíquica de abstracción y generalización del *Sapiens*.

Las disparidades filogenéticas entre las razas de Homo resultan tan insignificantes que casi se toma como un hecho la procedencia de un origen común. Las razas homínidas y su morfología se vieron influidas por el aislamiento territorial-cultural y el medio geográfico.

De repetirse el proceso evolutivo de la vida en nuestro planeta, los seres más inteligentes no se parecerían en nada al Homo *sapiens*, pues desconocemos qué aspectos de nuestra evolución biológica se deben a coyunturas particulares, a un accidente biológico, y cuáles son consonantes con la extraterrestre.

No está fuera de toda posibilidad que existiesen otras especies con potencial e intelecto superior y que su desaparición en el curso del tiempo sea el efecto de catástrofes naturales, cambios ambientales y climáticos bruscos, inadaptación o, sencillamente, que fueran liquidados por grandes saurios y mamíferos.

Rememoremos que en la fría lógica de las leyes físicas que gobiernan el mundo animado e inanimado, no ha podido probarse que la naturaleza previera su dominación por una de sus especies, la humana, que rompiendo sus límites originales llegó a alterar y dañar la balanza del ecosistema, siendo capaz hasta de la autodestrucción.

Todo parece aludir a que no fuimos creados de una sola vez, porque somos los más inclementes en un planeta de animales despiadados. Por supuesto, hemos sido incompetentes para implementar un progreso por vías evolutivas y pacíficas. En el plano original concedido por la naturaleza no estaban previstos los organismos inteligentes, como el Homo.

## El Homo instintivo

Si el resultado de la inteligencia superior no tenía que desembocar necesariamente en el homínido, que es el corolario de un azar biológico, la vida inteligente en la Tierra pudo haber tomado otra dirección.

Es posible que exista un mecanismo de herencia genética divergente a la espiral del ADN que almacene la información biológica; lo que nos lleva a especular que, si la vida se iniciara nuevamente en nuestro planeta, dispondría de otro código genético al de los animales actuales.

Tenemos que considerar esas culturas antiguas de la Edad de Piedra, como resultado de una inteligencia superior, igual que la nuestra, y de una cultura compleja, a diferencia de la antropología y la etnología, que aíslan, coleccionan, comparan y clasifican un producto cultural específico de la mente homínida, que no explican la civilización humana.

La evolución hacia el homo moderno se escenificó en medio de traumáticos cambios ambientales, que liquidó algunas de las especies homínidas y favoreció a otras.

Este drama, al parecer, tuvo como escenario fundamental el notorio valle del Rift en África oriental, que se conformó hace 6 ó 7 millones de años.

Es inexplicable que en ese corto período de millones de años, a partir de los antropoides, tuvieron lugar todos los cambios filogenéticos y de conducta social que dieron paso a una especie homínida sapiente, forrajera y carnívora cazadora, organizada en grupos numerosos.

La supervivencia de la especie se logra mediante la transmisión continua de células vivas de padres a hijos; de truncarse esta secuencia, tendría lugar la extinción de la especie. Empero, el homínido no constituye una síntesis o un clon de sus padres, ya que cada individuo está caracterizado.

Con la inteligencia se establece el intercambio y el control humano con el medio circundante. El abismo entre la información instintiva con la asimilada va ofreciendo el nivel de desarrollo de las sociedades.

La razón lógica, supuestamente derivada del orden astronómico, nada tiene que ver con nuestro comportamiento. Los impulsos conscientes a partir de la actividad cerebral que conforman la razón humana, la búsqueda de una verdad propia, diferente a la de la naturaleza y su medio, guiarán al homínido a cuestionar las leyes universales y sus propiedades.

## Matar para vivir

Los evolucionistas del siglo XIX, y muchos filósofos, perseveran en la obsesión con la noción de la lucha bruta por la supervivencia, con la cual pretenden definir la selección natural, excluyendo otras cualidades humanas como la generosidad, el sacrificio, la sabiduría universal, el sentido de la belleza, el lenguaje.

Nuestro género bímano no permutó audazmente los árboles por las sabanas y bosques como un vegetariano noble; el homínido, además de recolector, es cazador, y mataría para vivir. Sería entonces las dos cosas: el benévolo y compasivo animal, el único que compartía su alimento, y una bestia carnívora, implacable e inteligente.

El tornarse un sanguinario cazador insensible a la piedad hizo del Homo la más compleja y diferente de las especies del planeta, capaz de perpetrar el asesinato masivo de sus propios congéneres.

Lo que diferencia al depredador humano de los otros es la saña y persistencia con que mantendría la persecución de su presa; el humano no era particularmente veloz, pero su constancia le reportaba cansar a las mismas gacelas.

En esa tenacidad descansaría su mayor diferencia y ventaja respecto a los omnívoros y, ciertamente, con el resto de los carnívoros.

De todas las cualidades humanas -lenguaje, arte, tecnología, ciencia- la más obvia proviene de sus ancestros animales: el genocidio. La violencia se extiende entre los animales terrestres: el lobo y el chimpancé practican el genocidio; los patos y los orangutanes violan a sus hembras; las hormigas organizan guerras y razias en busca de esclavos. La proporción de asesinatos entre los animales de la selva es tan alta como la de los humanos en sus grandes ciudades.

Al coronar exitosamente su preeminencia sobre el resto de los animales en la cadena alimenticia, y no tener sobre sí la dependencia al medio o el peligro de ser devorado, el Homo adoptó un paso muy difícil: ir construyéndose un comportamiento intermedio entre salvaje y domesticado, mediante el control sobre su naturaleza violenta, adoptando como normas las costumbres, estableciendo regulaciones que luego se conformaron en leyes, haciendo pactos con sus vecinos, conformando una ética de conducta, creando los cultos y las religiones para explicarse lo desconocido.

En pequeño lapso geológico evolucionaría una humanidad que iniciaba una amplia diversidad física, y encaminaba una similitud biológica universal parcamente distinguida por insignificantes variables raciales.

La uniformidad fisiológica humana encamina, paradójicamente, a la pluralidad de pensamiento. Con el perfeccionamiento de la mente humana como manipulador de pensamiento simbólico, el espectro de sus posibilidades sociales se incrementaría enormemente y, llegado el momento, provocaría el nacimiento de la ciencia moderna.

La habilidad para la caza, la necesidad que impuso en nuestra filogénesis y la asociación más compacta y amplia de grupos, incidió directamente en la ampliación de la capacidad y cualidad del cerebro.

La multiplicación de las células cerebrales, sobre todo del lóbulo frontal, propició que varias de estas especies pre-homínidas de marcha erecta evolucionaran con funciones de pensamiento más complejas y racionales, reaccionando de modo creativo en su interacción con la naturaleza, como los medios artificiales para la supervivencia, como las armas de piedra y madera, el fuego, y las pieles contra el frío.

El homínido no fructificó de esos medios culturales; estos fueron creación suya.

## Herramientas primitivas

Según el paleontólogo estadounidense Lewis Binford[11], la especie humana no prosperó en un proceso gradual y progresivo sino explosivamente, en un período relativamente corto. Los primeros homínidos ampliaron su dieta predominantemente vegetariana con la utilización de herramientas primitivas como palos, con los cuales adicionaban pequeñas cantidades de carne. La producción de herramientas y armas les permitió la caza como fuente principal de alimento.

Diferentes líneas de evidencia, como la estructura dental, apuntan a un cambio en la dieta del Homo en que la carne se convirtió en fuente importante de proteínas y energía, dictado por el incremento de la capacidad cerebral que exigía a la especie suplementar su dieta con un potente suministrador de energía. El cerebro es un órgano metabólicamente caro que, representando el 2% del peso corporal, absorbe el 20% de la energía consumida.

De acuerdo con Wheeler[12]: "Las ventajas de un cerebro grande son tan obvias, que uno se puede preguntar por qué otros animales no desarrollaron tanto ese órgano. La respuesta se encuentra en el equilibrio energético del cuerpo: el cerebro es el órgano más "caro" para mantener energéticamente. Tal variabilidad podría ser el resultado de un consumo más sistemático de carne, alimento rico que habría permitido que se superaran restricciones nutricionales en el potencial de crecimiento de los individuos.

¿De dónde, además del mayor consumo de carne, habría sido obtenida la energía necesaria para sustentar un cerebro más grande?

Los estudios de Aiello sugieren que los humanos no sólo modificaron el tamaño relativo del cerebro sino también el del intestino[13].

Los estudios del inglés Robert Foley y la norteamericana Phyllis Lee[14] muestran que otra estrategia en este proceso fue la prolongación del período de crecimiento, de manera que gran parte del crecimiento del cerebro ocurre después del nacimiento, y consecuentemente, sin superponerse a la carga energética de la maternidad.

Tal cambio en las tasas de crecimiento implica cambios en la dependencia de los hijos con relación a sus madres y además de una mayor dependencia de la carne, sugiere cambios importantes en la organización social del Homo[15]".

El antropólogo australiano Robert Martin[16] ha explicado que el incremento del tamaño cerebral en el primitivo Homo sólo se podía haber producido sobre la base de un aumento del suministro de energía, que exclusivamente podía provenir de la carne.

De haber mantenido los humanos una dieta principalmente vegetariana, no hubiesen construido herramientas de piedra, las cuales les dieron acceso a una nueva fuente alimenticia.

Al principio se consideraba que nos habíamos convertidos en humanos gracias al cerebro. Luego apareció el "productor de herramientas" como motriz de la evolución. Después compareció el "simio asesino", el "homo masculino cazador". A continuación se presentó la hipótesis de la "homínida recolectora", partiendo de la cual evolucionó la sociedad.

Es claro que el humano no pudo surgir sin una dieta de carne. Igualmente se conoce que, en las primeras sociedades humanas, existía una intensa interacción social entre el hombre y la mujer, sin relación con el darwinismo social sino basada en la cooperación, la actividad colectiva y el reparto, que no corresponde con la propiedad privada, con la familia actual, ni con la desigualdad y la opresión de la mujer.

En su libro *The making of mankind*, Richard Leakey[17] manifiesta que la hipótesis del reparto de la comida es firme candidata a explicar qué puso a los primeros humanos en el camino del homo moderno.

El género homínido se caracteriza por un aumento de la capacidad craneana, mantenimiento de un esqueleto relativamente generalizado y reducción del aparato de masticación. Además, está asociado a indicios indiscutibles del uso de herramientas de piedra.

Demostrando una gran capacidad y adaptación a medida que ampliaban su cooperación y desarrollaban armas con mayor poder ofensivo y aprendían el oficio de cazador, los homínidos pasaron de la caza pequeña a la mayor, llevando a la concertación de grupos más grandes para enfrentar animales mayores y repeler cualquier ataque de grandes fieras. Así se provocó un desarrollo demográfico, una mejor alimentación y defensa, impulsándose la comunicación.

# Evolución Cultural

La evolución cultural, a su vez, incidió en la de nuestros cerebros, buscando una mayor capacidad de respuesta. El homo se diferenciaría del resto del mundo animal por su inteligencia superior. A medida que evolucionaba el peso del cerebro, fue aumentando la maduración sexual, transformándose la función del celo; se despojaba de partes biológicas ya sin uso, como el pelo en todo su cuerpo, de las mandíbulas poderosas y de los caninos.

Los brazos pendulares, resultado de la clavícula y los omóplatos, le posibilitaron movimientos flexibles en casi todas direcciones. La posición erecta permitió la liberación y mayor flexibilidad de las extremidades superiores, en especial las manos, que se preservaron para la construcción y manipulación de instrumentos.

El feto humano necesitará 9 meses para su desarrollo, y al nacer pesa 3,200 gramos promedio, mientras los antropoides pesan 2,000 gramos. Fue necesario que el canal de parto se expandiese y que el periodo de lactancia se ampliara, posibilitando el completamiento de la mielinización[18] y la saturación craneana, y el perfeccionamiento de los órganos de los sentidos.

A diferencia del resto de los animales y para su supervivencia, el recién nacido humano necesitará permanecer con sus padres una etapa extremadamente larga para completar su crecimiento, aprendizaje del lenguaje y mantener su protección.

Al nacer prematuramente sus facultades tienen que atravesar un largo período de crecimiento, que realiza en un medio social contrario a su filogénesis; al madurar afuera del útero se diferenció biológicamente del resto de los animales alcanzando la posibilidad de adaptarse a cualquier medio, asimilando y adquiriendo funciones.

Lejos de la seguridad de la floresta, era muy difícil que las crías, ahora con un ciclo de maduración más lento, no fuesen presas de otros depredadores, presionando a que la hembra dedicase mayor tiempo al cuidado de las proles.

La dominación, violencia y autoritarismo masculino sería posterior, a partir de que los dioses patriarcales indoeuropeos decretaron la subordinación de la mujer; entonces se iniciaron los rituales de sacrificios de mujeres y niños a tales dioses.

La noción del macho cazador, suministrador fundamental de alimentos y socialmente hegemónico, ha sido una reflexión de las preconcepciones antropológicas del siglo XIX y del estatus de la caza como un pasatiempo de la clase alta masculina europea, en especial de la época victoriana inglesa.

Es así que surge el homo que controla su naturaleza violenta, normando las costumbres y disponiendo regulaciones que luego transformaría en leyes, acomodándose a la convivencia con sus vecinos, creando una ética de conducta, intentando explicarse lo desconocido a través de la creación de los cultos y las religiones.

La caza por sí sola no determinó la jerarquía grupal y a la vez la responsabilidad económica por los que quedaban en los campamentos: mujeres, niños, viejos, impedidos. La primera sociedad humana no fue un conglomerado de cazadores, con la hegemonía masculina, sino también de forrajeros, y en esta el hombre no era el exclusivo proveedor de alimentos, como se ha considerado erróneamente. Contrario a lo que la historiografía nos ha dado a entender, la mujer cumplía un papel cardinal.

El viejo modelo de los clanes cazadores atribuye al sexo masculino la trascendencia en el progreso de los instrumentos y herramientas, pero, la carne era una porción muy pequeña de la dieta; incluso la postura erecta tiene tanta relación con la diligencia forrajera, el acarreo de alimentos y de los hijos como con la caza.

Los utensilios primarios no estuvieron conectados sólo con el corte y preparación de la carne y de las pieles producto de la caza; igualmente estuvieron en interrelación con la recolección de plantas, raíces, frutas, semillas, pequeños animales y la preparación de los alimentos por la mujer.

Estos utensilios fueron elaborados con materiales orgánicos perecederos, como madera, huesos y espinas, y la variedad incluía palos de cavar, garrotes para golpear, lanzas y aparejos necesarios para procesar las raíces, plantas y sólidos para la alimentación.

Otros útiles se confeccionaban con pieles, ramas, hojas y vainas, para sacos; vasijas, redes y bolsas posibilitaban a la mujer el transporte de las provisiones, además de los hijos.

Junto a la presión por la subsistencia, la búsqueda de un mecanismo más efectivo para la preservación de su vida ante el genocidio empujó al humano a conformar agrupaciones sociales defensivas como la familia extendida, los clanes y las tribus.

Aún con mayor inflexibilidad que sus supuestos ancestros primates, el homínido determinó y defendió un espacio físico de caza y recolección para la supervivencia del grupo.

Algunos de estos cotos, más protegidos y con mayor exuberancia que otros, concedieron una abundancia relativa a ciertos grupos. Los cruentos enfrentamientos entre diferentes hordas de homínidos, por tales parajes, consolidaron el concepto de exclusividad territorial que -recordemos- luego transcendería a nuestra civilización, culminando en el actual Estado-nación.

El concepto de propiedad o dominio de un territorio[19] no es una categoría económica temporal a lo Karl Marx o Adam Smith; tuvo su surgimiento hace cientos de miles de años, con estas primeras organizaciones de homínidos y sus áreas de caza y recolección, con la jerarquización y especialización de funciones dentro de la horda.

El homínido fue domeñando su violencia paulatinamente, aunque todavía no ha coronado esa tarea. Si bien en casi todo el planeta prácticamente se ha eliminado el canibalismo, la venganza personal, la esclavización de otros humanos, la rígida jerarquía familiar y los sacrificios humanos, el avance de la técnica ha hecho que los restos de su naturaleza agresiva se vuelquen en magnicidios como las guerras, los asesinatos, el robo y la violación.

La hembra fue perdiendo su fuerza corporal al no tener que proveerse los alimentos para ella y su cría. Mediante la responsabilidad en proveer alimentos a la hembra y las crías, el macho Homo sapiens propició un impulso al crecimiento demográfico[20].

Es una reflexión sombría sobre la dinámica natural planetaria lo mucho que se ha escrito sobre el triunfo de los más aptos y la poca referencia sobre la supervivencia de criaturas menos aptas y de escasa potencialidad -como los mamíferos-, muchas de los cuales han cambiado a su favor el entorno.

La lucha por la supervivencia, por sí sola, no marca las vías por donde desemboca la vida planetaria. Irónicamente, la exuberancia de las especies hegemónicas casi siempre arriba luego de la extinción de sus competidores más aptos. El humano es una de esas criaturas poco aptas.

# 11 La cuna humana

## La cultura de la piedra

Existen varias cronologías para la prehistoria. La que rige en Europa, basada en las glaciaciones cuaternarias, se divide en Paleolítico, Mesolítico y Neolítico. El Paleolítico estaría caracterizado por los violentos y extensos cambios climáticos; sería el periodo en que el medio natural regiría la conducta de los pre-homínidos y los homínidos.

El Paleolítico se dividió en tres grandes períodos:
Inferior. Medio. Superior. (1,500,000 hasta el 10,000 a. C.)
El Paleolítico Inferior incluyó las sub-culturas:
Chelense. Abevilense. Achúlense. Micoquense. Clactonense. (400,000 al 90,000 a. C.)
El Paleolítico Medio abarcó la cultura:
Musteriense. (90,000 al 40,000 a. C.)
El Paleolítico Superior o Edad Glíptica contuvo las culturas:
Auriñaciense. Perigordense. Solutrense. Magdaleniense y Azilense. (40,000 al 8,000 a. C.)

Tras el Paleolítico compareció el período llamado Mesolítico al que caracterizaría la sedentarización de las comunidades humanas, la cultura cerealera y la domesticación de animales. (10,000 hasta el 5,000 a. C.)

Tras el período Mesolítico se inició el Neolítico (5,000 al 2,000 a. C.). Luego, la llamada Edad del Bronce (2,000 al 700 a. C.) Y subsiguiente la Edad del Hierro (700 al 52 a. C.).

El alemán Franz Weidenreich propuso un modelo para la evolución del humano moderno en el cual cada población regional actual habría surgido a partir de ancestros arcaicos existentes en cada región.

Para entender el proceso de aparición de Homo sapiens, los fósiles del Pleistoceno medio y superior, el periodo clave, se han multiplicado en la segunda mitad del siglo XX.

A fines de los años 1960 aparecieron los primeros estudios de biología molecular aplicados a temas de filogenia, y entre ellos, un estudio comparativo de proteínas en humanoides actuales, incluyendo a los humanos actuales[1].

Las criaturas proto-sapiens dependían de la tecnología; sus instrumentos más cruciales probablemente eran de madera, fibra y pieles: palos para cavar, vasijas y otros implementos rudimentarios que ayudasen en la recolección. Este nuevo modo de vida recolector llevó a una organización social cada vez más sedentaria, con las implicaciones en la formación de la familia y la prolongación del cuidado y entrenamiento de los niños y jóvenes.

De ahí se formaría una consciencia de solidaridad e interdependencia grupal más fuerte que ningún otro de los especímenes animales. La caza y la recolección obligaron al homínido a estudiar la conducta y costumbre de los animales, de la naturaleza, de los cambios climáticos, de los vegetales, los ciclos de maduración de los frutos.

## Homo antecesor

Günter Bräuer establece gradaciones para el Homo sapiens, considerando que en el escalón más arcaico del anatómico humano moderno están los fósiles hallados en Kabwe (Zambia), los de Bodo (Etiopía), los de Ndutu y Eyasi (Tanzania) y los de la provincia de El Cabo, en África del Sur. Estos eran los entes humanos que se hallaban esparcidos en el África tropical hace 150,000 años, que forrajeaban y cazaban organizados en diminutas bandas consanguíneas en las praderas.

En este proceso colonizador se extinguieron los neandertales europeos y el Homo *Erectus* asiático, que había aparecido como resultado de evoluciones locales en condiciones de aislamiento genético.

En torno a un millón de años de antigüedad hay un gran vacío de fósiles humanos en África, en donde podría encontrarse una población de características muy similares a la encontrada en la Gran Dolina de la Sierra de Atapuerca, y que ha sido asignada a la nueva especie Homo-Antecesor. A partir de este antepasado común, en Europa las poblaciones humanas evolucionaron dando lugar a los neandertales, en África evolucionaron hacia nuestra especie[2].

Los fósiles africanos del Pleistoceno medio son muy similares morfológicamente a los humanos meso-pleistocenos europeos. Aunque la mayor parte de las dataciones son dudosas, en este grupo podemos situar a los fósiles de Bodo, Eyasi, Ndutu, Salé y Broken Hill. Merced a esta similitud, muchos científicos incluyen a estos fósiles africanos junto a los fósiles del Pleistoceno medio europeo en la especie Homo Heidelbergensis.

Pero la similitud morfológica es únicamente debido a su estrecha relación evolutiva, porque comparten un antepasado común muy próximo en el tiempo. En los fósiles de la línea evolutiva africana pueden observarse algunas características que darán lugar a Homo *sapiens*, y por lo tanto deben clasificarse como una especie distinta: Homo *Rhodesiensis*.

Entre hace 200,000 años y 100,000 años, en los fósiles humanos hallados en África, empiezan a aparecer características propias de la humanidad actual. Es el caso de los fósiles procedentes de los niveles superiores de Laetoli, de las formaciones superiores del valle del río Omo y de otros restos sudafricanos[3]. Estos fósiles presentan un prognatismo facial más reducido, mayores capacidades craneales y una frente más elevada y convexa.

En el norte de África, también se han encontrado fósiles que pueden representar a estas poblaciones transicionales que evolucionaban hacia Homo sapiens. En Jebel Irhoud, Marruecos, se han encontrado restos de unos cinco individuos de entre 100,000 y 200,000 años de antigüedad.

En el cráneo más completo, Jebel Irhoud-1, puede observarse un neuro-cráneo primitivo, con una gran capacidad craneal unida a una cara de morfología muy moderna.

Estos fósiles del Pleistoceno medio final y Pleistoceno superior de África podrían ser calificados de pre-modernos. Los pocos cráneos que las conservan, tienen caras gráciles similares a las del Homo sapiens, tienen mayores capacidades craneales y sus neuro-cráneos son menos robustos y más redondeados. Sin embargo, en ellos no se observa todavía el conjunto de características de un cráneo moderno, casi esférico, con la bóveda alta y la frente vertical.

Uno de los fósiles más antiguos de Homo *sapiens* en África podía ser el esqueleto parcial de Omo-Kibish-1 (Etiopía), hallado por Richard Leakey en 1967, con una antigüedad entre 50,000 y 130,000 años[4]. Tanto su cráneo, muy fragmentario, como su esqueleto pos-craneal presentan una morfología muy moderna, más esbelta y grácil que esqueletos primitivos.

En el complejo de cuevas de Klasies River Mouth, en Sudáfrica, se han encontrado fósiles humanos muy fragmentarios con una edad entre 90,000 y 120,000 años, pero que son anatómicamente muy similares a los de la humanidad actual. Estos restos de Klasies River Mouth están quemados y presentan numerosas marcas de corte en su superficie porque fueron consumidos por otros humanos.

## El Eslabón está perdido

Los restos óseos del *sapiens* en Asia provienen de Linjiang, territorio chino, datados por las pruebas de uranio en 67 mil años. Las constancias más fehacientes del *sapiens* asiático se verificaron en la región de Salawasu, en Mongolia, con 35 mil años, casi contemporáneas a la comparecencia del sapiens en Europa.

Esa fue la época en que se generalizó en Asia la sofisticada técnica del microlito, o la tendencia hacia la disminución tecnológica de los instrumentos; innovación relacionada con el sapiens asiático y que formó parte del bagaje que transportaron los primeros humanos que colonizaron el continente americano.

El árbol genealógico del genetista italiano Luigi Luca Cavalli–Sforza sugiere que el homínido asiático se bifurcó hace 40 mil años en dos ramas: una que se asentó al Norte y otra al Sur de ese continente; de la rama sureña —consideran— se desprendió una subdivisión colateral que se desplazó hacia Nueva Guinea y Australia.

Durante la dilatada presencia del Homo *Erectus* en Asia, la plataforma continental era más extensa que la presente. En el período comprendido entre 110 mil y 30 mil años atrás el nivel oceánico promediaba unos 130 pies por debajo de la línea actual; en la cúspide de la última glaciación, hace 20 mil años, esos niveles estaban 400 pies por debajo del presente; las tierras unían a Sumatra con Borneo, a Filipinas y Malasia con el Sudeste asiático.

El desplazamiento del Homo *sapiens* asiático hacia Sumatra–Borneo en el período comprendido entre 100 mil y 40 mil años, y hacia Australia–Nueva Guinea hace 75 mil años, requirió de algún tipo de barcaza o bote y de la correspondiente tecnología para su construcción; así, los asiáticos acreditan como los primeros navegantes.

Como puede observarse en Asia, todo el proceso transitorio del Homo *Erectus* al arcaico *Sapiens* y luego al *Sapiens sapiens*, no sucedió de forma precipitada; fue un pasaje lento y penoso que cubrió medio millón de años.

Los humanos modernos también se expandieron hasta el extremo oriental de Eurasia, llegando a Australia entre los 60,000-50,000 años, fechas ligeramente más antiguas que el poblamiento de Europa. En los yacimientos de Australia únicamente se encuentran utensilios líticos tal y como aparecen en Europa asociados a Homo sapiens.

Es muy posible que los asentamientos de Asia y de Australia sean más antiguos que los de Europa y sean precedentes a la "invención" del Modo–4, realizada por un grupo de Homo sapiens, en un lugar aún por determinar (en el Medio Oriente o en África). Fue este desarrollo tecnológico y su mayor complejidad cultural lo que dio a los humanos modernos algún tipo de ventaja sobre los neandertaleses, causando el éxito evolutivo de los primeros.

Es a partir del Homo *Erectus* que nuestra propia especie, el *Sapiens sapiens*, llega hace 100,000 años a su actual forma.

Los humanos han vivido mayor tiempo en África que en otras latitudes. Allí se hallan cinco de las seis grandes divisiones en que se clasifica lo que queda del árbol de la raza humana: negros, blancos, pigmeos, Khoisan y asiático. La única raza ausente del África es la de los australianos aborígenes.

Existen dos modelos para explicar el origen de los humanos: el modelo multi-regional, y el modelo del origen único. El modelo del origen único postula en un lugar geográfico concreto para la humanidad actual.

El modelo multi-regional propuesto sobre todo por Milford Wolpoff de la Universidad de Chicago y Alan Thorne[5], de la Universidad Nacional de Australia, considera que las distintas poblaciones geográficas evolucionaron de forma conjunta, a través de una serie de estadios humanos intermedios, con flujos genéticos suficientemente importantes para que las poblaciones desembocaran inevitablemente en el Homo *sapiens*, aunque manteniendo las diferencias de cada región.

Así, tiene lugar la continuidad morfológica entre los aborígenes australianos, los fósiles de Ngandong y los primeros pobladores de Java, representados por Sangirán[6].

La tesis del origen único tiene como protagonistas principales al Neándertal y al Cromañón. Pero los neandertales no son antepasados de la humanidad actual, sino que ambos grupos comparten un ascendiente común.

El origen del Homo *sapiens* no está esclarecido. La evidencia genética favorece hasta el momento la versión de un ancestro común africano que llevó a la emergencia del *Sapiens sapiens* en África hace 100,000 años y su gradual dispersión por el Viejo Mundo.

Este humano moderno se desplazó hace 40,000 en dirección al Levante, el sudeste asiático, Europa, el norte y sur de Asia, Nueva Guinea y Australia.

## Origen africano

La prehistoria africana abarca al menos 2,5 millones de años, desde la aparición del primer homínido constructor de herramientas hasta los umbrales de los tiempos modernos, cuando los registros escritos documentaron por primera vez sociedades humanas del sur del desierto de Sahara.

El homínido comparecería en Europa hace cientos de milenios, mientras que en América lo haría en el período comprendido entre los 37,000 y 16,000 años atrás, cuando grupos del Homo asiático cruzaron el estrecho de Behring para establecerse en el Nuevo Mundo.

Los pobladores del continente americano arribaron en oleadas desde Asia y el Pacífico, representando varios niveles de las culturas del Paleolítico Superior y de aquellas posteriores a la Edad de Hielo.

Los paleo-antropólogos alemanes Günter Bräuer y Christopher Stringer[7], opinan que los humanos modernos aparecieron en África hace entre 300,000 y 100,000 años, y a partir de este continente emigraron al resto del Viejo Mundo, reemplazando a las distintas humanidades presentes en Asia y Europa.

El Homo *sapiens* se hallaba presente en el Medio Oriente hace 100,000 años, mucho antes que los neandertales de allí, lo que hace imposible su descendencia de los segundos.

Asimismo, las técnicas de termo-luminiscencia, y de resonancia del espín electrónico, han confirmado que el Homo sapiens estaba presente en África de 150 mil a 100 mil años, época de apogeo de los neandertales europeos y del mencionado Homo Erectus en Java.

El paleontólogo francés Marcellin Boule[8] propuso que al no ser el Neándertal nuestro antepasado, entonces el Homo sapiens había evolucionado en alguna otra parte del mundo, arribando luego a Europa.

Según el modelo multi-regional, las antiguas poblaciones del Asia, África y Europa mantienen una continuidad evolutiva y genética con la humanidad actual. La hipótesis multi-regional elaborada por Franz Weidenreich, Carleton Coon, William Howells y otros científicos[9], contempla el proceso a partir de las poblaciones ancestrales de Homo *Erectus* en el Viejo Mundo, que supuestamente evolucionaron hacia el *Sapiens sapiens*.

Las diferencias entre las razas actuales serían el resultado de un proceso evolutivo en paralelo. Según esta teoría existe una evolución lineal en todas las especies, que en nuestro caso explica por qué distintos tipos de humanos han aparecido en diferentes lugares.

El problema del modelo multi-regional reside en que es biológicamente inviable que poblaciones aisladas genéticamente evolucionen dando lugar a una misma especie. Por otro lado, la tesis del origen único tiene el dilema de que el árbol evolutivo de los homínidos no es secuencial, sino que contempla múltiples apariciones y extinciones de géneros, especies y poblaciones.

Las secuencias estratigráficas de los yacimientos neandertaleses siempre aparecen en niveles más antiguos que los del Cromañón, además de la diferencia de ambas industrias líticas, las del

Neándertal asociadas al Paleolítico medio[10], y las del Cromañón a las del Paleolítico superior.

Los neandertales habrían poblado el Medio Oriente en momento de frío intenso, que les habría obligado a desplazarse hacia el sur.

## Africanos invaden Europa

Si en África se observa una transición entre los fósiles más arcaicos hasta fósiles que pertenecen a nuestra especie, en otras partes del mundo la sustitución entre los homínidos más primitivos y los Homo sapiens fue mucho más abrupta.

Como atestiguan los fósiles de Qafzé y Skhul, los humanos modernos ya estaban en el Medio Oriente hace 100,000 años, aunque luego fueron desplazados de allí por los Neandertales. En un primer momento los Neandertales ganaron la partida a los Homo sapiens, pero después la perdieron de forma definitiva.

En esta época también se formuló un modelo alternativo, conocido como *"Out of África"* (fuera de África). Éste proponía que toda la humanidad sería descendiente de una población africana datada 150,000 años atrás, que habría substituido a todos los grupos arcaicos, que consecuentemente se habrían extinguido sin dejar descendientes[11].

A partir de los 200,000 años atrás las poblaciones africanas y europeas se aíslan y diferencian.

Así en Europa evolucionan los Neandertales y en África el hombre moderno[12].

Acorde con Caleb Finch, sólo en África se puede encontrar, a modo de secuencia de escalones, todas las fases de la evolución humana desde los primeros homínidos pre-humanos, ancestros del hombre moderno. Esto es especialmente cierto para las fases tardías.

Esto es para decir que sólo en África se encontraron primero, tipos *Erectus* bien definidos, después tipos Erectus más evolucionados mostrando algunas características modernas, y finalmente, seres humanos modernos.

Tal progresión no existe en ningún otro sitio, ciertamente no en Europa, donde el primer Homo sapiens, sin lugar a dudas, no apareció sino hasta hace 40 mil años.

La sabana africana contenía muchas especies de mamíferos de gran y pequeño tamaño, incluyendo una gran variedad del grupo de los Primates, donde se incluyen los humanos. Los humanos y los simios provienen de los monos de África, con los patrones básicos anatómicos de los homínido[13] y los póngidos[14] que aparecieron en la mitad del Período Mioceno, de 18 a 12 millones de años atrás.

Para los homínidos, el período más crítico fue entre 10 y 5 millones de años atrás, cuando del segmento del linaje de los homínidos africanos dio lugar a los chimpancés, los gorilas, y los homínidos.

# Las cuevas

¿Por qué tomó 50 mil años a este nuevo humano cruzar la corta distancia del Levante a Europa?

La única respuesta se halla en la morada del Neándertal, en el viejo continente, que sufría entonces las crudas condiciones de una completa glaciación. Con todo, cuando el Cromañón pasó a Europa las temperaturas eran todavía bajas en extremo.

La llegada de los humanos de Cromañón o cromañones a suelo europeo constituirá una auténtica revolución ecológica y cultural que transformará para siempre la biosfera.

Los cromañones eran gentes de la especie *Homo sapiens,* portadoras de un acervo cultural altamente sofisticado, equipadas con las primeras culturas del Paleolítico superior, origen de nuestra propia manera de entender el mundo. Cabe pues preguntarse cómo eran los cromañones, de dónde venían y cómo y cuándo llegaron a Europa.

Dos tradiciones culturales prosperaron en el Cercano Oriente entre el 40 mil y el 20 mil a. C., la conocida como Ahmarian, que enfatizó la producción de cuchillos de variados tamaños y formas, y la auriñaciense, que utilizó mayormente el hueso como materia prima para su instrumental letal e hizo gala de una exuberante ornamentación personal.

Ambas culturas se organizaron en pequeñas bandas cazadoras y forrajeras muy móviles, moradoras temporales de las cuevas costeras, que se relacionaban regularmente posibilitando el intercambio de ideas y de nuevos métodos de adaptación.

La mal llamada Edad de Piedra antigua conoció una cultura y una técnica común, sobre todo a partir del Achúlense. Hace 35 mil años se produjo el gran período recesivo de los glaciares. Ello fue aprovechado por la avanzada cultura Auriñaciense del Cromañón, originada en el Levante, que pudo extenderse hacia Europa.

Esta cultura se destacó por una montería más sofisticada al disponer de la acumulación de cuchillos, lanzas, puntas e instrumentos de madera, hueso y piedra, y practicar una cooperación humana más extendida, lo que posibilitó la caza de una más amplia variedad de animales peri‒glaciares, grandes y pequeños.

El Cromañón era un cazador‒forrajero en posesión de abundante equipamiento tecnológico; que calzaba mocasines, confeccionaba esbeltas láminas de piedras afiladas, y convivía en comunidades pequeñas, las cuales residían en tiendas de pieles sobre ramas y huesos de mamut.

Este humano estaba distribuido en sub‒culturas que se han clasificado a partir de los estilos de sus herramientas y utensilios, y presumiblemente de su lenguaje y mitología, como el de Perigordiano y Auriñaciense de Europa occidental y el Graveciense checo y ruso.

Esta sociedad, en sincronía con las estaciones del año, vivía de forma diferente acorde con el ecosistema. En el verano, época de intensa actividad económica, se disgregaban en pequeños grupos, desplazándose por valles y ríos, forrajeando y en busca de caza, acampando de forma temporal y construyendo moradas ligeras.

En el invierno, estas agrupaciones humanas se juntaban para buscar abrigos más guardados, como las cuevas, o construían refugios más seguros contra las paredes rocosas, consumiendo lo que habían logrado almacenar, y aventurándose en las ventiscas invernales sólo para complementar su dieta; era el ciclo de la construcción de utensilios y herramientas, de la preparación de pieles y vestimentas, del arte, las ceremonias y ritos, de los partos y las iniciaciones.

Esta movilidad obligaba al uso de rutas y caminos más o menos invariables, al conocimiento de los territorios, de la topografía y sus límites naturales.

En Europa se observa una sustitución brusca de la industria Musteriense por la Auriñaciense, la primera industria del Paleolítico superior. El Musteriense se atribuye a los Neandertaleses, y el Auriñaciense lo traerían consigo los Homo sapiens (la confrontación o convivencia entre Neandertaleses y cromañones fue un proceso más complejo).

Se plantea como un hecho indiscutible que el Homo sapiens se expandió por Europa hace unos 40,000 años y lo encontramos en numerosos yacimientos posteriores a esa fecha.

# El enigma humano

Para finales del Paleolítico, la abundancia de plantas y pequeños animales en el este africano facilitaba la obtención de alimentos. No fue hasta hace 100 mil años, con el instrumental y técnicas del Neándertal, que la cacería de grandes animales se tornó en una forma permanente de obtención de carne, bajo la presión de la glaciación, que dificultaba la maduración de los vegetales y ocasionaba su insuficiencia.

De esta forma, parte del grupo se lanzó a la caza constante mientras el resto forrajeaba y recolectaba animalitos, plantas y semillas.

En correspondencia, variaron los hábitos sexuales. La copulación se hizo frontal y, a diferencia de los otros animales, la hembra mantuvo de forma permanente los atractivos sexuales que acompaña al estro: busto lleno, pigmentación aureolar, etcétera; se modificó la receptividad sexual cíclica de la hembra, desarrollándose en forma permanente, e independiente de la reproducción, con vistas a mantener a los machos proveedores vinculados a la familia, al grupo y a la defensa del hogar.

Los grupos poblacionales iniciales de Homo eran numerosos, convivían organizados por una estructura social y moraban sobre vastos territorios; uno de sus atributos fue su enorme capacidad de acumular información, que le posibilitaría ir domeñando el medio. Varios instintos, como el de la previsión, influyeron para que el Homo se cuidase de los peligros circundantes y pensara en el futuro.

La diferencia más relevante entre la especie humana y el resto de los animales es su aptitud intelectual y creativa, la habilidad para manufacturar instrumentos y el lenguaje articulado. La inteligencia es el impulso por establecer el intercambio y el control con la naturaleza circundante.

La capacidad de pensamiento simbólico y espiritual y la relación entre el individuo y el grupo, y de éste con el Universo, encontraría expresión posteriormente en la religión, la filosofía y el arte.

¿El humano del Paleolítico Superior, este humano nuevo de dónde venía?

¿Se trata de una línea de evolución por largo tiempo oculta?

La primera Edad de Piedra coincidió con las glaciaciones que duraron decenas de miles de años. Estos humanos de las cavernas inventaron el lenguaje, la magia, y la pintura y la talla de los mamuts y otros animales de la era glacial.

La línea homínida primicial se dividió, en algún momento, al menos en dos poblaciones, una de las cuales llevó al moderno Homo sapiens. La población tuvo que componerse al menos de 500 a 10,000 individuos portadores de los genes ahora hallados en la población humana.

Pese a que ese grupo pudo fragmentarse en pequeñas bandas forrajeras y cazadoras, esos subgrupos se cruzaron entre sí, intercambiando continuamente genes y preservando el tesoro del polimorfismo, de las pérdidas que pudieron implicar las fluctuaciones fortuitas en las frecuencias genéticas.

Los movimientos poblacionales asociados con la irradiación africana del sapiens no reflejan una emigración masiva al estilo actual. Estas escapadas de las condiciones locales adversas se precipitaron por una secuencia de cambios climáticos de la Glaciación Würm, que afectó a todas las especies del planeta[15].

Se estima que hace 40 mil años el humano moderno evolucionó del Neándertal u otras hormas arcaicas de homínidos y que las agrupaciones asiáticas fueron reemplazadas, hace 100 mil años, por especies provenientes de África.

Se ha documentado otra diferenciación genética del homínido moderno, acaecida en ese mismo tiempo, entre los europeos y los asiáticos.

# CAPÍTULO IV

## EN BUSCA

## DE ADÁN

# 12 Del Piteco al sapiens

## El Homo: ¿Casual o causado?

El planeta es un organizado mundo animal y vegetal, regido por leyes físicas y por el equilibrio bioquímico, que se ha visto violentado por el Homo sapiens, quien se niega a ser víctima de la organizada selección natural, y es impulsado por una fuerza interna a no perderse en una loca carrera contra el tiempo, a la par que impone un rumbo distinto a la organización social inicial permitida por el equilibrio planetario, aquella de las abejas y de las hormigas.

Mucho se ha escrito acerca de la aparición del homínido, especialmente después de los avances ocurridos a partir del Renacimiento en el campo de las ciencias, como la teoría de la gravitación descubierta por Newton, la selección natural de las especies introducida por Darwin, y los hallazgos de la química orgánica y la física nuclear[1].

Contradictoriamente, hasta el momento, nada ha logrado establecer con certeza cuál es exactamente el origen de la vida compleja y qué leyes físicas en particular influyeron en ella.

Según Vivian Scheinsohn[2]: "Si se tiene en cuenta que el 99% de la historia de nuestra especie transcurrió sin sistemas de escritura (ya que los sistemas de escritura aparecieron sólo en algunas pocas poblaciones y en tiempos relativamente recientes), más allá de las distintas posiciones teóricas, es claro que el registro arqueológico es la única forma que tenemos de acceder a la mayor parte de nuestro pasado.

Añade posteriormente Scheinsohn[3]: "Si toda posibilidad de conocer nuestro pasado se limitara a la Historia (que estudia los documentos escritos), nuestra visión estaría muy sesgada. Perderíamos la versión de aquellos que no pudieron escribir, ya sean éstos los derrotados en una guerra, las clases bajas de una sociedad estatal o sencillamente aquellos pueblos que no poseían sistemas de escritura. Así, ciertas hipótesis elaboradas en función de documentos históricos pueden someterse a prueba con el registro arqueológico".

Si la raza homínida existe simplemente porque nuestro Universo es de una forma específica, si es un requerimiento y no una aventura de este Universo el producir vida inteligente, entonces su estructura y las leyes de la naturaleza así como la vida humana, están predeterminadas de forma irrevocable; entonces, cualquier otro Universo distinto del actual permanecerá inhabitado, incapaz de alcanzar el estado de autoconciencia cósmica.

Pese a los textos sagrados, al darwinismo o la biogenética no podemos responder qué hay de casual y de factores favorables, de leyes o resultados forzosos en el fenómeno evolutivo. En contra de la aparente lógica que nos ubica como especie elegida, la vida en el planeta Tierra pudo haber desandado por otros rumbos, y el resultado de la inteligencia superior no tenía porqué desembocar necesariamente en nosotros.

Desde el punto de vista biológico, es decir, anatómico y fisiológico, lo que distingue a la especie *sapiens* de las otras especies vivientes es el tamaño y complejidad de su cerebro. Ninguna otra especie conocida posee 1,400 centímetros cúbicos de masa encefálica. Por eso podemos decir que la obra maestra de la evolución, la obra maestra de los costos, es nuestro cerebro, culminación de la evolución de la vida sobre el Universo conocido hasta el presente.

Cuidar y descubrir sus potencialidades y ponerlas al servicios de las mejores causas, del lado de los más altos valores humanos, constituye la razón de ser, la justificación de nuestra existencia, del corto paso de los individuos por la vida y la de los pueblos y de las civilizaciones a través de la historia.

Las reconstrucciones históricas, basadas en estudios filológicos o bíblicos, y en las génesis mitológicas, son muy comunes, brindando por lo general una insegura evidencia cronológica.

# ¿Del unicelular al Homo?

No puede rechazarse la idea de que otra especie, a su vez inteligente, hubiese logrado un avance civilizador menos brutal; o, quizá, ello es imposible en nuestro planeta.

La común creencia es que la evolución filogenética hasta el Homo sapiens estuvo causada por la remodelación constante de las disposiciones hereditarias. La escuela evolucionista presenta una línea que va de los unicelulares hasta el homo, donde en cada etapa ascendente se heredan o modifican funciones y órganos necesarios, mientras se desechan los rescindibles.

No es posible afirmar o negar la comparecencia del Homo sapiens debido a procesos casuales. Tampoco es posible afirmar o negar la acción de los procesos bioquímicos en la mutación evolucionista. Pero, las mutaciones se producen por azares; no existen mecanismos genéticos comunes que, buscando sólo aquella alteración favorable, encaucen los cambios en forma evolutiva. Esas mutaciones casuísticas luego son copiadas, exactamente, por los mecanismos multiplicadores, eliminando los errores genéticos.

Debe considerarse que no es la evolución o la inteligencia la condición necesaria para la supervivencia, ni significan disponer de mejor adaptabilidad que los antecesores, como demuestran los organismos primitivos que todavía conviven con arquetipos animales y vegetales superiores.

Todo parece indicar que, más que un desplazamiento de formas inferiores por superiores, de la cual supuestamente somos el resultado superior, observamos en la naturaleza la coexistencia de ambas tendencias. Esto introduce la intriga de cuál es la razón real de la evolución, no siendo la misma una garantía necesaria para la continuidad de la vida.

No se ha determinado si el homínido es un resultado trazado por una evolución predeterminada, si sus mutaciones se debieron a fuerzas exteriores que desconocemos, o si su selección fue producto de efectos discriminatorios ciegos, en un mundo causal.

Debió su aparición a una gestación con participación de la física nuclear, las fuerzas gravitacionales del planeta, la química orgánica y, luego, a un implacable proceso de supervivencia, pasando por la selección natural. Favorecido por azares históricos, puesto que la presencia de tales "condiciones objetivas" no da como resultado automático la aparición de la vida y el desarrollo humano. Su evolución, como el desarrollo de su civilización, no ha sido de forma evolutiva sino a grandes trancos.

La inestabilidad emocional es una característica del Homo que no se comporta solamente, como en el resto de los animales, a partir de valores hereditarios, al ir modificando o atenuando sus impulsos innatos primitivos con el autocontrol, lo que sucede con la rivalidad por la auto-reproducción.

# Los fenotipos

Es difícil en extremo examinar los fundamentos de nuestra propia existencia, y es más complicado distinguir allende esos marcos y reflexionar sobre la índole de nuestra naturaleza, y si el humano puede desviarse de esa arquitectura original.

Tanto la transmisión genética como la cultural son responsables del fenotipo, ya sea en humanos o en otros animales. Los artefactos son la parte material del segmento conductual de los fenotipos.

En otras palabras, los objetos del registro arqueológico son parte de los fenotipos humanos del pasado: lo son como los nidos de los pájaros y los diques de los castores son parte del fenotipo de esas especies[4].

Así, según Robert Dunnell[5]: "los artefactos no representan o reflejan algo que está sujeto a la teoría evolutiva, son parte del fenotipo humano. En consecuencia las frecuencias de artefactos son explicables mediante los mismos procesos que se aplican en biología".

Por lo tanto, la forma en que los arqueólogos han adquirido y descripto sus datos impiden el uso de la teoría evolutiva general debido a la metafísica tipológica que subyace a esa práctica tradicional. Lo que requiere un enfoque evolucionista es la variación, no la descripción modal. No se plantea aquí que los artefactos puedan considerarse como unidades de reproducción, sino que deben ser vistos en términos de éxito replicativo[6].

Aquí, los herbívoros y los roedores, obteniendo directamente su alimento sobre la rama vegetal; y allá, los Insectívoros, parasitando de una manera similar la rama "artrópoda" de la Vida. Aquí todavía los carnívoros, alimentándose los unos de los otros, y allí, los omnívoros, subsistiendo con todas las dietas posibles. Tales son las cuatro radiaciones maestras que coinciden de manera sustancial con la división generalmente admitida de sus *phyla*[7].

Llama la atención que los restos fósiles homínidos son muy escasos en comparación con los de otros animales. Aquello que más intriga al anatomista, al primer golpe de vista, cuando observa a los monos es el grado sorprendentemente débil de diferenciación marcada por sus huesos. Porque hasta el Plioceno, por sus miembros eran los más "primitivos" de los mamíferos, y han quedado también como los más libres para elevarse hasta las mismas fronteras de la inteligencia, mediante saltos sucesivos

No se ha verificado si las actuales razas provienen de un tronco común, monofilético, o de diferentes tipos de homínidos. Las disparidades filogenéticas entre las razas de Homo son tan insignificantes que casi se toma como un hecho la procedencia de un origen común.

Las razas homínidas y su morfología estuvieron influidas por el aislamiento territorial-cultural y el medio geográfico; en la prehistoria se conforman las razas negra, amarilla, blanca, los pigmeos, en vías de extinción, y los gigantes ya desaparecidos. No podemos responder hasta qué punto la casualidad pudo evitar derroteros irracionales, ni si hubo ramas laterales del antecesor común del Homo que se extinguieron.

Descubrimientos en la física y la astronomía en el siglo XX, como la indeterminación cuántica del mundo subatómico expuesta por Karl Heisenberg, la dualidad onda-partícula esbozada por el neozelandés Ernest Rutherford, la inestabilidad de las partículas elementales señaladas por el físico danés Niels Böhr, la teoría de la relatividad einsteiniana y la bóveda celeste en expansión evidenciada por el astrónomo Hubble, si bien pertenecen a las ciencias, por reflejar cada una situaciones no equilibradas en la naturaleza, reflejan lo incomprensible que sigue siendo para nosotros comprender al mundo exterior, así como la no existencia de leyes perfectas y universales que rijan un crecimiento ascendente del intelecto humano.

Al igual que las situaciones no equilibradas de la naturaleza demostrada por la física, habría que considerar a la presencia del humano y su civilización como un estado de transición.

El humano resulta una construcción mágica; la única criatura viviente que lograría escapar a la trampa de la especialización que provoca amplias aniquilaciones masivas de vida planetaria.

# La vida química

En circunstancias tan extremas, las conformaciones de sistemas nerviosos complejos son las primeras en desvanecerse y todas las mutaciones tienden a mantener a raya las condiciones desfavorables del mundo exterior, erigiendo formidables barreras internas en una intensa y consciente interacción con este mundo exterior.

Sólo subsisten las plantas que resisten las sequías, los infusorios que resisten la desecación, los cangrejos que se hunden en las profundidades del cieno, o un puñado de criaturas subterráneas capaces de sintetizar en el desierto las diminutas porciones de agua.

Por razón de un rampante reduccionismo, la biología en boga, hija del evolucionismo, define al humano como un proceso fisicoquímico; no como un tratamiento de síntesis casual ni termodinámica, sino como un expediente de la química orgánica.

Pese a la bio-gestación, nuestra conducta carece de un comportamiento regular y preciso; la acción y reacción de los organismos vivos ante el medio, al cual afectan o por el cual son afectados, se ve desestimada por esta consideración pseudo-científica.

La crecida concentración de moléculas en un espacio dado, a no dudarlo, concede la apariencia de que las reacciones químicas son casi maquinales; y, pese a que en la química orgánica los átomos son muy reactivos, la probabilidad de que la recombinación tenga lugar depende de un factor casuístico: el alto número de moléculas envueltas en el proceso.

Así se estima que la construcción de la vida se da a niveles químicos, de un prototipo común con un singular procedimiento de transmisión de información, que permitió las arquitecturas vivientes. Sin embargo, aunque admitamos tal diseño de recombinación química, estamos muy lejos de presenciar el nacimiento de una criatura pensante, pues esta conjugación precisa de partículas, átomos y moléculas no lleva a la emanación de la vida consciente, y menos a la inteligencia.

No se registra razón neurológica o de otro tipo que impida la mutación anatómica y embriológica de otra especie para acomodar la inteligencia. Si la consecuencia de la inteligencia superior no tenía que desembocar necesariamente en el homínido, fruto de un azar biológico, el diseño sapiente en la Tierra pudo haber tomado otro rumbo, desarrollarse en cualquier período, o florecer en otro de los grupos biológicos del Fanerozoico, como en los reptiles, peces, insectos, e incluso en los trilobitas.

¿En qué medida podremos escapar a la sospecha de que percibimos el mundo circundante de la forma que lo hacemos porque, tras millones de años de adaptación, llevamos intrínsecas las sustancias tangibles e intelectuales de la naturaleza?

Las evidencias apuntan que la progresión hacia el Homo moderno se escenificó en medio de alteraciones ambientales traumáticas, que liquidaron algunas de las variedades homínidas y favorecieron a otras. Nosotros somos una mixtura de químicas en un medio de agua salobre e impurezas, reforzados con barras de calcio y forrados con una piel fácilmente penetrable; nuestra estructura trabaja utilizando cargas eléctricas muy bajas y lentas.

Abarcando alrededor de 10,000 genes, el humano es una forma viva que, surgiendo de formas más elementales, aún no ha alcanzado su pleno desarrollo evolutivo.

## La maquinaria orgánica

Nuestra maquinaria orgánica tiene limitaciones terribles, es defectuosa y obsoleta; por ejemplo, disponemos de una limitada percepción espacial, y a pesar de que el proceso del pensamiento es una función paralela, nos comunicamos de manera muy torpe, en forma seriada[9] y en una banda de ondas muy constreñida, y visualizamos en una estrecha región del electromagnético, sólo en tres colores. Comparándonos con otras especies, puede decirse que somos muy cortos de vista.

El cuadrúmano erguido tenía una inferioridad corporal respecto a otros animales, pero disponía de gran destreza manual e inteligencia, factores que le posibilitaron a partir de un momento dado imponerse sobre el resto. En el plano original de especies y de organismos inteligentes concebida por la naturaleza, la aparición del homínido no estaba proyectada, y tuvo que luchar contra el hecho de que su especie no era la que más rápido se reproducía.

El hecho de que la especie homínida resultara la más feroz e inclemente en un planeta de animales despiadados, no le aseguró siempre salir victoriosa. Muchas ramas homínidas[10] perecieron en el camino, algo que pudo sucederle al Homo *sapiens*, lo que nos lleva a la conclusión de que tal vez nuestro desarrollo no fue lineal, sino que por un golpe de suerte logramos ser, entre los homínidos, los que subsistimos.

Pero -no olvidemos- la vida humana está unida a un elemento que no puede producir: el secreto de transformar en materia la luz espacial, que sólo poseen las plantas verdes. No hay una ilustración más acertada de nuestra relación intrincada con otros diseños vivientes.

Entre los mamíferos la reproducción es obligatoriamente sexual, pero para la vida en general no existe un requerimiento intrínseco de la reproducción que sea correlativo con el sexo. La comparecencia de la reproducción sólo posible en el apareamiento propicia que los cambios evolutivos se realicen con mayor rapidez, a la par que amplía la posibilidad genética.

El humano posee limitaciones en su capacidad, lo que debe a su estructura quántica indeterminada, pero eso no es óbice para que consciente de esta limitación, intente superarla buscando extensiones y amplificaciones.

Si el humano es capaz de alterar y hasta destruir el equilibrio del ecosistema, entonces no estaba en los patrones de la fría lógica de las leyes naturales, y para ello las ciencias no tienen todavía explicación racional.

Las leyes físicas que gobiernan el mundo inanimado y por ende su extensión simple al mundo animado, no pudieron haber concebido que fuesen alterados los patrones constitutivos ni de conducta de esas leyes.

No se ha probado que la naturaleza previera la evolución, para poder evolucionar la naturaleza quántica del humano y conseguir que este superara su modelo original, propiciando la herramienta fundamental que variase el fatal fin del Universo.

No existen pruebas de que la naturaleza previese su propia dominación por una especie creada en su seno. El Homo no es un resultado nuevo de la naturaleza; en él se halla la herencia de generaciones precedentes multiplicadas por los ácidos nucléicos desoxirribonucleico.

## ¿Somos de este planeta?

Como afirmaron los griegos, la vida fluye incansablemente a través del humano. Es posible incluso que existieran especies de animales con potencial de inteligencia superior al humano, desaparecidas en el curso del tiempo por catástrofes naturales, inadaptación, o porque fueran extinguidas por grandes saurios o mamíferos.

Si los mitos y animismos de las civilizaciones pre-históricas buscaban en los animales y los elementos naturales la explicación de nuestra presencia[11], al paso de los milenios acabamos por abrazar que debemos nuestra evolución a los animales y que la interacción del medio natural es un factor en nuestro desarrollo y actitudes.

En un complejo acto de inter-influencia, no se duda, la vida formada en nuestro planeta paralelamente ha ido transfigurando al propio planeta, readaptándolo a tal vida. Al cabo de varios millones de años, por medio de un proceso natural -que sepamos hasta ahora- el planeta ha sufrido una profunda transformación de su medio ambiente.

La inteligencia de los seres vivos es el impulso por establecer el intercambio y el control con la naturaleza circundante. La diferencia entre la información instintiva y heredada respecto a la información asimilada, a medida que se agranda, nos va aportando el nivel de desarrollo de las sociedades.

Los defensores de la teoría de la evolución acomodan una línea ascendente hasta el humano desde los seres unicelulares; cada etapa superior -afirman- iba heredando o modificando aquellas funciones y órganos necesarios, mientras desechaba las innecesarias.

El famoso ejemplo del comportamiento de los pinzones de Darwin ante los cuervos habla en favor de que las reacciones innatas pueden reaparecer después de un millón de años, si las circunstancias estimulantes comparecen. Pero, esto no debe arrastrarnos al callejón sin salida del conductismo.

Está aún por verse si en todos los casos las especies de animales que comparecieron desde recientes millones de años fueron productos de una mutación filogenética de especies anteriores, mediante la selección natural, o si también en la naturaleza pueden darse los saltos cualitativos.

Es llamativo que en Australia, desgajada de las principales masas continentales hace 100 millones de años, no se desarrollaron seres humanos o algún animal de inteligencia superior.

El cuerpo humano está constituido por un 60% de líquidos, cercanos al punto químico neutro y capaz de reaccionar a los compuestos de ácidos básicos. El homínido no es una estructura simétrica o asimétrica total; sus características morfológicas, su serie filogenética se hallan en muchas especies primitivas y avanzadas del reino animal.

## Somos una mezcla

Los animales del cual supuestamente desciende eran capaces de recepcionar las radiaciones luminosas y las ondas sonoras. Las células visuales reaccionan ante el bombardeo de $10^{14}$ cuantos de luz. Si bien el homínido posee poderosos instintos es capaz de controlarlos por la influencia de los conocimientos adquiridos.

El Homo todavía muestra restos provenientes de otras especies animales, como el órgano olfativo de la cavidad bucal propios de los reptiles y que pierde tras nacer. Algunas familias de serpientes disponen de estructuras óseas pélvicas y un par de fémures.

El pie humano va perdiendo los dedos y conformando una planta a medida que se consolida la posición erecta. Además, mantiene funciones de los organismos unicelulares, como las enzimas del metabolismo, la transformación del oxígeno en energía celular, y las respuestas reflejas ante estímulos exteriores.

De los anélidos heredará el sistema vascular y los órganos secretores; de los vermes platelmintos, la formación de un tubo digestivo en tres partes y la masticación de alimentos.

De los invertebrados pluricelulares, tiene en herencia los órganos simétricos que le permitirán una acción en profundidad y el reemplazo de muchos órganos vitales, como dos oídos, dos ojos, dos orificios nasales, dos huevos, dos hemisferios cerebrales, dos pulmones, dos riñones, dos glándulas sexuales, dos brazos, dos piernas. Sin embargo, no estuvo en condiciones de heredar algunos órganos vitales como serían: dos corazones, dos hígados, dos úteros, etcétera.

De los peces, el homínido heredaría el cerebro, la columna vertebral, los ojos, el corazón, el hígado, el páncreas, el bazo, la tiroides. De los peces superiores heredaría el cráneo, los dientes, las glándulas supra-renales, los miembros.

De los anfibios, el tímpano, los pulmones, las aurículas cardíacas, las divisiones óseas.; y, de los reptiles, el dominio del cerebro anterior.

El avance más decisivo en el camino evolutivo radica en el desarrollo estratificado del cerebro con los mamíferos, al igual que la disposición de los ojos, la sangre caliente y las glándulas mamarias, y la placenta. No significa que la conciencia esté en relación directa, únicamente, con el cortex cerebral, en tanto los fenómenos psíquicos no resultan sólo de la fisiología cerebral.

Pero el humano mantiene órganos y estructuras obsoletas como el apéndice, la profusión capilar en algunas zonas, el órgano olfativo en la cavidad bucal, las mamas masculinas, el erizamiento, el enrojecimiento.

Los huesos del pie y la columna vertebral no disponen de suficiente desarrollo para soportar su peso en constante posición erecta; el humano no puede estar largos períodos de pie y es constante el padecimiento y los dolores de sus pies y caderas.

## Los ancestros primates

El Homo *sapiens*, como el grueso de los mamíferos pequeños, tendría a su favor respecto al resto de los animales lo que inicialmente era su debilidad: su falta de especialización. Esta flexibilidad le posibilitó adaptarse a las cambiantes situaciones del eco-sistema mientras los animales especializados -como el mamut, el rinoceronte lanudo, el oso de las cavernas, el león cavernario o el tigre diente de sable, o los monofagos, perecían ante los cambios del medio ambiente o de la fauna, en la Edad de Hielo.

Esos periodos de saltos cualitativos hacia el Homo sapiens tuvieron lugar en el Terciario y en el Pleistoceno. Una dentadura no especializada y la tenencia de jugos digestivos correspondientes, le permitió sobrevivir con una dieta compuesta por carne y vegetales a la vez.

El cerebro del homínido[12] se supone que se mantiene como un órgano nuevo que no ha colmado su maduración, sobre todo en el perfeccionamiento de sus circuitos, y cuyo acelerado crecimiento no ha consumido el tiempo suficiente para explotar todas sus posibilidades.

Los primeros ancestros humanos comenzaron a transmitir los frutos de su experiencia mediante los símbolos vocales. El milenario aislamiento entre las congregaciones humanas derivo en la presencia de un número increíble de lenguas.

Desde los inicios de sus andanzas el humano dispuso de una mente ingeniera de símbolos y trató de leer en el mapa de la naturaleza; un animal-oráculo que constantemente indaga el sentido y significado de lo que le rodea. La marcha humana se iría apartando de sus orígenes e incluso su arte iría refractando, cada vez más, su abstracción y egocentrismo.

De considerarse cierta la evolución, entonces el Homo es un prodigio extraño dentro de tal proceso; pues entonces se incorporó muy tarde, y su progresión se escenificó a una velocidad biológica extraordinaria para el marco de tiempo geológico terrestre.

Precisamente, su comparecencia súbita, y su supuesta evolución super-acelerada no halla una total explicación científica. Llama la atención que se desconoce si las actuales razas derivan de un tronco común, monofilético, o de diferentes tipos de homínidos.

Aún son observables las diferencias morfológicas entre los europeos, los esquimales, los hotentotes, los mongoloides, los pigmeos, los Tutsi, los papúas, etcétera. Las razas del Homo *sapiens* se vieron influidas por el aislamiento territorial-cultural, por el medio geográfico, lo que impactó incluso en la morfología humana.

Puede observarse, entre las zonas templadas y frías, diferencias en la pigmentación de la piel, en la estatura y en la abundancia capilar. El mayor volumen corporal en las regiones frías favorece la menor pérdida de calor y la pigmentación blanca posibilita mayor absorción de la radiación ultravioleta y la sintetización de la vitamina *D3*.

# La afinidad homínida

Charles Finch III, director de la escuela de medicina de Atlanta, Georgia, autor de varios libros sobre el origen humano y una de las autoridades más reputadas sobre el tema, es del criterio que la biología molecular ha dejado su huella permanente en la paleo-antropología.

Según Finch[13]: "El análisis entre especies del ADN y las proteínas séricas, iniciado en 1960 en la Universidad de California en Berkeley, por el antropólogo Vincent M. Sarich y el bioquímico Allan C. Wilson, ha demostrado más allá de todo argumento la cercana afinidad de los humanos, los chimpancés y los gorilas. En verdad, estas tres especies están todas más cercanas una a la otra que cualquiera de ellas hacia otro primate".

Dentro de las especies, las razas con diferencias en ADN mayores que los primates se cruzan entre sí. Es una incógnita por qué en los primates la diferencia de especies es una barrera insalvable, de manera que el humano, el chimpancé y el gorila, por ejemplo, no pueden entrecruzarse[14].

Es difícil fijar si la sociedad y el Homo son sinónimos, si historia y mutación biológica son complementos, y si tenemos factores genéticos innatos para heredar y restituir las características culturales de previas generaciones ante un corte holocáustico.

Mucho se ha propuesto sobre la necesidad de ciertas cadenas de ácidos grasos de animales para nuestro sistema neural, vascular y la médula espinal, difíciles de adquirir en las simples estructuras vegetales.

Pero las primeras andanzas del pre-homínido no se circunscribieron a las sabanas en busca de animales de caza, sino que se adentró en los macizos selváticos, al rastreo de semillas, verduras y pequeños animales, constituyendo un reto de supervivencia que obligaría a un perseverante mejoramiento intelectual.

Se argumenta además que la materia en sí es proto-psíquica; así, las moléculas ya presentan un sistema complejo con cualidades psíquicas simples y sensaciones primarias. No puede afirmarse que la filogenética es la que responde a la actual capacidad psíquica de abstracción y generalización del Homo sapiens.

No se ha definido que el humano tenga disposiciones genéticas para heredar las características culturales de las generaciones anteriores. Un corte en la transmisión de las mismas lo llevaría a una regresión de estadios primitivos.

La naturaleza no fue capaz de crear de una sola vez la especie humana. Si toda la historia del Universo, a partir del *big-bang* hasta la aparición del humano, fue la preparación para nuestra presencia, ¿por qué somos el producto de un azar de esa propia naturaleza y no el producto de una dirección evolutiva lineal?

Nuestra especie homínida contempla un desfase entre el crecimiento corporal y la maduración sexual, especialmente en la hembra, que madura sexualmente rápido, sin haber completado su crecimiento. Los dolores del parto no son naturales: se deben a que el feto es demasiado grande para el canal. Los homínidos dispondrán de una estatura media entre los animales, que les resultará favorable. Sólo que tendrán un cerebro desproporcionado en relación a su físico.

Nuestro físico determinó ---limitó y posibilitó--- el desarrollo o no de ciertas facultades. Una mayor o menor estatura y peso, o distribución anatómica, hubiese llevado nuestro desarrollo civilizador acaso más lento o más rápido; a una mayor o menor capacidad de adaptación al medio en los inicios del Homo sapiens; a manifestarse más violento o más pacífico, o a la total auto-destrucción.

La anatomía humana ha permanecido similar desde que compareció[15]. No sabemos hasta qué punto el homínido biológicamente es diferente al resto de los animales, pues el factor conciencia, innato a su naturaleza, es lo que establece la diferencia.

Los elefantes disponen de un cerebro mayor en volumen al del humano, pero su anatomía y gran dimensión, así como especialización metabólica, conspiró para que desarrollasen una inteligencia abstracta y diesen lugar a una civilización. La posición erecta posibilitó la liberación y mayor flexibilidad de las extremidades superiores y las manos para la construcción y manipulación de instrumentos.

Tomarían dos millones de años usar la piedra y pasar a debastarla; dos millones más para manipular otros instrumentos, aparte de la piedra; diez mil años para desarrollar las matemáticas, la ingeniería y la astronomía; menos de setenta años para llegar a la Luna tras el primer vuelo de los hermanos Orvil y Wilbur Wright; treinta años para desarrollar las computadoras.

El Homo *sapiens* indudablemente se desarrolló de forma rápida si consideramos su "evolución" desde el antropoide[16], pero su secuencia lineal no se ha demostrado, resultando el enigma y el eslabón indescifrable de toda la teoría evolucionista, que saturada de múltiples lagunas y escollos no puede confirmar relaciones filogenéticas.

## La brutalidad programada

Analizando el proceso evolutivo de los ancestros humanos, e imbuido en su lenta acumulación de experiencia que no lo diferenciaba de los otros primates, el homínido no ha tenido tiempo histórico suficiente para haber desarrollado su civilización.

Desconocemos cuáles son los factores innatos que transportó del paleolítico este sapiens, ni cuán dependiente o no es tal naturaleza humana a una sociedad como la que conocemos.

Lamarck[17] desarrolló la teoría de la herencia de características introducidas artificial o casualmente en los progenitores. Aunque la biología genética y molecular ha considerado que tal escenario nunca ocurre, ya que las adaptaciones de una parte del cuerpo no pueden desencadenar cambios en las células de los huevos y espermas que transmiten el código genético.

El biólogo vienés Paul Kammerer[18], fiel a la herencia lamarckiana, sostuvo que las características adquiridas podían transmitirse; de tal forma se pensaba también que las ideologías podían mejorar la especie humana.

El dogma central de los biólogos moleculares reside en que se registra un flujo de información, de los genes al organismo estructural. Se presenta el canibalismo de los aztecas como una respuesta fenotípica a la necesidad de carne programada genéticamente, y el homosexualismo como un mecanismo para prevenir la sobrepoblación. Manifestaciones como el sueño o el hambre son productos de una programación genética, y la esquizofrenia se debe a un desajuste genético. Pero es incierto que cada comportamiento humano esté fijado por los genes, dejándonos sin potestad de decidir nuestras acciones.

Frente a esta noción de la brutalidad programada genéticamente se contrapone la acción violenta del sujeto, como resultado de un medio socioeconómico, donde en colectividad, el individuo hace dejación de su moralidad y responsabilidad personal, en favor de una figura autoritaria institucional.

De ahí, los mecanismos de la aprobación pública a los procesos de aniquilación masiva de otros seres humanos, mediante la represión o la invasión de ejércitos. El hecho de que la conducta humana se halle completamente determinada por el entorno social y cultural nos convierte en autómatas sumisos.

La habilidad para coordinar mejor las experiencias, mediante el lenguaje y de la cultura, fue probando su ventaja en el progreso evolutivo de la sociedad homínida, liberando al Homo de las amarras de las respuestas instintivas, permitiéndole recrear su realidad más allá de sus capacidades neurofisiológicas.

De tal forma, tuvo lugar la correlación entre la habilidad simbólica del lenguaje para trasladar la realidad cotidiana y el pensamiento abstracto, que devino con mayor amplitud cuando el humano desarrolló las matemáticas, el más superior y creador de todos los lenguajes.

El grueso de nuestras creaciones trasciende la lucha por la subsistencia. Las cualidades que reconocemos distintivas del humano son todas funciones de la conciencia, cuyo desarrollo se inicia luego que atravesamos los primeros estadios del lenguaje, en nuestra infancia.

Eso no implica que la cultura reemplace a la herencia genética, o que las predisposiciones genéticas no desempeñen un papel en la conducta humana. Las investigaciones genéticas han producido evidencias substanciales de herencia, como la variación de colores visuales, el olor, la selección gustativa, la habilidad numérica y espacial, la memoria, las habilidades perceptivas, la adquisición del lenguaje y demás.

Sin embargo, no existen evidencias de una herencia genética que provea la causal para todas las conductas del humano, o que predetermine el carácter de cada aspecto de la realidad humana.

Es imposible demostrar que la historia del Homo incidiera en su naturaleza biológica, y es muy arriesgado aventurar el criterio de que todo lo que ha logrado es transmisible hereditariamente. Aunque puede afirmarse que, a medida que se complejizaba la naturaleza del Homo sapiens, las posibilidades mutativas se imponían.

# 13 El Homo africano

## Las cascadas de Kalambó

El continente africano desempeñó un papel connotado en el devenir físico y social del hombre. Se han reconstruido razonablemente las mutaciones y evoluciones culturales de su paleolítico, su Mesolítico y de su revolución neolítica; así mismo se ha escrutado en la génesis agrícola espontánea de las regiones del Alto Níger, entre el 5 000 y el 4 000 a. C. Los homínidos más antiguos conocidos, sin embargo, se localizan en el marco geográfico del este africano, en la región de los grandes lagos.

Entre ellos se encuentran el Homo de Boskop -en el Nilo Blanco-, el Homo de Olduvai, cuyos restos fueron encontrados por el arqueólogo Luis Leakey, etcétera.

El valle del Rift, esta comarca contenida dentro de ese desgarramiento de la corteza terrestre, desde el delta del Nilo hasta el río Zambeze, fue uno de los escenarios de la completa evolución humana. Ello significó el surgimiento de civilizaciones antiquísimas, a partir de las propias condiciones africanas. Es posible discernir cuatro complejos sociales y lingüísticos básicos resultantes de la evolución humanoide en los residuales culturales de los lagos orientales.

Ellos son: los bosquimanos, los pigmeos, los negros[1] y los "caucásicos" que dieron lugar a los bereberes del Sahara y África norte, a los semitas de la Arabia, Mesopotamia y el Cáucaso, y a los supuestos "camitas" que recorrerían parte del valle nilótico.

Estos cuatro grupos tomaron rumbos diferentes: los hoy ya casi extintos pigmeos hacia los cinturones boscosos del África Occidental y el Congo; los negros, hacia el África Occidental; los bosquimanos hacia el sur y los caucásicos al nordeste africano y en un empujón inicial a la Península Arábiga.

De todos los continentes del planeta, África proporciona el registro más extenso sobre el pasado humano. Hace varios millones de años, un grupo de primates se separó del resto de los monos y se encaminó en una senda evolutiva distintiva caracterizada por una postura erguida al andar. Esto bien puede haber ocurrido en África donde primero aparecieron las formas modernas de los humanos.

El registro del fósil humano más antiguo viene de África, del sur del Sahara. Es más, en los campos de la genética, la paleontología y la arqueología, muchos expertos creen que el África tropical fue también la región donde el Homo sapiens- el humano moderno- evolucionó entre 200,000 y 100,000 años atrás.

# El Humano arcaico

Estos humanos arcaicos se asentaron en todas partes en África y gradualmente evolucionaron hacia formas más modernas. Sus cráneos se hicieron más redondos, el esqueleto menos robusto y las muelas más pequeñas.

Después de 200,000 a 150,000 años atrás, africanos de apariencia más moderna utilizaron grupos de herramientas más refinadas y especializadas para cazar animales de todo tipo. También tenían más habilidades para el habla que sus predecesores, representando un mosaico de rasgos arcaicos y modernos.

Estos individuos fueron los ancestros directos de los humanos modernos anatómicos, los Homo *Sapiens sapiens*, los cuales evolucionaron en el África tropical entre 150,000 y 100,000 años atrás.

Por lo tanto, en la evolución humana se habrían producido un mínimo de dos salidas de África: una primera, durante el Pleistoceno inferior, protagonizada por los antepasados de los primeros pobladores de Asia y Europa[2], los cuales encontraron ambos continentes en estado virgen; y una segunda salida más reciente, en el Pleistoceno superior, protagonizada por Homo sapiens, que avanzó sobre territorios que ya estaban ocupados por otros humanos y que con el tiempo acabó sustituyéndolos.

Las poblaciones Neandertales habitaban Eurasia, y poseían adaptaciones físicas que le permitían enfrentar las condiciones glaciales; y el hombre moderno habitaba África, donde su supervivencia se encontró íntimamente asociada a su capacidad de cambiar su biología para consumir y obtener los recursos básicos[3].

El hombre moderno vino a ocupar Europa alrededor de 50 años atrás, y su pariente cercano, el hombre de Neándertal, le precedió por al menos 30,000 años. Estas dos especies de parientes cercanos de los homínidos tardíos compartieron el hábitat europeo hasta hace 35,000 años cuando el Neándertal desapareció por completo.

Un pequeño grupo de inmigrantes de África colonizaron una porción del sudoeste de Rusia, cerca del límite sur del gran glaciar a lo largo del Paralelo-51, y en este aislamiento relativo fue sometido a adaptaciones en un ambiente frígido y relativamente sin sol lo cual creó una nueva raza humana caracterizada por piel pálida, cabello lacio y más claro, diversos tonos de color de ojos y facciones faciales angulares más reducidas.

## Los enlaces genéticos

Estos cambios fenotípicos fueron el resultado de una adaptación al frío y produjo la raza caucásica entre hace 25,000 o 20,000 años[4]".

Acorde con la bióloga e investigadora de la evolución humana, Marta Mirazón Lahr, "Por siete millones de años, la evolución homínida, desde nuestros ancestros, los simios pre-australopitecinos, hasta los Homo *Sapiens sapiens*, se desplegó en la mitad este de África. Todos en la línea de los homínidos eran de piel café a negra. Alrededor de los 100 milenios después de su aparición en el continente Africano entre hace 200,000-130,000 años, el Homo *Sapiens sapiens* emigró a los rincones más alejados del Viejo Mundo. Las primeras de esas migraciones se movieron hacia el este a lo largo de las latitudes tropicales hacia el interior de India, el sudeste asiático y finalmente Australia y las Islas del Pacífico. Durante el mayor período de esta migración, paredes de hielo de una milla de alto bloqueaban penetraciones significativas hacia Europa, canalizando el flujo migratorio hacia el este a lo largo de las latitudes sureñas. La ocupación humana de Asia habría ocurrido para por lo menos hace 75,000 años. Restos humanos en Australia datan desde hace 32,000 años y no es mucho para inferir que los seres humanos estaban ahí hace 40,000 años[5]".

A través de un periodo de cuatro millones de años, la línea homínida que guió a la aparición del hombre moderno, evolucionó y obtuvo su forma final en África: el peso de la evidencia fósil y estudios de *ADN* así lo revelan. Todas las razas humanas, por lo tanto, son ramas de un tronco cuyas raíces yacen en suelo africano.

Las razas son simples variaciones entre la especie humana que le permitió a esa especie maximizar su hábitat y por consiguiente sus oportunidades, en este planeta. Pero solo hay una madre y nodriza de la humanidad: África.

Así, en aparente contradicción con la genética de poblaciones, los africanos aparentan ser más cercanos a los caucásicos por algunos índices genéticos. Esta proximidad genética se deriva de la evolución de los caucásicos a partir de los africanos hace unos 30 o 40 milenios y por un continuo intercambio genético en tiempos históricos.

Los caucásicos y los mongoles aparentan ser más cercanos por otros índices; este enlace genético se explica por el mestizaje ente las dos poblaciones en el norte de Asia central hace unos de 20 a 25 milenios.

Los mongoles y los austral-melanesios aparentan ser más cercanos aún por otros índices. Tal cercanía refleja la evolución mongol a partir del tipo asiático africano, ancestros de los melanesios contemporáneos, hace 25-30 milenios. Los africanos y los austral-melanesios aparentan ser "distantes" genéticamente. La distancia entre ambos está en función del movimiento genético y de la micro-evolución entre las poblaciones migratorias africanas que poblaron el Pacífico Sur.

Estos forrajeros y cazadores secaban la carne para almacenarla, liberándose tanto del movimiento estacional de rebaños animales como de las épocas de maduración de frutas y recolección de vegetales y raíces. A diferencia de las heladas tierras europeas, el medio natural africano, con su exuberante foresta y fauna y su clima benigno, no demandaba un esfuerzo extraordinario para lograr la subsistencia humana.

## El ADN

La molécula responsable de la herencia biológica es el ácido desoxirribonucleico (ADN), que lleva codificada en su estructura química la información que constituye a cada ser vivo. El ADN está organizado en cromosomas, en pares homólogos, dentro del núcleo celular.

El número de cromosomas varía de una especie a otra (por ejemplo, los humanos tenemos 23 pares de cromosomas, los chimpancés, orangutanes y gorilas 24 pares, los macacos 21 pares). En la reproducción sexual, se produce una división celular especial, llamada meiosis, por la que cada una de las células reproductoras[6] contiene sólo la mitad de los cromosomas.

En el interior de cada una de nuestras células hay un núcleo que contiene la mayor parte de nuestro ADN. Pero fuera del núcleo se encuentra el ADN mitocondrial, con numerosas copias de un filamento circular de ADN, constituidos por unos 16.000 pares de bases[7]. Las mitocondrias son pequeños orgánulos responsables del metabolismo energético de las células y que también poseen su propio genoma[8].

El mitocondrial es muy interesante por ser relativamente pequeño, y presentar una tasa muy elevada de mutaciones, con la peculiaridad que sólo se hereda por línea materna. A diferencia del ADN nuclear, que heredamos la mitad de nuestra madre y la mitad de nuestro padre, el ADN mitocondrial es transmitido únicamente por las hembras, porque los espermatozoides sólo transportan ADN mitocondrial en su cola y se pierde en el proceso de fecundación.

Debido a este modo de herencia exclusiva materna, no existe recombinación en el ADN mitocondrial entre los genes maternos y paternos, un hecho que puede enmascarar la historia evolutiva del genoma y hace mucho más difícil su investigación.

A fines de la década setenta del siglo XX, los bioquímicos concentraron sus estudios en las moléculas ADN, localizadas en las estructuras llamadas mitocondrias, que están fuera del núcleo celular. Las mitocondrias son la maquinaria celular que metabolizan la comida y el agua en energía, y sólo se heredan por vía materna. Al acumular el mayor número de mutuantes simples ya que sus mitocondrias-*ADN* son las más antiguas, se pudo trazar el árbol ancestral africano, que se mostró sin ninguna mezcla extra-continental.

Una de las primeras observaciones fue la escasa variación genética que existe entre los humanos, aproximadamente sólo el 10% de la variabilidad genética de la observada en los chimpancés. Esta baja variabilidad genética, que también se observa en el ADN nuclear y en otros marcadores genéticos, implica un origen muy reciente de la humanidad[9]

El polimorfismo que hoy día protege a los humanos de los parásitos es una herencia transmitida a través de innumerables generaciones por el período de 65 millones de años. El ADN mitocondrial[11], que sugiere que los humanos modernos se han originado de una hembra común, ubicada en el tiempo hace 200,000 años, en África del Sur no explica como grupos supuestamente derivativos de este punto original, crearon la primer gran explosión de imágenes y símbolos hace 175,000 años en Europa y Siberia durante la Edad de Hielo.[10]

Asimismo, no explica o describe las capacidades humanas del Neándertal en Eurasia, que se había adaptado a la crudeza glacial y desplegaba actividades creativas antes de entrar en contacto con los homínidos originados por el ADN de hace 200,000 años.

## Diecisiete especias humanas

Los resultados de estos estudios muestran que en el mundo existieron, contemporáneamente, formas tan distintas como Homo Erectus, Neandertales y hombres modernos, un hecho que contradice la propuesta de que el flujo génico habría mantenido grados morfológicos semejantes.

Aún más, estos estudios revelaron que el humano moderno apareció en África hace aproximadamente 100,000 años, antes que en otras regiones. Por otro lado, análisis estadísticos comparando la morfología de poblaciones actuales, prehistóricas y arcaicas, demostraron que todas las personas de la Tierra son más parecidas entre sí que a cualquiera de los homínidos no modernos, aunque éstos provengan de la misma región[12].

La evolución por selección natural no posee dirección o trayectoria pre-determinada. Durante los cinco millones de años de la evolución humana, cada una de las posibles 17 especies de homínidos que existieron ocupó un espacio evolutivo único, sin mostrar una tendencia o pro-yección en dirección a los humanos actuales.

Los datos genéticos muestran que el humano moderno sufrió una reducción demográfica en el comienzo de su diferenciación que probablemente llevó el número de nuestros ancestros a menos de 10,000 personas. Sin embargo, nuestros ancestros no eran los únicos homínidos vivos en aquella época.

Esos eventos y mecanismos en pequeña escala espacial y temporal fueron los que determinaron la supervivencia de un grupo y no de otro[13].

La falta de variabilidad genética en la especie humana indica que nuestros ancestros pasaron por una fase durante la cual se perdió variabilidad debido a la muerte de una proporción importante de la población, aproximadamente el 75%. Por lo tanto, las condiciones para la evolución del hombre moderno fueron ecológicamente severas.

En 1983, el equipo de Douglas Wallace[14] publicó el primer estudio de ADN mitocondrial en la humanidad actual llegando a varias conclusiones que, con ligeras modificaciones, siguen siendo válidas hoy en día: la variación en el ADN mitocondrial de los humanos modernos es muy pequeña y implica que el origen de nuestra especie es muy reciente, y se sitúa aproximadamente en hace 200,000 años. De todas las poblaciones actuales estudiadas, entre las africanas se da la mayor variabilidad.

Si la tasa de mutación es igual en todas las poblaciones, este dato sugiere que el linaje humano es más antiguo en África y su origen debe situarse en este continente. Inicialmente Wallace y sus colaboradores pensaron que esta mayor variabilidad se debía a una mayor tasa de mutación en las poblaciones africanas, y que el origen de nuestra especie se encontraba en Asia, pero muy pronto cambiaron su opinión defendiendo a África como cuna de la humanidad.

Uno de los estudios más importantes fue el publicado por Rebecca L. Cann, Mark Stoneking y Allan C. Wilson en 1987, que analizaron el ADN mitocondrial de 147 individuos procedentes de distintas poblaciones geográfica[15].

Estos autores midieron la diferencias de una parte muy importante de la secuencia del ADN mitocondrial en cada uno de los individuos y elaboraron un árbol genealógico utilizando el principio de la parsimonia (que trata de encontrar el árbol que contiene el menor número de cambios o de pasos evolutivos).

Los resultados coincidían con los estudios anteriores y pueden resumirse en dos puntos: existen dos grandes grupos en los tipos de ADN mitocondrial que separan las poblaciones africanas del resto de poblaciones del mundo.

El grupo africano presenta una variabilidad del ADN mitocondrial relativamente mayor. Es decir, el grupo africano es el más antiguo de todos porque ha acumulado mayores diferencias, y este grado de variabilidad puede usarse para medir su antigüedad.

La tasa promedio de mutación fue calculada midiendo el grado de divergencia genética acumulada por las poblaciones de Papúa Nueva Guinea, colonizada hace unos 40,000 años. El valor de la divergencia entre dos líneas era del 2-4% por cada millón de años, es decir de 2 a 4 posiciones de nucleótidos por cada 100 posiciones cambiarán respecto a dos genomas.

Esta tasa de mutación ha sido confirmada por otros laboratorios con datos procedentes de humanos y de otras especies de mamíferos. Teniendo en cuenta la tasa de mutación del ADN mitocondrial, Rebecca Cann y sus colaboradores concluían que todos los humanos tenemos una antepasada común que vivió en África hace unos 200,000 años, la denominada "Eva africana" o la "Eva mitocondrial".

Estudios basados originalmente en ADN mitocondrial[16], y luego en un número extenso de sistemas genéticos, indicaron que todos los seres humanos tuvieron un ancestro común reciente, situado entre 150-200,000 años atrás. Sobre la base de los niveles de diversidad observados, se sostiene que este ancestro habría vivido en África[17].

## Los colonizadores homínidos

El árbol de la "mínima longitud" elaborado por la genetista hawaiana Rebecca L. Cann[18] está enraizado en África, significando que es un ancestro africano del Homo *sapiens* el que generó todos los tipos humanos posteriores africanos y no africanos. El mitocondria-ADN africano diverge uno del otro por un promedio del 0,057%, haciéndolos por mucho los más diversos, y por tanto los más viejos, mitocondria-ADN del mundo.

Con una razón de mutación del 2 al 4% por millón de años, Cann postula que el ancestro común a todos los mitocondria-*ADN*, y por tanto de todos los seres humanos vivientes, oscila entre hace 140 y 290 mil años en el este o sur de África.

En entrevistas publicadas, Cann indica una fecha promedio de 200 mil años para nuestro primer ancestro común que era mujer y a la que nombra "Eva". Dado que el mitocondria-ADN más antiguo en las muestras de Cann proviene de un individuo bosquimano del desierto de Kalahari, podemos decir que estos pueblos son representativos de la rama de la raza humana viviente más antigua.

Acorde con Allan C. Wilson[19], "fundamentalmente todos nosotros somos Kung". Remanentes de ellos, y otros pueblos "negritos" o "pigmeos" pueden ser encontrados como aborígenes en la India, sudeste asiático, Australia y el Pacífico del Sur.

Estos estudios recientes favorecen el punto de vista de que nuestra especie, y otras, se originaron a partir de una pequeña población ancestral. Sin embargo, una investigación sobre la evolución de los genes que controlan la capacidad del sistema inmunológico para reconocer proteínas foráneas, ha demostrado lo contrario.

Cada cuerpo dispone de una miríada de marcadores moleculares en la superficie de las células MHC, que lo diferencian de los individuos de su misma especie. Este grupo de moléculas humanas MHC se relacionan con los leucocitos antígenos y contienen más de 100 genes ocupando una región cromosomal con más de 4 millones de pares.

El hecho de que una piel foránea sea rechazada cuando se intenta el trasplante se debe a que como individuos diferimos en el MHC. Si fuese cierto que las nuevas especies emergen de un pequeño número de individuos fundadores, o en caso extremo de una hembra, la única forma de explicar el polimorfismo es que antecede a la especie.

Estos análisis genéticos recibieron muchas críticas, principalmente por la forma en que estimaron el tiempo de divergencia. El establecimiento de estos "relojes moleculares" es el mayor problema de los estudios genéticos sobre el origen de la humanidad, ya que la única forma de establecerlos es utilizando el registro fósil. También es muy difícil cuantificar la influencia que pueden tener los "cuellos de botella" evolutivos[20].

## La diversidad genética

La escasa diversidad genética que muestran las poblaciones humanas de fuera de África es consecuencia de que deriva de una pequeña fracción de la población africana original, lo que se denomina el efecto fundador.

Sin embargo, existen diferentes opiniones en cuanto al tamaño de esos colonizadores que influye en el cálculo del tiempo de divergencia de los linajes evolutivos. También se ha cuestionado el hecho de que una mayor diversidad genética de las poblaciones africanas implique una mayor antigüedad de la humanidad, sino que esto puede ser debido al mayor tamaño de la población ancestral.

Para contrastar los resultados del estudio del ADN mitocondrial se analizó una parte del ADN nuclear que se transmite sólo por vía paterna, y se localiza en el cromosoma Y. Se estudiaron los polimorfismos del cromosoma Y, los cuales pueden resumirse en unos pocos tipos[21]. Los resultados coinciden con los del ADN mitocondrial: la humanidad moderna tuvo un antepasado varón que vivió en África hace entre 100,000 y 200,000 años.

También, Luca Cavalli-Sforza y sus colaboradores analizando otros segmentos de otros cromosomas del ADN nuclear llegaron a conclusiones similares situando el origen del hombre moderno hace unos 120,000 en África, y además trazaba la ruta que siguió la colonización del Viejo Continente: en primer lugar se produjo la separación de los linajes africanos y asiáticos hace unos 50,000-60,000 años, y posteriormente se separaron los europeos hace 30,000-40,000 años.

Los bioquímicos pudieron describir la genealogía evolutiva hasta Lucy, el homínido femenino hallado en África oriental hace 200,000 años; esta Eva creadora, de la cual descendemos al parecer los actuales humanos, era una pequeña mujer de piel y pelo negro que, junto a una insignificante banda de cazadores y recolectores, desandaba por los prados africanos.

Se calculó que la segunda escisión que separó al Homo *sapiens* que permaneció en África de los que emigraron hacia otras latitudes acaeció después de Lucy, en el lapso que concurrió entre 180 mil y 90 mil años atrás.

La discusión científica continúa en la actualidad, abarcando desde problemas de muestreo, metodológicos, estadísticos, etc. Además, en los últimos años han continuado apareciendo estudios de diferentes equipos que han utilizado diversos tipos de información genética[22]. Es decir, el origen de los humanos modernos es muy reciente porque la variación del ADN es muy limitada.

En segundo lugar, las poblaciones africanas exhiben mayor variabilidad debido a la mayor longitud de su línea evolutiva. En cambio, no se encuentra la amplia variación genética que predice la hipótesis evolutiva multi-regional, que implicaría un origen antiguo de la humanidad y en la que ninguna población debería presentar un grado significativamente mayor de variación que otra.

## Los relojes moleculares

En muchas ocasiones se presenta la evidencia genética como prueba definitiva frente a la incertidumbre del registro fósil y de sus interpretaciones subjetivas. Dos han sido los focos de discusión entre paleontólogos y genéticos: el primero para situar la divergencia entre el linaje que conduce a los humanos y el que conduce a los chimpancés; y en segundo lugar el origen geográfico y temporal de la humanidad actual.

En el primer caso, se llegó a un consenso intermedio, pero en el segundo caso los estudios genéticos sólo han confirmado la hipótesis que había sido propuesta a partir de los fósiles. Los estudios genéticos han aportado muchas pruebas sobre el cómo y el dónde del origen de nuestra especie, pero sus conclusiones sobre el cuándo son más cuestionables.

Uno de los principales problemas de los estudios genéticos es la situación temporal de las divergencias. Para establecer los "relojes moleculares" se deben tomar previamente algunas presupuestos: las semejanzas genéticas entre individuos han de ser función de su parentesco, y directamente proporcionales al tiempo de divergencia desde un antepasado común; la tasa de mutación ha de ser constante; y los genes estudiados deben ser neutros y que no actúe sobre ellos la selección natural.

Además, los genetistas deben utilizar el registro fósil para calibrar las divergencias que hallan. En definitiva, los datos paleontológicos y genéticos deben apoyarse y no son independientes.

Hoy en día, son muy pocos los científicos que sostienen la hipótesis multi-regional del origen de los humanos modernos. Los análisis genéticos han reforzado la opinión de muchos paleontólogos de que los Neandertales no son antepasados de la humanidad actual, sino que ambos grupos comparten un antepasado común lejano en el tiempo.

La genealogía de dos genes neutrales extraídos de diferentes individuos de una población, puede rastrearse teóricamente hacia atrás hasta que coincidan con un gene ancestral. El número de genes necesarios para trazar este gene coalescente es igual al doble del tamaño de la población existente, y si la población humana tiene 500,000 años, el polimorfismo de la especie humana tiene que haberse generado entonces.

La complicación estriba en que el rastreo genético ha demostrado que los genes seleccionados tienen que haberse separado mucho antes de que lo hicieran los ancestros de las especies del chimpancé y del humano; las pruebas llevan incluso al factor inverosímil de que los genes humanos tendrían que haberse separado antes de la ramificación de los pro-simios y los primates antropoides, es decir, hace más de 65 millones de años.

La antigüedad de tal linaje contradice la teoría que concluye que la aparición humana data sólo de 500,000 años. En realidad, desconocemos el tamaño de la población homínida en el pasado y cuándo exactamente emergió la especie humana.

La hipótesis del mecanismo radicó en que un grupo pequeño de individuos de alguna forma se escindiría del grueso de la población de la especie originaria, emigrando hacia una región distante, y allí se expandiría en un nuevo medio geo-climático, desarrollando una nueva especie.

De haber sido así, esa población fundadora de la especie no pudo haber sido menor a 500 individuos para que haya tenido lugar el polimorfismo de nuestra especie, lo que invalida la noción de que las variaciones de la mitocondria del ADN hoy presentes en la población humana provienen de un ancestro molecular gestado por una hembra que vivió hace 200,000 años. Es imposible que procedamos de una población exigua en la cual las fluctuaciones fortuitas en las frecuencias genéticas crearan las condiciones para la posterior selección natural.

Pero admitiendo esta conclusión, no significa que procedemos de una sola madre común de hace 200,000 años, sino que la fusión de una sola molécula, la mitocondria ADN, tuvo lugar en esa época. El hecho de disponer el humano de 40,000 genes, cada uno de los cuales puede ser rastreado en el tiempo, permite concluir que tales genes pudieron haber existido en diferentes tiempos del pasado.

## El *Sapiens sapiens*

La evolución del humano moderno es una de las controversias más grandes de la ciencia contemporánea. Una escuela de pensamiento mantiene que el Homo *Sapiens sapiens* evolucionó en muchas partes del mundo simultáneamente, peo biólogos moleculares usaron ADN mitocondrial, el cual se hereda a través de la línea materna, para argumentar que el Homo Sapiens sapiens evolucionó solamente a partir de las primeras poblaciones de África.

Los cambios en la Edad de la Piedra fueron lentos y hace aproximadamente entre 100 mil y 150 mil años comienzan a acelerarse las transformaciones en la diversificación de la producción de instrumentos, en los modelos de conducta y los estilos culturales. A finales de la Edad de la Piedra, todas las regiones de África estaban ocupadas por un número grande de sociedades de personas que se parecían a los humanos modernos.

Su conducta también parece ser moderna en términos de complejidad e ingeniosidad así como del desarrollo de una actitud estética y simbólica[23].

La evidencia arqueológica revela cambios de las tecnologías a lo largo del este y el sur de África 130 mil años atrás. En el África occidental de esa época, el Sahara contenía praderas y húmedas selvas. Los restos de hachas bifaces, piedras-herramientas con filo tallado, se encuentran en Mauritania, sobre la misma superficie del desierto.

Posteriormente, la civilización Ateriense desapareció con la llegada de la "época seca" Ogoliana[24]. Al inicio de la época denominada Mesolítica, la vida vuelve al árido Sahel, poblado por africanos que van ganando terreno al Sahara por la costa.

Los primeros grupos de herramientas más pesadas, dieron lugar a herramientas más ligeras y especializadas, las cuales incluyen cabezas de lanza afiladas que podían ser ensambladas en varas de madera. Se ha encontrado fragmentos de humanos anatómicamente modernos de 80,000 a 110,000 años de edad en la Cueva de Klasies, Sudáfrica y en Omo, Etiopía.

Desde el África subsahariana, el Homo Sapiens sapiens parece haberse propagado rápidamente a través del desierto del Sahara al Medio Oriente, donde prosperó hace 90 mil años atrás.

Las evidencias genéticas indican que hasta unos 60 mil años atrás, África era el único lugar donde moraba el Homo moderno, el cual se extendió luego a lo largo de las costas, tras los rebaños de animales, pasando alrededor de la Península Arábiga y la India y hacia Australia. Aunque el grueso de la población de esa época vivía en el continente africano.

Durante mediados de la Era de Piedra[25] las culturas africanas muestran una mayor diversidad regional adaptándose a ambientes desérticos, de sabana y bosques con grupo de herramientas distintivos para cada lugar. La caza, la pesca y la recolección siguió siendo el modo básico de vivir, pero un amplio rango de estrategias fue empleado para explotar diferentes medios.

Llegamos al Neolítico hacia 50 mil años a. C. Es la época en la que los humanos, que hasta entonces habían sido nómadas alimentándose de caza y pesca, pasan a vivir sedentariamente cultivando la tierra, manteniendo algunos rebaños y trabajando ciertas herramientas y utensilios.

## El Sáhara

El Neolítico africano termina muy tarde, en los últimos siglos a. C., periodo del que datan la mayor parte de grabados y pinturas rupestres que existen en la costa atlántica del noroeste de África. Estas pinturas rupestres tienen una particularidad: sus dimensiones descomunales, las más grandes salidas de la mano del humano de la época.

Así, la pintura de un elefante es superior a los 5 metros y una jirafa llega a los 8 metros. Allí están las famosas figuras humanas con cabeza redonda "con antenas".

En África occidental el clima ha ido variando con el paso de los siglos. Entre el 380,000 y el 180,000 a. C., el clima era muy húmedo con enormes lagos que ocupan el terreno desde la costa Atlántica hasta el Sahara central.

Posteriormente y hasta el 90,000 a. C., con la "época Ogoliana" se desarrolla con una sequia que termina con toda aquella vegetación convirtiendo el desierto en lo que es ahora. Incluso bastante más extenso, posiblemente, porque el nivel del mar en la costa atlántica descendió de hasta 120 metros y desaparecieron los seres humanos.

Entre los años 90,000 y 50,000 a. C., volvieron las lluvias y el mar a sus niveles originales. Al final de ese periodo se inundaron los lagos interiores del Sahara. Entonces el terreno volvió a ser habitado por comunidades africanas llegadas desde del Golfo de Guinea, desde las zonas habitadas de la desembocadura del río Níger. Para volver a sufrir una segunda y prolongada sequia hasta nuestra era, finalmente. Aunque esta vez no tan violenta y aguda; la desertización ha sido progresiva.

Al ocurrir el calentamiento del clima mundial a finales de la Era de Hielo, unos 15.000 años atrás, muchas poblaciones africanas cazadoras y recolectoras desarrollaron adaptaciones sofisticadas para condiciones secas.

Algunos grupos, en áreas como el valle del Nilo y las costas de los lagos del África del este, vivieron existencias casi sedentarias, acampando en los mismos lugares durante la mayor parte del año. Hace 10,000 años muchas sociedades africanas usaban arcos y flechas con cabeza de piedra contra una variedad de animales[26].

Los cambios en la Edad de la Piedra son lentos durante sus inicios, y comenzaron hace aproximadamente entre 100,000 y 150,000 mil años atrás.

A mediados y finales de la Edad de Piedra, ocurrieron cambios más rápidos en cuanto a diversificación de las herramientas, los modelos de conducta y los estilos culturales

Poblaciones proto-humanas y humanas durante la Edad de la Piedra subsistieron con una alimentación basada en la caza de animales salvajes, agrupándose para esta actividad, al igual que para la recolección. A finales de la Edad de la Piedra, todas las regiones de África estaban pobladas por humanos semejantes a los modernos. Su conducta también parecía ser moderna en términos de complejidad e ingeniosidad así como el desarrollo de actividad estética y simbólica.

Entre 10,000 y 20,000 años atrás, diversas poblaciones africanas de los finales de la Edad de

Piedra se aprovecharon de plantas y animales específicos disponibles en sus regiones. La hoja de la hoz cortaba el pasto y los molinos de piedras de por lo menos hace 10,000 años usados para procesar granos han sido encontrados en el nordeste de África. Las plantas indígenas incluyen ñames, arroz, mijo, sorgo y palma de aceite.

La domesticación de animales en África, se extendió al Asia ya en 1000 a. C. Y también arribaron comunidades provenientes de la masa continental, con una cultura agrícola desarrollada, huyendo de la lenta pero incontenible desecación sahariana. La resultante sería un complejo étnico-cultural básico en todo el valle del Nilo, con mayor o menor grado de síncresis.

## El Neo-lítico africano

Así, alrededor de 140 siglos atrás, junto al desarrollo agrícola del Medio Oriente, se produjeron los asentamientos agrícolas y las actividades de pastoreo trashumantes del África, con las nuevas técnicas del cultivo de terraceo.

Una región importante de producción de alimentos en el África pre-histórica fue la región que actualmente ocupa el Sahara. Este desierto poseía poblaciones de buen tamaño afincadas en torno a los lagos, estanques, en las llanuras. Ya desde los 8500 a. C., se practicaba la alfarería; las ovejas o cabras domesticadas aparecen aproximadamente al mismo tiempo.

Entre el 4000 a.C., al 5000 a. C., estas prácticas aparecen más allá al oeste en el Sahara. Se cree que muchas de las pinturas que muestran animales domesticados así como jirafas atadas, aparecidas en rocas en el Sahara datan de este periodo. Alrededor del año 2000 a. C., las pinturas comenzaron a representar caballos y camellos, así como el ordeño de las vacas.

Tres mil años antes que en Europa, el neolítico comenzó en el África sahariana, que era entonces una zona atractiva, con ríos de importancia y abundante vegetación, en la cual el intercambio de técnicas entre comunidades propició una práctica agrícola muy diversificada con el trigo, la cebada, el sorgo, el mijo, palmeras, plantas textiles, etcétera y una ganadería mucho más modesta, que fueron desarrolladas de forma autónoma y paralela a la de otros pueblos asiáticos e indoamericanos.

Los pueblos africanos del Sáhara neolítico crearon mediante su agricultura una de las primeras revoluciones tecnológicas de la historia. Ello les permitió construir una vida estable y desplegar un intercambio técnico y cultural con pueblos de otras regiones.

El desarrollo alcanzado desde el sur por las comunidades del Sáhara fue irradiado progresivamente hacia el norte de África, y la civilización que luego floreció en el valle del Nilo no se explica sólo por los cambios operados allí gracias a la fertilización extraordinaria y a la fuerte concentración demográfica que estimuló la desertización del Sáhara, sino precisamente por la riqueza cultural creada y trasmitida por los pueblos negros más antiguos del sur, en quienes los egipcios reconocían a sus antepasados.

El Sahara también es el sitio de la primera cultura perteneciente a la nueva Edad de la Piedra (o neolítico) que ha sido descubierta en África. El Sahara en ese tiempo no sólo poseía en sus territorios elefantes, jirafas y rinocerontes sino también hipopótamos e incluso peces.

Es un ambiente natural apropiado, en el cual las comunidades neolíticas progresaban desde un estilo de vida de cazar y asociarse hasta un estilo de asentamientos parciales con manadas de ganado.

Sus pinturas muestran que han domesticado perros y que a veces los usan en las cacerías, los métodos de caza incluyen la persecución de hipopótamos en barcos hechos de cañas. Las pinturas también sugieren que estas personas visten materiales tejidos así como pieles animales. Los restos de sus asentamientos revelan que ellos son expertos alfareros.

Alrededor del año 3000 a. C. Un cambio climático convierte gradualmente al Sahara en un desierto (durante milenios parece haber pasado por una sucesión de periodos húmedos y secos). El cambio trajo consigo el final de la primera cultura asentada en África.

El Sahara se convierte así en la casi
impenetrable barrera que a lo largo de la historia
ha separado la costa mediterránea y el norte de
África, del resto del continente.

# 14 Más antiguo de lo que se piensa

## ¿El sapiens americano?

En las oleadas invasoras del Homo *sapiens* a la América se perpetró la liquidación de la caza mayor de ese continente, los mamuts. Al respecto, los cráneos que fueron sepultados hace unos escasos 10,000 años sugieren que, en un tiempo en el que en las otras partes del Viejo Mundo la especie sucesora Homo *sapiens* estaba pasando de la caza y recolección a la agricultura, individuos del tipo Homo *Erectus* persistían en Australia".

Acorde con el criterio tradicional no se han hallado evidencias (¡no se han admitido!) de que la raza homínida espigara de forma autónoma en el continente americano.

La teoría más aceptada es que los primeros homínidos de que se tengan noticias no van más allá de 20,000 años atrás. Se alude a la migración desde el norte de Asia a través del Estrecho de Behring, cuando éste resultaba una franja de tierra por encima del nivel marino.

El pasadizo de Behring separó al Viejo Mundo del Nuevo Mundo hasta la última glaciación, 100,000 años atrás. Esta comarca se sumergía y emergía al compás del congelamiento y la descongelación de las grandes masas oceánicas. Las migraciones, sin dudas, estuvieron dictadas por el ritmo de los glaciales.

Hace 25,000 años, el cinco por ciento de la masa oceánica actual se hallaba congelada, con lo que vastas regiones de tierra hoy bajo agua estaban expuestas. Luego, los glaciales habían crecido tanto que bloqueaban las rutas de Siberia a Alaska[1].

La franja de Behring se elevó por últimas vez hace 12,000 años, cuando comenzaron a derretirse los grandes hielos y el terreno comenzó a secarse y reforestarse, abriéndose un aceptable puente terrestre entre Asia y América, momento que habría propiciado el paso de grupos del Homo sapiens asiático.

La base de toda la teoría convencional de emigraciones que cruzaron el Estrecho de Behring y luego se esparcieron por todo el continente, parte de los hallazgos de instrumentos de caza animal encontrados en 1932 en la localidad de Clovis, Nuevo México. No obstante, existen evidencias contradictorias de que los asentamientos humanos americanos pre–datan a este último alzamiento terrestre en el Estrecho de Behring.

Lo que llama la atención en el continente americano es la súbita aparición de trazas de establecimientos humanos en toda su extensión a fines de la última glaciación. Ello induce a poner en duda que la pequeña banda de arribantes *sapiens* se esparciera a tan enorme velocidad. Es a todas luces inexplicable plantear que de forma simultánea se produjo el paso por Behring y el poblamiento del continente hasta la Tierra del Fuego, a partir de esta migración.

Pese a que muchos de estos sitios arqueológicos en Brasil fueron descubiertos en el siglo XIX, sin embargo fueron ignorados por los académicos, encerrados en el evolucionismo darwiniano.

Con este descubrimiento, se derriba el criterio de que las sociedades prehistóricas se desarrollaron en las sabanas y no en los bosques tropicales, al no dominar las técnicas agrícolas de la tala y la quema de los terrenos.

Asimismo, la existencia de comunidades humanas paleo–indias en cuevas tropicales amazónicas, contemporáneas del llamado "pueblo de Clovis", y distintas en sus manifestaciones culturales, define un tipo de sociedad que desafía el concepto de la división entre el humano cazador y la mujer forrajera.

De acuerdo con Anna Roosevelt, arqueóloga del museo Field, de Chicago, que dirigió el proyecto de investigación[2]: "los socio–biólogos recurren a nuestros supuestos antepasados cazadores para apoyar la base genética de la conducta humana, como la agresividad y ciertos papeles de los sexos en las culturas occidentales modernas, o que los humanos son los proveedores de alimentos y las mujeres están atadas a los quehaceres domésticos".

Si todos los miembros de las sociedades prehistóricas, como se demuestra en la cultura hallada en las cuevas de Brasil, que no era cazadora de grandes animales sino recolectora, ayudaban a tal economía de consumo de frutas, nueces y animales pequeños de la selva y la cuenca de ríos, entonces los criterios referentes a la dependencia femenina o la agresividad masculina genética no hallan asidero en los estudios arqueológicos, sino que son resultado de criterios elaborados en la fase histórica patriarcal.

Siguiendo, además, las mencionadas pruebas del ADN, se concluye que los primeros humanos en cruzar el Estrecho de Behring debieron hacerlo hace 21,000 años, moviéndose hacia el sur antes de que los glaciales resultaran un obstáculo; esta es la única fórmula para aceptar la realidad de Pikimachay y Monte Verde.

La extendida noción de grupos cazadores de mamuts moviéndose hace 12,000 años, a tremenda velocidad, casi sin resollar, hasta arribar al cono sur del continente americano, no parece sostenerse del todo, y sólo se debe a la visión eurocéntrica que aún permea la paleo–arqueología.

# Pedra Pintada

En Monte Alegre, en lo profundo de la selva amazónica, existe un conglomerado de cuevas antiquísimas de piedras areniscas, con pinturas rupestres que datan de 11,000 años, como la Caverna da Pedra Pintada, poniendo en tela de juicio los criterios comunes de que no existió una emigración temprana en el continente americano, sino que la civilización se había desarrollado en América del Norte y se había desplazado hacia el sur.

Podemos señalar que se han encontrado muchos sitios arqueológicos de 30,000 años atrás en el Cedral, al norte de México, en la isla californiana de Santa Bárbara, en Boquierao do Sitio da Pedra Furada, al norte de Brasil. Existen controversias sobre hallazgos de fósiles humanos en California y Alberta hacia el 40,000 a. C.

En la actualidad se investigan algunos yacimientos paleolíticos en Brasil, como el de Boqueirao de Pedra Furada, famoso por sus pinturas rupestres, y que las pruebas de radiocarbono llevan a 32,000 años atrás, ubicándolo como el más antiguo del continente. Ha llamado la atención también la cueva de Pikimachay en el Perú, fechada hace 20,000 años. Al sur de Chile, en la localidad de Monte Verde, se han advertido ejemplos de asentamientos homínidos paleolíticos que se remontan a 13,565 años, mucho antes de la fecha en que ocurrió la migración humana por el Estrecho de Behring.

El antropólogo molecular Tad Schurr y el genetista Douglas Wallace han examinado el ADN mitocondrial de los indios originales de Estados Unidos de América para determinar su antigüedad y linaje. Este ADN se hereda solamente a través de la madre y se mueve de generación en generación sin ser alterado y sin mezclarse; las mutaciones de este ADN sólo se producen entre un 2% y un 4% por cada millón de años, lo que convierte a las mitocondrias del ADN en un reloj genético[3].

Así, se ha determinado que los indios norteamericanos pertenecen a cuatro linajes disímiles y sus ancestros provienen de bandas humanas que se aventuraron por el Estrecho de Behring desde Siberia en una etapa que abarca de 42,000 a 21,000 años. Los Navajo y Apache de Norteamérica, los Maya del Yucatán y los Ticuna de América del Sur comparten el mismo linaje mitocondrial.

En 1950, al arqueólogo norteamericano George F. Carter descubrió en una excavación en San Diego, Texas, utensilios de piedra del período inter-glacial de 80 a 90,000 años atrás[4].

En este sentido, en 1970, Richard E. Morlan, arqueólogo canadiense localizó en el río Old Crow, al norte del Yukón, fósiles óseos y símbolos hechos claramente por humanos notados en 80,000 años[5].

El 1 de diciembre de 1899, Ernest Volk, un curador del Peabody Museum of American

Archaeology and Ethnology, en la universidad de Harvard, diagnostica la vigencia de un fémur humano en una construcción de vía férrea de Trenton, New Jersey. Días después Volk recuperó 2 fragmentos de cráneo humano; ambos fósiles óseos pertenecían a humanos del tipo moderno.

El sedimento de Trenton, donde se encontraron el fémur y los fragmentos de cráneos, concernía al transcurso inter-glacial conocido como Sangamón, de unos 107,000 años. Según el enfoque "pastoral" de la paleontología, como único ejemplo de primer humano moderno que no puede ser cuestionado es la de un africano de hace 100 mil años[6].

A principios de 1950, Thomas E. Lee, científico del Museo Nacional de Canadá, descubrió una gama de instrumentos de piedra en depósitos glaciales del Lago Hurón, que datan 125,000 años. Ante la aportación trascendental de Lee, los circuitos académicos sólo mostraron su escepticismo.

En 1932, los arqueólogos norteamericanos Edison Lohr y Harold Dunning se toparon con numerosos útiles de piedra trabajados por manos humanas, en las terrazas el rio Black Fork, en Wyoming. La gran novedad era que tales implementos procedían del período Pleistoceno medio, igual al que se encuentra en los sitios euro-asiáticos del Homo Erectus; una gran anomalía para este continente. Pese a datarse en 150,000 años, fue rechazado por la negligente comunidad de antropólogos norteamericanos.

# Nuevos planteamientos

En el terreno arqueológico de Calicó, en el desierto californiano de Mojave, las excavaciones dirigidas por Ruth D. Simpson en 1986, desenterraron más de 11 mil artefactos eolitos unifaciales en diferentes niveles de suelo. Según esto, el más viejo registrado por el método serial de uranio se ubica en 200,000 años atrás[7]. Este escenario da lugar a nuevos planteamientos sobre la presencia humana en América.

La brasileña María Beltrao exploró una serie de cuevas en el Estado de Bahía; las extracciones llevadas a cabo entre 1986 y 1987 arrojaron una gama de piedras talladas, muchas de ellas de cuarzo, así como restos óseos asociados a mamíferos del Pleistoceno. El método de verificación utilizado para determinar la edad de los hallazgos fue el de la serie de uranio, que las clasificó en más de 200,000 años, y una de ellas en 295,000 años.

Los medios convencionales defensores de la tesis del Estrecho de Behring, ante las investigaciones de María Beltrao, como contexto de justificación las calificaron de intromisión inaceptable[8].

En 1871, el curador del Smithsonian Institution, William E. Dubois reportó la presencia de objetos fabricados por humanos en estratos geológicos profundos del condado Marshall en Illinois. Podemos señalar que uno de los objetos que llamó la atención era una moneda de cobre poligonal, con crudas inscripciones en un idioma totalmente desconocido e indescifrable, con una figura grabada en ambos lados. La moneda se encontró perforando la veta a 125 pies de profundidad.

Haciendo uso de la secuencia de la perforación a través de diversas capas geológicas, el *Illinois State Geological Survey* constató que la moneda se hallaba incrustada en la formación del inter-glacial de Yarmouthian, entre 200,000 y 400,000 años atrás, bordeando el período geológico del Silúrico[9].

En este sentido, no podemos olvidar que el uso de la moneda se inició en el Medio Oriente alrededor del siglo VIII a. C. De esta manera cabría afirmar la presencia de una civilización en América del Norte por lo menos de hace 200,000 años.

George Miller, curador del Museo del Colegio del Valle Imperial en El Centro, California, reportó el hallazgo de 6 huesos de mamut excavados en el desierto Anza-Borrego. Lo característico es que los huesos muestran incisiones consumadas por artefactos de piedra, y que la datación hecha por el *U. S. Geological Survey*, con isótopos de uranio estableció una fecha de 300,000 años para los fósiles óseos de mamut, mientras que la paleo-magnética volcánica los clasificó con 750,000 años de edad.

En 1889, en Nampa, Idaho, fue descubierta una estatuilla de barro representando una figura femenina humana, en estratos de 300 pies de profundidad, perteneciente al período del Plio-

Pleistoceno. En 1912, la pieza fue analizada por el geólogo norteamericano George Frederick Wright el cual llamó la atención a los restos de incrustaciones de hierro oxidado lo cual desechaba la posibilidad de un objeto fraudulento. Que, por cierto, esta figura de Nampa se asemeja a las famosas Venus auriñacienses[10].

## El Homo platensis

En 1896, en una localidad cercana al rio La Plata, de Buenos Aires se desenterró un cráneo humano al fondo de una excavación, en una capa geológica perteneciente al Plioceno, en el estrato pre-Ensenadean.

Este franja está catalogada entre 1.0 a 1.5 millón de años. Lo cual implica que el tradicional catálogo evolucionista se altera con la presencia de un humano de arquetipo moderno, no sólo en América sino en todo el planeta.

El paleontólogo argentino Florentino Ameghino y el ingeniero norteamericano Edward Marsh Simpson tomaron todos los cuidados científicos para fijar la edad de este precursor del Homo *Sapiens*, al que bautizaron con el nombre de *Diprothomo platensis*[11].

Es evidente que, aparte del Homo *Sapiens sapiens* se desconoce cualquier otro homínido capaz de trabajar el arte como la figura de Nampa. Pero es necesario admitir además que humanos modernos ya vivían en América hace 2 millones de años, en la frontera del Plio-Pleistoceno, lo que reta al escenario evolutivo, como lo señaló en 1919 el arqueólogo y curador del Smithsonian Institution, William Henry Holmes, en la publicación *Handbook of Aboriginal American Antiquities,* añadiendo que era contemporáneo al supuesto Homo de Java popularizado por Dubois, el cual se le atribuye, sin pruebas, el desbastar pedernales[12].

A fines del siglo XIX, nuevamente el paleontólogo argentino Florentino Ameghino, escudriñó un suelo arqueológico en Monte Hermoso, en la costa de Bahía Blanca, topando con fósiles donde figuraban huesos de la columna vertebral de un humano, el bautizado Homo *Atlas.*

En su incursión recuperó implemento de piedra, huesos grabados, huesos cortados con útiles filosos, así como restos del uso del fuego; fundamentando la presencia humana en el continente de América durante el Plioceno, 2-3 millones de años y el medio Mioceno, unos 15-35 millones de años.

Entre los fósiles óseos figuraba también el fémur de un toxodón, un mamífero parecido al rinoceronte de finales del Plioceno, en estratos Chapadmalalan, de 3 millones de años. Pero el detalle fascinante consistía en la perforación del fémur por una punta de lanza[13].

La mayor objeción a incluir o discutir los fósiles provenientes de períodos anteriores a la datación académicamente aceptada, emana de los paleontólogos norteamericanos, que han tratado de desacreditar los descubrimientos de Ameghino puesto que estas muestras presentan serias preguntas a la versión de la evolución humana, al ser más antiguas que el Australopiteco.

En la montaña Table del condado de Toulumne, en California, en una caverna minera de 1849, que penetró hasta los suelos terciarios, se excavó un mortero de piedra de 15 pulgadas de diámetro junto al fósil de una quijada humana, ambos incrustados sólidamente en la lava. El geólogo californiano, Josiah Dwight Whitney reportó el hallazgo de tal depósito volcánico, que databa del Eoceno, de hace 33.2 a 55 millones de años[14].

¿Por qué la comunidad antropológica norteamericana desdeña este trascendental catálogo de hallazgos, comprobados científicamente por reputados arqueólogos y antropólogos, de Pedra Furada, de San Diego, de Old Crow, del Lago Hurón, de Black Fork, de Calico, de Bahía, de Anza-Borrego, de Nampa, de Monte Hermoso, de Table Mountain?

Suficiente con decir que ninguna de estas confirmaciones arqueológicas ha sido recogida por las publicaciones científicas, enfrentadas a un desafío directo, ni ha dado por resultado un debate sobre el origen del humano en América.

Lo que sí parece seguro es que además de gestarse en América en el Mioceno, como se prueba por Monte Hermoso, los humanos arribaron también del Asia en varias oleadas a lo largo del Pleistoceno, y con ello se desmorona la adoptada noción académica de que entraron al continente hace sólo 12,000 años, atravesando el estrecho de Bering.

## Anteriores al Neandertal

El siglo XIX es el momento en la historia donde tienen lugar los inicios de las investigaciones antropológicas de corte científico rompiéndose con el avance puramente teórico de las ciencias.

En 1863 tuvo lugar otro descubrimiento que llamó la atención al mundo arqueológico. El antropólogo francés, Jacques Boucher de Perthes obtuvo una quijada que anatómicamente resultaba la de un humano tipo moderno, en la capa arqueológica de Moulin Quignon, en Abbeville, Francia.

A una profundidad de 16.5 pies, la sedimentación de gravilla negra a su vez contenía implementos de piedra del prototipo Achúlense, y los análisis estratigráficos registraron su edad en 330,000 años.

Para dar continuidad al descubrimiento, un grupo de científicos británicos, encabezados por el entonces más afamado antropólogo, Sir Arthur Keith, visitó el sitio arqueológico para determinar la autenticidad de la quijada de Moulin y de los utensilios líticos. La comisión que estuvo integrada por antropólogos franceses determinó la legitimidad del fósil, pese al rechazo general.

Tras establecer los científicos al Neandertal como el antecesor inmediato del Homo *sapiens*, el Homo de Moulin no reforzaba el modelo evolucionista darwinista; no se podía acomodar en la línea evolutiva. De ahí que este Homo de Abbeville fue excluido en 1890 de la lista de descubrimientos de humanos pre-históricos; y ello precisamente por lo incómodo de aceptar que el Homo *Sapiens sapiens* antecedía incluso al Neandertal del Pleistoceno[15].

No obstante, Boucher des Perthes continuó su labor en el sitio arqueológico de Moulin Quignon para probar la validez de un Homo *Sapiens sapiens* anterior al Neandertal. Y, pese a encontrar otros fragmentos óseos (dientes y molares), su *Sapiens sapiens* no fue aceptado.

Una nueva complejidad en el origen humano tuvo lugar en Galley Hill, cerca de Londres, en 1888, cuando el estudioso de materiales prehistóricos Robert Elliott identificó un esqueleto humano firmemente incrustado en un sedimento de 10 pies de profundidad. El especialista Matthew H. Heys conjuntamente con Robert Elliott, recuperó junto al fósil un muestrario de instrumentos líticos curiosamente perfilados.

La certificación estratigráfica ha clasificado al depósito de Galley Hill como parte del interglacial Holstein, que aconteció hace 330,000 años. Desde el punto de vista anatómico, el esqueleto corresponde a un Homo *Sapiens sapiens*, y presentaría las mismas características que el *Sapiens sapiens* descubierto por Boucher de

Perthes en Abbeville. En ambos casos, la aportación de un Homo *Sapiens sapiens* en una fecha tan lejana daba un verdadero vuelco al modelo determinista de la paleontología.

Varios asientos con artefactos de piedra de 2 millones de años han sido ubicados en espacios arqueológicos de Europa, Asia y del nor-oeste de la India.

En 1913 el profesor Hans Reck de la Universidad de Berlín comenzó a excavar en la garganta de Olduvai, en Tanzania, por entonces el África Oriental Alemana. Allí, en los sedimentos II, se tropezó con los restos fósiles de un esqueleto humano, incluyendo el cráneo el cual indicaba tajos de cortes hechos aparentemente por un hacha.

El esqueleto se reconoció en una edad de 1.15 millones de años. El debate sobre este ejemplar envolvió a varios paleontólogos de renombre, entre ellos a Boswell, J. D. Solomón y a Louis Leakey.

## Se impugna el darwinismo

Otra prueba palmaria de actividades humanas que no encajan en la escalera darwinista lo encontramos en 1961, cuando cientos de sílex tallados fueron revelados cerca de Gorno-Altaisk en el río siberiano Ulalinka. Según confirmaron en su célebre texto los científicos rusos A. P. Okladinov y L. A. Ragozin, estos útiles curiosamente trabajados por humanos fueron recuperados de sedimentos de 1.5 - 2.5 millones de años[16].

Un ejemplo famoso que nunca fue acogido por los creyentes acérrimos del humano descendiente de los simios, es el de los restos fósiles humanos descubiertos en 1840 en el estrato volcánico de La Denise, en Francia. Los restos humanos, incluyendo su cráneo completo, estaban cementados en la roca y tuvieron que ser extraídos de la piedra con martillos y cinceles fue encontrado en el extremo superior de un grupo de rocas datado en más de un millón de años.

De particular interés resultaba el hueso frontal, el cual fue juzgado por el antropólogo británico, Sir Arthur Keith, semejante al del humano moderno[17].

El hueso frontal fue extraído de un sedimento empotrado entre dos capas de lava; la primera correspondiente al Plioceno y la última de finales del Plioceno, es decir de 2 millones de años. A pesar de disponerse de la acreditada opinión de Sir Arthur Keith, nunca fue aceptado por los prevalecientes discursos hegemónicos darwinistas[18]. ¿Cómo puede ser que existiese este humano aparentemente moderno hace 1 millón de años?

Nos viene a la mente la crítica a la ignorancia hecha por Martín Heidegger con un llamado concomitante a la reflexividad[19]: "El conocimiento moderno está basado en el logo-centrismo, es decir, en la creencia en la verdad lógica como el único fundamento válido para lograr un conocimiento racional del mundo –un mundo hecho de cosas cognoscibles y organizables".

En abril de 1863, Jules Desnoyers, curador del Museo Nacional de Francia cuya vida intelectual estaba dedicada a la búsqueda de pistas para comprender las raíces del origen humano, desenterró en St. Preste, al nordeste del país exhibió una tibia de rinoceronte que mostraba cortes hechos por utensilios de piedras filosas. Asimismo, junto a la tibia se destacaban pedernales de sílex como hachas, raspadores, puntas de lanza, etcétera.

El sector geológico del fósil concierne al Plioceno y se remonta también a 2 millones de años. Suficiente con decir que el grueso de los paleontólogos se hizo oídos sordos al carácter auténtico del descubrimiento, que evidentemente impugnaba la secuencia darwinista.

Una pequeña imagen humana, hábilmente formada en arcilla fue encontrada en 1889 en Nampa, Idaho. La figurilla se encontró a una profundidad de 92 metros durante la excavación de un pozo y está datada en la época Pliocena, hace unos 2 millones de años.

La imagen es de aproximadamente una pulgada y media de largo, y es muy notable por la perfección con la que representa la forma humana femenina. El profesor F.W. Putnam, que la inspeccionó, dirigió la atención al carácter de las incrustaciones de hierro sobre la superficie, como indicativo de una muestra de considerable antigüedad. Se supone que los seres humanos aún no habían evolucionado en esta planeta hace unos dos millones de años[20]. ¿Quién creó esta figura?

El 8 de abril de 1872, Sir Edward Charlesworth, miembro de la Sociedad Geológica, en el marco de una conferencia ante el Instituto Real de Antropología de Gran Bretaña e Irlanda presentó un collar hecho de dientes perforados del tiburón *Carcharodón*, obtenido en la formación Red Crag, de 2.5 millones de años[21].

En un informe ante la Asociación Británica por el Desarrollo de la Ciencia, en 1881, Henry Stopes, miembro de la Sociedad Geológica describió la superficie de una concha en la cual se hallaba grabada una cara humana. El reporte de Stopes chocaría con la corriente predominante de la Asociación Británica[22].

El acontecimiento fue publicado en *The Geological Magazine* (1912). La concha fue obtenida del depósito estratigráfico de Red Crag, originario del transcurso comprendido entre 2 y 2.5 millones de años[23].

## El humano del Pleistoceno

Millones de años atrás, durante el Pleistoceno, el océano bañaba las laderas sureñas de los Alpes. En 1860, el geólogo italiano Giuseppe Ragazzoni, geólogo italiano del Instituto Técnico de Brescia se hallaba recolectando conchas marinas fósiles del período Pleistoceno, en las elevaciones de Colle de Vento, Castenedolo.

Cuál no sería su sorpresa al descubrir en un banco de coral un fragmento de cráneo humano, totalmente incrustado de conchas marinas características de la formación pleistocénica. Asombrado Ragazzoni continuó cavando y a más del fragmento craneal halló huesos del tórax y de las extremidades, que sin dudas representaban fósiles de un humano[24].

En 1867, el antropólogo Arthur Issel comunicó a los miembros del Congreso Internacional de Prehistoria y Antropología, Arqueología en París, su constatación de un fósil de esqueleto humano, de 3-4 millones de años, de un estrato pleistocénico en Savona, la Riviera italiana, durante la construcción de una iglesia, en una zanja de 10 pies de profundidad[25].

Muy pocos entre los más "ilustrados" antropólogos optaron por dar crédito a Issel. Años después, en diciembre de 1879, Carlo Germani realizó en el mismo depósito otros descubrimientos fósiles, de gran parte de esqueletos petrificados de un hombre adulto, una mujer adulta y dos niños, en la formación Astean del Plioceno Medio, de 3-4 millones de años.

El anatomista Giuseppe Sergi, de la Universidad de Roma se trasladó al lugar y luego de estudiar los restos óseos dispersos y mezclados con las conchas y corales comentó que la tendencia a rechazar, por razones teóricas y de preconcepciones, cualquier descubrimiento que demuestre la presencia humana en el Terciario es calificado de prejuicio científico[26].

El especialista en fósiles pétreos, Armand de Quaterfages en su libro *Races Humaines* confirma la validez de los descubrimientos de Ragazzoni y Sergi y conceptuó que la crítica partía de objeciones apriorísticas. Asimismo, el profesor Robert Alexander Stewart Macalister, en su libro *Textbook of European Archaeology*, escrito en 1921, admitió los hallazgos de Castenedolo por el competente geólogo Ragazzoni, valorando la posibilidad de que tales aportes inaugurara una vía más realista de investiación[27].

Una serie de pruebas realizadas en 1980 en los fósiles óseos de Castenedolo, arrojó una inesperada alta concentración de uranio, que definitivamente se vincula con una cronología muy antigua. Sin embargo, el rechazo a las evidencias de los hallazgos de Castenedolo se inserta en la idea de una evolución progresiva del tipo humano a partir de un antecesor simio.

La familia científica de los Leakey, dedicaba a la investigación en África constituía la piedra filosofal de todo el andamiaje evolutivo del mono al humano moderno. A partir de esta creencia (del mono al humano) tenida como incuestionable es que se aceptan o se rechazan las evidencias y descubrimientos arqueológicos, paleontológicos y antropológicos.

Cuál no sería la sorpresa para el sistema mundo-académico, cuando en 1979 Mary Leakey descubrió en Laetoli, Tanzania huellas de humanos modernos en depósitos de 3.6 millones de años; indicio que contradecía las ideas corrientes de una cercana irrupción del Homo *Sapiens sapiens*.

El descubrimiento de Louis y Mary Leakey encontró apoyo cuando notaron en los sedimentos I de la Garganta de Olduvai, bolas de piedras adecuadamente desbastadas, para ser utilizadas evidentemente como proyectiles de tira-piedras. Este instrumento, indudablemente, está muy por encima de la inteligencia y habilidades que pudo haber desarrollado un Homo Hábilis.

## Convivieron todos simultáneamente

En una reunión, de la Sociedad Italiana de Historia Natural en Spezzia, el 20 de septiembre de 1865, el zoólogo y paleontólogo italiano Giovanni Ramorino reveló las muestras fósiles de venados y rinocerontes examinados en San Giovanni, Siena, originarios del período Plioceno hace 4 millones de años, con ostensibles muescas causadas por hachas y herramientas de piedras filosas.

En su informe el profesor Ramorino proponía una reinterpretación de la perspectiva tenida sobre las culturas pre-históricas, para reconfigurar la dominante tendencia teórica evolucionista.

En una capa geológica del Cromer Forest Bed, en Mundesley, de hace 4–5 millones de años, S. A. Notcutt recuperó un segmento de madera cortada seccionalmente por un instrumento a todas luces metálico. La evaluación agudamente crítica y profesional de Notcutt dejó perplejo a los arqueólogos por lo inverosímil de que hubiese una sierra metálica hace 4-5 millones de años.

En 1867, el ábate Louis Bourgeois expuso ante los miembros del Congreso Internacional de Prehistoria, Antropología y Arqueología en París, un segmento de húmero del extinto mamífero marino, el *Halitherium*, con incisiones humanas. El hueso que atrajo la atención de Bourgeois fue descubierto en los sedimentos miocénicos de Barriere, cerca de Pouancé, Francia, causando gran sensación pues la datación de 5 millones de años no podía ser cuestionada[28].

En 1965, Bryan Patterson y W. W. Howells, notaron en un depósito en Kanapoi, Kenya, de una edad de 4.5 millones de años, un húmero que correspondía anatómicamente a un humano moderno, y que estaba acompañado de instrumentos de piedra pulida. En 1981, Brigitte Senut corroboró que el húmero de Gombore no era diferente al de un típico humano moderno. Se confirma así que humanos modernos coexistieron por millones de años con otras criaturas pre-humanas y simias.

En la localidad de Pikermi, en las llanuras de Maratón, Grecia, hay un estrato del alto Mioceno (Tironiano) cuya exploración ha arrojado la traza de humanos modernos, 5 millones de años atrás. En el Congreso Internacional de Antropología Pre-histórica que tuvo lugar en Bruselas en 1872, el Barón Von Dücker exhibió estos ejemplares óseos junto a restos osteológicos de animales del Mioceno como el extinto caballo ungulado *Hipparion*. Estos fragmentos óseos de humanos modernos del Mioceno se exponen hoy en el Museo de Atenas[29].

En 1874, Frank Calvert recuperó en la formación del Mioceno en Turquía (Dardanelos) un hueso del *Deinotherium* esculpido con una figura de animal, procedente del último período del Plioceno y principios del Mioceno, datado en más de 5 millones de años.

En una conferencia del Comité Geológico de Italia en 1876, el ábate y paleontólogo Antonio Ferreti documentó fósiles óseos de animales con evidentes trabajos tallados, huesos carbonizados, hojas de sílex afiladas, originario del período Astian, a fines del Plioceno, de los estratos de San Valentino, en Reggio Emilia, Italia; corroborando la estancia de humanos en fecha tan lejana como hace más de 5 millones de años.

El 8 de octubre de 1922, la *American Weekly*, una sección del diario *New York Sunday American* publicó un artículo titulado "El misterio de de una suela de zapato petrificado de 5 millones de años". El reputado ingeniero de minas y geólogo, John T. Reid se encontró en una mina, una roca una huella fosilizada de zapato.

La roca fue sometida a análisis químicos, micro-fotográficos en el Instituto Rockefeller, por un equipo integrado por el geólogo James F. Kemp, de la Universidad de Columbia y por los científicos H. F. Osborn, W. E. Matthew y E. O.

Hovey del Museo de Historia Natural de América[30].

## El Homo del Terciario

El célebre geólogo inglés de la época victoriana, Sir John Prestwich constató la existencia en el Plioceno (hace 5-7 millones de años) de un arsenal de artefactos de piedra pulida en un depósito de la pequeña villa de Ightham, en Kent. Posteriormente, una de las autoridades de la paleo-antropología, Hugo Obermaier ratificó a principios del siglo XX la veracidad de los instrumentos líticos confeccionados por humanos en mitad del Plioceno[31].

En febrero-marzo de 1918, Wilhelm Freudenberg, ataché geológico del ejército alemán, en su función de paleo-antropólogo evolucionista, condujo excavaciones en formaciones del Terciario en una capa de arcilla en Hol, cerca de St. Gillis, Antwerp.

Allí Freudenberg detectó objetos líticos pulidos, huesos cortados por instrumentos filosos, conchas y demás. Estas acumulaciones pertenecían a principios del Plioceno y finales del Mioceno, de unos 7 millones de años. Pero lo más asombroso de este descubrimiento arqueológico fue su hallazgo de huellas de pies humanos, petrificadas en tales sedimentos[32].

Comparado con la edad del Australopiteco, supuesto antecesor primario humano de 4 millones de años, estas pisadas humanas son consistentes con todo el arsenal de evidencias anterior a los pitecos.

Igualmente, en el rico yacimiento arqueológico de Cromer Forest Bed, en Norfolk, Inglaterra, el científico J. Reid Moir evidenció en 1921 la estancia del humano en el Plioceno, lo que debió inaugurar una nueva época arqueológica: la del famoso Homo del Terciario que debió echar por tierra el determinismo evolutivo que hoy se tiene como indiscutible. En las capas del Plioceno de ese terreno se patentizaron lascas de sílex bifaces procesadas por manos humanas que datan la friolera de 8 millones de años. Este descubrimiento fue investigado y homologado también por el célebre antropólogo y arqueólogo Henri Breuil[33].

En California, durante la fiebre del oro, en una mina se detectaron herramientas y diversos instrumentales de piedra que datan los 9 millones de años[34]. Asimismo, el 13 de abril de 1868, el arqueólogo Jean-Paul Bertrand exhibió en Billy, Francia, fragmentos de quijadas de rinocerontes con cuchilladas originadas por hachas de piedra, en el pleno Mioceno, lo que indica la manifestación de humanos en esos remotos tiempos geológicos, contemporáneos con tales fósiles hace 15 millones de años[35].

Una muestra que sin dudas echa por tierra toda la escalera darwinista del homo moderno a partir del Australopiteco.

# No descendemos de los pitecos

En 1857, Carlos Ribeiro, presidente de la Sociedad Geológica de Portugal y miembro de la Academia de Ciencias, encontró en los espacios arqueológicos de la localidad de Canergado y Alemquer, en el río Tajo, relativos al Terciario (Paleoceno y Plioceno), instrumentos líticos y de cuarzo producidos por humanos hace 2 millones de años.

A pesar de que en 1871 ante la Academia de Ciencia de Portugal Ribeiro presentó estos ejemplares, acompañados de muestras de utensilios líticos y de cuarcitas provenientes de sedimentos del Terciario, tales demostraciones nunca se han tenido en cuenta ante el dogma establecido en las academias que rechaza la comparecencia de humanos antes del Cuaternario[36].

En la exposición de París de 1878, Ribeiro mostró 95 objetos del Terciario. De inmediato, un grupo de calificados antropólogos, entre ellos el francés Gabriel de Mortillet, el perito en utensilios líticos Leland W. Patterson fueron comisionados para inspeccionar el lugar, confirmando su examen lo formulado por Ribeiro.

En su libro *Le Préhistorique*, Gabriel de Mortillet asevera que el conglomerado de Otta, en el Monte Redondo, Portugal, atañía a los inicios del Mioceno, y que los objetos manufacturados por humanos tenían una edad entre 15-20 millones de años[37].

Esto fue acompañado por el sondeo del ábate Louis Bourgeois, reconocido experto francés, el cual en 1867 ante el Congreso de Antropología y Arqueología Pre-histórica exhibió implementos líticos excavados en Thenay, al norte-centro de Francia, producidos por humanos en asientos de principios del Mioceno, también 15-20 millones de años atrás.

El Congreso nombró una comisión de 15 miembros para esclarecer los resultados antropológicos de Bourgeois. Luego de un minucioso trabajo de clasificación, datación y estudio de las sedimentaciones y las muestras, la conclusión confirmó que los pedernales eran de manufactura humana del Mioceno.

En 1894, el profesor Max Verworn, miembro de la Universidad de Gottingen, en Alemania reportó piedras pulidas y raspadores cilíndricos, cortadores y punteros, del Plioceno e incluso anterior al mismo, en las excavaciones llevadas a cabo en 1905 en Puy de Boudieu, Aurillac; confirmando de manera incuestionable que ya una cultura humana con cierto desarrollo vivía a finales del Mioceno.

Estas amplias evidencias ignoradas se fundamentan, además, con los restos fósiles de humanos modernos aparecidos en el Plioceno, Mioceno, Eoceno e incluso anteriormente[38].

Los descubrimientos de Ribeiro como el de Bourgeois y el de Max Verworn ponían en gran dilema la pretendida ascendencia homínida a partir de los pitecos. El punto consiste en un supuesto precursor, no de hace 1 millón de años, sino del

Mioceno, 20 millones de años atrás. Sólo que en el Mioceno no existían los primates simios y concurrían demostraciones de presencia humana.

Si se aceptaba como prueba aunque fuese una sola pieza lítica o cuarcita procesada por manos humanas en el Mioceno o a principios del Plioceno, se desintegraría todo el cuadro de la evolución a partir de los primates, erigido penosamente y con evidencias circunstanciales y dudosas durante el siglo XX.

## Humanos y dinosaurios

Yendo más allá de un Homo del Terciario, en Bélgica, Aimé Louis Rutot, curador del Museo Real de Historia Natural llevó a cabo una serie de excavaciones en 1907 en los arenales cercanos a Boncelles, en las Ardenas, en Baraque Michel y la caverna de Bay Bonner, en el banco izquierdo del río Meuse. Los instrumentos líticos fueron removidos de capas del Oligoceno, de 25-35 millones de años, figurando raspadores, cortadores, cuchillos, piedras para boleadoras, todo adoptado para una cultura humana.

Rutot publicó sus resultados en el boletín de la Sociedad Belga para la Geología, Paleontología e Hidrología, y confrontados con un grave problema, le ha sido imposible a los científicos evolucionistas refutar la inteligente manufactura humana tan irrebatible y elaborada en tan amplia variedad de implementos de hace 35 millones de años[39].

En 1910 Henri Breuil, de una larga tradición paleontológica, llevó a cabo una investigación que causó estupor en la comunidad científica, de piedras pulidas, desbastadas y afiladas en la formación de Thanetian, en Belle-Assise, cerca de Clermont, Francia. Esta formación del inicio del Eoceno ubica tales pedernales labrados en una fecha entre ¡¡¡50 y 55 millones de años!!!

El propio Breuil se situaría en el centro del debate sobre el evolucionismo del homo a partir del Australopiteco, al comentar en sus notas, con gran estupor, el hecho constatado que seres humanos del tipo moderno, el *Sapiens sapiens*, pudiesen haber vivido en el Eoceno. De no ser un Homo, el enigma resultaba entonces ¿quién produjo hace 50 millones de años estos instrumentos afilados?

Acorde con Breuil, una de las muestras líticas era un raspador, semejante a los observados posteriormente en sitios del Homo *Sapiens sapiens* de 40 mil años atrás, del período Azilio-Tardenosiense[40].

Una bola de tiza fue descubierta en una capa de lignito del Temprano Eocénico. En base a su posición estratigráfica, le fue asignada una antigüedad de entre 45 y 55 millones de años.

Según Maximilien Melleville, vicepresidente de la Societe Academique de Lion, no hay posibilidad que la bola de tiza fuera una falsificación[41]: "Realmente está cubierta, a cuatro-quintos de su altura, por un color negro bituminoso que se combina en la parte superior con un círculo amarillo, y que es evidentemente debido al contacto con el lignito en el cual ha estado empotrado tanto tiempo. La parte superior, con la que está en contacto la base de la concha, por el contrario, ha preservado su color natural – el blanco pálido de la tiza… En cuanto a la roca en la cual fue encontrado, puedo afirmar que está perfectamente virgen y no presenta ningún rastro de explotación alguna". La evidencia asociada a este hallazgo sugiere que fueron humanos quienes hicieron la bola, que deben haber estado en Francia hace más de 45 millones de años. ¿Quién hizo esta bola de tiza en esta época tan remota?

Otro descubrimiento fantástico ha sido el de los tubos metálicos notados en sedimentos del Cretáceo, fechado en la friolera de 65 millones de años. Los críticos demandaron pruebas exhaustivas de su longevidad; todos los métodos modernos aplicados reiteraban una y otra vez que procedían del Cretáceo.

¿Quién fabricó estos tubos metálicos hace 65 millones de años? El acontecimiento que tuvo lugar en 1968 fue reportado por William R. Corliss[42], en su libro *Ancient Man: A Handbook of Puzzling Artifacts*.

En 1983, la agencia noticiosa *Moscow News* reportó que se habían descubierto huellas de pies humanos impresas en una roca del Jurásico, la Era de los dinosaurios, hace 150 millones de años. El descubrimiento tuvo lugar en la República de

Turkmenistán, por el profesor Kurban Amanniyazov, miembro de la Academia de Ciencias de la URSS.

Pese a someterse a todas las comprobaciones científicas modernos tanto la huella humana como la roca, fue inalterable la constatación de la procedencia jurásica de 150 millones de años, y por consiguiente la acogido indiferente de los medios académicos tanto soviéticos como de Occidente.

Todos los expertos que analizaron el fósil lítico llegaron a la conclusión de que la roca pertenecía a la formación del Triásico, y que la huella sin dudas era una fosilización genuina de esa Era, y representa una pisada hecha por una suela, en la cual se destacan incluso las puntadas del cosido. En la actualidad el período del Triásico en el cual se ha establecido pertenece la roca fósil tuvo lugar hace 213 a 248 millones de años.

El antropólogo Roland Bird, del American Field Museum, encontró en 1930, en el río Paluxi, en Glen Rose, huellas de dinosaurio del período Cretáceo. Lo más asombroso de su pesquisa fue el topar también con una docena de huellas de pies humanos en la misma área y del mismo período[43]. El hallazgo fue calificado de fraude por los evolucionistas, pero las confirmaciones de autenticidad de ser pisadas humanas fosilizadas en tal período silenció a los más extremistas y llevó a otros reticentes a refrendarlas.

Citamos el caso relatado por la revista peruana *Gente*[44], del hallazgo de osamentas humanas fosilizadas mezcladas con huesos y huevos de dinosaurios, por parte de Javier Cabrera Darquea, catedrático de la Universidad de San Luís de Gonzaga. El reportaje apunta lo siguiente: "Se aprecian las vértebras dorsales, lumbares, parte de los huesos de los hombros, la columna completamente erecta, el hueso sacro y algunas costillas".

Boleadoras en el Oligoceno, humanos en el Eoceno, huellas de calzado del Triásico, tubos metálicos del Cretáceo; pero lo que sigue ha resultado imposible de concebir que compareciese algo conceptuado como absurdo y de tal rareza, pero cierto.

Se trata de una cadena de oro que fue recuperada de estratos del período carbonífero en una mina de carbón en Morrisonville Illinois. El 11 de junio de 1891, el diario *The Morrisonville Times* reportó el descubrimiento de Mrs. Silas W. Culp quien notó en la profundidad de una mina en Taylorville, al sur de Illinois, una diminuta cadena de oro, de unas 10 pulgadas de largo, empotrada en el carbón, la cual casi se deshizo cuando se extrajo.

El sedimento carbonífero donde se hallaba la cadena incrustada se inspeccionó por el Illinois State Geological Survey, el cual luego de rigurosos análisis por varios científicos autenticó que esa veta tenía entre 260-320 millones de años. Ello trae a primer plano la posibilidad de una avanzada cultura humana presente en esa etapa geológica.

También en una mina de Oklahoma se encontró una pared de, por lo menos, 286 millones de años de antigüedad. W.W. McCormick, de Abilene, en Texas, informó de una pared formada por un bloque de piedra, que fue encontrada en el fondo de una mina de carbón[45]: "En el año 1928 Atlas Almon Mathis, estaba trabajando en la mina de carbón No. 5, ubicada dos millas al norte de Heavener, Oklahoma. "Cuando comencé a quitar los escombros en el sitio, se abrió más y apenas pude escapar. Cuando regresé después de este hundimiento, vi que había quedado expuesta una pared sólida de estos bloques pulidos. Como a unas 100 a 150 yardas más abajo de nuestro núcleo de aire, otro minero golpeó esta misma pared, u otra muy similar".

El carbón en la mina era del Carbonífero, lo cual significaría que la pared era de por lo menos 286 millones de años. Según Mathis, los oficiales de la compañía minera inmediatamente sacaron a los hombres de la mina y les prohibieron hablar acerca de lo que habían visto. Mathis dijo[46] que los mineros de Wilburton también contaron que encontraron "un bloque sólido de plata en la forma de un barril" en un área de carbón datada entre 280 y 320 millones de años. ¿Qué civilización avanzada construyó esta pared?

No es una exageración poder decir que salvo el grupo de científicos que se iba identificando con el estereotipo darwinista en el siglo XIX y principios del XX, la mayoría aún aceptaba las evidencias de humanos en el Mioceno y el Eoceno.

# Antes que los dinosaurios

El relato que sigue limitado a los ejemplos más ilustrativos, pertenece al mundo de los fenómenos imposibles de vincular con los criterios tradicionales sobre la génesis, evolución y desarrollo de la vida y la historia humana, y requiere una alta dosis de interpretaciones innovadoras.

Quiero expresar lo increíble del caudal de registros y evidencias existentes e ignoradas sobre nuestra presencia en eras mucho más anteriores a la notoria de los dinosaurios. Si el humano de tipo moderno, nosotros, ya existía en este planeta hace cientos de millones de años, la hipótesis a considerar es la manifestación entonces de culturas que quizás avanzaron más allá de las conocidas comunidades de cazadores y recolectores como el Neandertal y el Cromañón.

Si el planeta ha sido sometido, periódicamente, a devastaciones que han arrasado el 70%, el 80% ó el 90% de las especies del momento y de la biota terrestre, es plausible que en tales épocas distantes el humano pudo lograr cierto nivel de desarrollo tecno-cultural, que de la misma manera fue aniquilada totalmente.

Quizás, varias veces, el humano construyó civilizaciones en el planeta que fueron aniquiladas: super-volcanes, choque de meteoritos, plagas, congelamiento del planeta, radiaciones provenientes de explosiones de supernovas cercanas, etcétera; y las pequeñas bandas humanas sobrevivientes, tras un largo y penoso proceso de millones de años, nuevamente fue progresando a niveles civilizadores.

Tal vez ello sea un ciclo y ahora estemos en uno de esos intermedios entre una catástrofe sucedida, y de la cual no poseemos memoria histórica, y otra por venir que no hemos avizorado.

En diciembre de 1862, la revista *The Geologist* publicó el descubrimiento en el condado de Macoupin, Illinois de huesos humanos en una capa sólida de carbón extraída de 90 pies de profundidad. Los restos óseos estaban recubiertos de una sustancia brillosa tan negra como el carbón. El nivel de donde se extrajo la evidencia humana se dató en el pre-Terciario, entre 286-320 millones de años.

El profesor W. G. Burroughs, jefe del departamento de geología del Berea College, en Berea, Kentucky, reportó en 1938 que en los comienzos del período carbonífero, criaturas bípedas con pies humanos habían dejado huellas que se habían petrificado en arenales del condado Rockcastle, Kentucky (cinco dedos extendidos y espaciados en una planta con arco central, típico de quien nunca ha usado calzado).

En el Carbonífero de Pennsylvania, el cual comenzó hace 320 millones de años, fue la era de los anfibios, toda la vida se hallaba concentrada en los océanos. Y, el primer animal capaz de caminar y dejar huellas fue un reptil, el *pseudosuchian thecodonts*, pero que apareció mucho después, hace 210 millones de años. No fue hasta hace 4 millones de años que compareció el primer bípedo capaz de dejar huellas que pudieran parecerse a las del Carbonífero de Kentucky[47].

Otro tipo de actividad humana en el Carbonífero fue reportada por el Dr. C. W. Gilmore, curador de la paleontología de vertebrados en el Smithsonian Institution, el cual ha testificado el caso sorprendente de huellas de la misma criatura humana en el Carbonífero tanto de Pennsylvania como de Missouri[48].

Este tema usualmente ha sido recogido por publicaciones de prestigio. El geólogo Albert G. Ingalls, en un artículo impreso en *Scientific American* en 1940, sugiere que si un humano, o un ancestro simio, o incluso un ancestro mamífero existiesen en el Período Carbonífero, entonces toda la ciencia geológica estaba completamente errada[49].

## Un clavo y una pisada

Otro caso revelador aconteció en 1844, cuando Sir David Brewster, famoso físico escocés, reportó haber encontrado un clavo de hierro dentro de un bloque sólido cuando este fue cortado en dos, del sitio arqueológico de Kingoodie, Mylnfield, Escocia.

En su informe a la Asociación Británica por el Avance de las Ciencias, Brewster describió las características minerales y pétreas del bloque y su contenido, el estrato donde había sido extraído y expresó que correspondía a la capa geológica del período Devónico y que el clavo no había sido encajado en fechas recientes[50].

El hallazgo fue motivo de debate en foros científicos no sólo de la época, debido a la naturaleza incuestionable de la procedencia devónica de la roca, y el hecho de estar insertado dentro de esa masa pétrea un objeto no natural. A tenor de lo inverosímil de tal hecho, el Dr. A. W. Medd del British Geological Survey anotó en 1985 que tal bloque sólido había sido analizado y que en todas las pruebas databa exactamente del período Devónico, entre 360 y 408 ¡millones de años!

A pesar de lo fantástico del tema, las demostraciones de un humano pre-dinosaurio no se eclipsaban. Siguiendo esta pauta, en 1968, William J. Meister halló la impresión de una pisada de calzado de pie derecho en Wheeler Shale, cerca de Atelope Spring, Utah.

Cuál no sería su sorpresa al rajar un bloque procedente del depósito arqueológico de Shale, y encontrarse dentro del mismo con una pisada humana fosilizada junto a remanentes de trilobitas, un artrópodo marino ya extinguido. El bloque fósil fue analizado por expertos y con procedimientos modernos, planteándose que resulta del período Cámbrico, con una edad estimada entre 500 y 590 millones de años. El acontecimiento fue recogido por la publicación *Creation Research Society Quarterly*[51].

La revista *Scientific American* notició el 5 de junio de 1852, el hallazgo de una vasija metálica, en dos partes, que fue sacada del interior de una roca que se obtuvo mientras se dinamitaba una montaña, la Meeting House Hill, en Dorchester. La pieza fue analizada por el Dr. Louis Agassiz quien certificó que la roca provenía de un estrato pre-Cámbrico.

Según una reciente valoración territorial del área de Boston-Dorchester hecha por el US Geological Survey, el conglomerado del cual se extrajo la vasija corresponde al período Pre-cámbrico, de 600 millones de años. Una fecha en la cual la vida comenzaba a desarrollarse en el planeta, según la hipótesis hoy día imperante.

El recipiente resultaba de una aleación desconocida, cercana al zinc. Si incluso los dinosaurios aún no habían comparecido, menos aún los mamíferos y por supuesto los humanos, entonces ¿de dónde procede y quién fabricó tal vasija?

En 1972, una fábrica francesa que investigaba el mineral de Uranio de Oklo, en la república africana de Gabón, encontró que el uranio ya se había extraído, encontrándose además desechos de material reactivo. La noticia causó sensación e investigadores atómicos de todo el mundo comenzaron a estudiar el yacimiento.

Después de exhaustivos análisis químicos y geológicos, la comunidad científica concluyó que las minas de uranio de Gabón eran un reactor de 35.000 km2, que databa de hace 2.000 millones de años y se mantuvo en funcionamiento durante 500 mil años.

El Premio Nobel Glenn T. Seaborg, ex jefe de la Comisión de Energía Atómica de EE.UU., después de examinar la mina ratificó que se trataba de un reactor nuclear hecho por el humano puesto que un emplazamiento tecnológico nunca podría haber ocurrido en forma natural[52].

Para procesar el uranio se requieren condiciones muy precisas, como el "agua pesada" (agua con deuterio) un líquido que no existe en el planeta y se obtiene luego de un elaborado proceso. También el material U-235 es necesario para que se produzca la fisión nuclear.

El Reactor Fósil tiene varios kilómetros de longitud, es más grande, mejor diseñado y más eficiente que cualquier reactor moderno y su tecnología es imposible de emular, en especial la ingeniería aplicada a su sistema de refrigeración.

Con sus paredes en ángulo inclinado, los "depósitos" de aislamiento para residuos nucleares tienen una disposición tal, que a pesar de haber transcurrido millones de años el radio de acción del óxido de uranio radioactivo se halla contenido a 40 metros en todos los lados. La estructura de este reactor se estudia con el fin de diseñar nuevas tecnologías[53].

Mientras se realizaban trabajos de excavación en una mina de Ottosdal, al oeste del Transvaal, en África del Sur en la década del 1980, se encontraron cientos de esferas metálicas pulidas que mostraban tres líneas paralelas, cinceladas alrededor del ecuador. Estas esferas han constituido un gran misterio debido a que, sin dudas, resultan de manufactura humana por lo perfectamente redondas, y por estar encapsuladas en una estructura fibrosa de un material desconocido y mucho más duro que el acero.

Los esféricos se desenterraron de depósitos minerales pre-cámbricos de 2,800 millones de años, época en la cual aún no existían vestigios de vida compleja en el planeta. Las bolas metálicas se hallan en el museo de Klerksdorp[54].

Es curioso que una cantidad apreciable de investigadores científicos reputados del siglo XIX y principios del XX, la "edad de la inocencia" de la antropología, encontraron y reportaron de manera independiente, innumerables e incontestables muestras de esqueletos de humanos inteligentes, del tipo moderno, constructores de herramientas, en los períodos lejanos del Mioceno, del Plioceno y a comienzos del Pleistoceno.

Estos descubrimientos fueron verificados científicamente y publicados en revistas científicas y discutidos en los congresos científicos más importantes que tenían lugar. Lo incongruente de todo este tema es que los acreditados y aceptados fósiles y utensilios de piedra y sílex por la paleontología, la arqueología y por la etnología, han sido sometidos a los mismos procedimientos de verificación geológica, mineralógica y de técnicas de laboratorios en los siglos XIX y XX que aquellos rechazados por no encajar en el postulado del evolucionismo humano a partir de los simios.

Estos hallazgos arqueológicos no se reconocen por cuestionar la versión oficial de cómo evolucionó la vida en el planeta. Por eso los evolucionistas acomodan a su visión la verdadera historia manipulando la información. Casi podría presumirse que hay información que, de llegar a conocerse, causaría una pérdida de control y poder para manipular la realidad[55].

Incluso, de paleontólogos o científicos de los cuales se han aceptado confirmaciones de fósiles o instrumentos líticos que articulan la escalera evolutiva, como el caso de la familia de los Leakey, se les ha objetado considerar aquellas validaciones que ponen en duda o refutan el automatismo evolutivo piteco-homo.

El rechazo, entonces, no proviene por temores de falta de rigor en la verificación de que son humanos, o que hay incertidumbres en los objetos elaborados por humanos, de la edad de los sedimentos geológicos.

Es indudable que el silencio negligente y rechazo de los circuitos académicos convencionales que se ha tendido sobre estas cuantiosas pruebas paleontológicas de un humano que no desciende de los simios antropoides es de tipo teórico, y tiene como objetivo preservar la conjetura de la evolución darwiniana a partir del Australopiteco.

Hoy en día, fuera de los especialistas muy pocos conocen estos resultados paleontológicos; pues simplemente han desaparecido de los congresos, de la literatura científica y de los textos académicos. Sin embargo, es notable la profusión de testimonios y documentos de acreditados arqueólogos y paleontólogos y de muchos científicos contemporáneos como Michael Cremo y Richard L. Thompson, probando estos hallazgos que refrendan hasta la saciedad la existencia en tiempos remotos, de humanos y sus culturas, extintas hace cientos de millones de años, y que refutan todo el tinglado evolucionista estructurado sobre la vida y el humano, en los siglos XIX y XX.

# 15 El Neándertal

## La Edad de Hielo y el Paleo-lítico

Serían los conceptos del siglo XIX europeo los que en la civilización occidental influenciarían nuestras ideas actuales concernientes a los humanos. Naturalismo, evolucionismo y positivismo sentaron las bases de nuestro pensamiento y explicaron nuestros relacionamientos haciéndolo de manera esquemática y habitualmente discriminadora, continua y monótonamente necesitados de señalar una superioridad y una inferioridad, dejándonos anquilosados en esa racionalidad simplificadora en detrimento de un análisis más abarcador de la rica complejidad y variabilidad de la naturaleza humana, y de la creación de sus instituciones.

De acuerdo con Darwin, el paso que separó a los humanos de otras especies fue la manufactura y uso de instrumentos y su capacidad para el lenguaje; es decir, el proceso cognoscitivo. Al descubrirse evidencias de instrumentos de piedras provenientes de los humanos "primitivos", el evolucionismo estableció escalones de desarrollo para el humano. La teoría evolucionista, basada en las evidencias arqueológicas y paleontológicas, ganó aliento luego con los discernimientos de la biología y de la química[1].

Los arqueólogos han establecido la periodización homínida en base a las herramientas de trabajo y no como un producto de los resultados del pensamiento. Al toparse con expresiones artísticas en la Edad de Hielo europea, documentando la capacidad humana exhibida en un momento y lugar específico, se concluyó la hipótesis etnocéntrica de que el arte humano y el lenguaje comenzaron simultáneamente en Europa.

Al punto, que las actividades del humano antiguo quedaron clasificadas a partir de los instrumentos de piedra de que se valía, encasillándoles en un estadío derogatorio de otras comunidades humanas y manifestaciones de sus culturas, reducidas etnocentristamente a la categoría de "primitivas".

Desde las tundras siberianas y las estepas rusas hasta la costa atlántica portuguesa, las culturas de la Edad de Hielo legaron amplias evidencias en piedra, hueso de notaciones sobre el tiempo, conocimiento y seguimiento de los fenómenos naturales, ceremoniales variados, además de sus manifestaciones artísticas en los frescos rupestres. Evidencias que nos lleva a cuestionar la naturaleza evolutiva del conocimiento y de la inteligencia, tanto como la naturaleza estrictamente evolutiva de las culturas y del conjunto de la humanidad.

Cuando se produjeron los colosales cambios climáticos la cultura de la Edad de Hielo colapsó, pero no la capacidad humana, que fraguaría nuevas e ingeniosas adaptaciones. Los antropólogos euro-centristas de fines del siglo XIX, al estudiar las diferentes culturas humanas propusieron una variedad de modelos en los que acomodar las conocidas como culturas forrajeras "primitivas".

Los arqueólogos utilizaron esos prototipos para explicar el pasado en términos del presente y, simultáneamente, el presente en términos del pasado. Pero la cultura de la Edad de Hielo europea no pudo ser explicada a partir de esas comparaciones.

La distinción se descubre en las culturas y en las habilidades alcanzadas, en las aplicaciones y motivaciones, en los materiales con los cuales se ha trabajado en una época u otra y no en la inteligencia propiamente, en el alcance de su raciocinio y en la estructuración y complejidad de su pensamiento reflexivo, en la agudeza y sutileza alcanzadas por su comprensión, y en su capacidad para adquirir, acumular y aprovechar las experiencias.

El origen de la especie humana fue rastreado por los arqueólogos hasta las criaturas constructoras de hachas de piedra en las cuales no reconocieron capacidades humanas, cuando los instrumentos y herramientas representan estrictamente un aspecto de una progresión más amplia del proceso cognoscitivo y cultural.

Sabemos, por ejemplo, que el hombre de Neándertal tenía comportamientos que iban más allá de los instintivos beber y comer, que amasaba bolas, recolectaba fósiles y ocre y ocultaba a algunos de sus muertos; quedan vestigios de cierto "culto" a las osamentas, quizás al oso, y han llegado hasta nuestros días colmillos perforados para llevar como colgantes presumiblemente a modo de trofeo.

Puesto que la existencia de la cultura humana ha probado ser más arcaica que la supuesta fecha bíblica de la creación del mundo y del diluvio considerado universal, y debido a que el grueso de la misma no se ubicaba en Europa, los grabados y pinturas los estudiosos los adjudicaron a los celtas.

## El Neándertal: también africano

Como hemos visto más arriba, la genética aborda los problemas evolutivos a partir del estudio de la variabilidad genética de seres vivos. Sólo en casos excepcionales puede estudiarse directamente los genes de especies del pasado. La molécula de ADN se oxida con bastante rapidez tras la muerte del organismo y es muy difícil evitar su deterioro.

El ADN fósil más antiguo que se había podido recuperar procedía de los mamuts conservados en el suelo helado de Siberia, con unos 50,000 años de antigüedad.

Pero recientemente, el equipo de Svante Pääbo[2] ha conseguido aislar pequeños fragmentos de ADN de un Neándertal. Con todas las precauciones necesarias para evitar la contaminación con ADN actual, tomaron una muestra de varios gramos del

428

interior del húmero en el esqueleto de Neander, con 60,000 años de antigüedad. La muestra fue analizada por dos laboratorios distintos para poder contrastar los resultados y comprobar la inexistencia de contaminación.

El ADN mitocondrial que encontraron estaba muy fragmentado pero, uniendo la secuencia de numerosos fragmentos distintos que se solapaban, ha sido posible reconstruir dos segmentos de ADN mitocondrial: un segmento de 333 pares de bases, que corresponde con la región hiper-variable I de la región de control del ADN mitocondrial; y un segundo fragmento de 340 pares de bases de la región hiper-variable II de la región de control del AND mitocondrial.

La comparación de estos dos fragmentos de secuencia de ADN mitocondrial con la secuencia de ADN mitocondrial de 9 chimpancés y con 663 tipos de ADN mitocondrial de distintas poblaciones humanas actuales arrojó los siguientes resultados: Los humanos actuales y los chimpancés difieren en promedio en 93 posiciones de las secuencias de bases.

Entre las poblaciones actuales la diferencia promedio es de once posiciones. La secuencia fósil de Neándertal tiene una diferencia media respecto de los humanos actuales en 35 posiciones. Las menores diferencias se dan entre la secuencia Neándertal y las poblaciones africanas actuales.

La primera conclusión de este equipo es que el ADN mitocondrial analizado no procedía de ninguna contaminación, sino que era realmente ADN mitocondrial de un Neándertal.

Además, las diferencias en la secuencia de ADN mitocondrial ha llevado a estos autores a concluir que la separación entre las líneas evolutivas de los Neandertales y de los humanos modernos se produjo hace 465.000 años[3]; y que el origen de la diversidad humana actual se produjo en el continente africano hace alrededor de 163.000 años[4].

La primera de las fechas, que indica la separación de la línea de los Neandertales, está situada en más de medio millón de años, y es compatible con los resultados del equipo investigador de la Sierra de Atapuerca. Éstos proponen que estos fósiles humanos[5], con 800,000 años de antigüedad, representan la especie antecesora de los Neandertales y de los humanos modernos, que se denomina Homo Antecesor.

La segunda de las fechas, que sitúa el origen del hombre moderno en hace más de 100,000 años, confirma los estudios anteriores del ADN mitocondrial de los humanos actuales.

Otra cuestión que puede abordarse es la posibilidad de si los Neandertales y los humanos modernos hubieran hibridado. A partir del ADN mitocondrial de Neándertal no puede excluirse completamente, pero ambos grupos han evolucionado genéticamente de forma aislada durante un sustancial periodo de tiempo, y para estos autores los Neandertales no han contribuido al acervo genético de ADN mitocondrial de la humanidad actual.

# El Neándertal

La evolución hacia el homínido y el desarrollo de su civilización no se suscita de forma evolutiva, sino a grandes saltos. Los ancestros humanos se remontan a 25 millones de años y el primer pre-homínido dejó sus huellas en el África Oriental hace 11 millones de años; hace 4 ó 5 millones de años apareció el Australopiteco, que fabricaba instrumentos de piedra y madera; hace un millón de años surgió el Homo Erectus; luego el Neándertal, que desapareció sorpresivamente de la faz de la tierra hace 35,000 años, en los momentos en que compareció el Cromañón.

Ronald Schiller ha señalado la confusión presente entre los antropólogos[6]: "El origen del hombre ya no es conceptuado más como una cadena en la que faltan algunos eslabones, sino como una enredada vid cuyos pámpanos se enredan unos con otros conforme las especies se cruzan para crear nuevas variedades, la mayor parte de las cuales se extinguieron... Podría ser que no hayamos descendido de ninguno de los tipos humanos previamente conocidos, sino que hayamos descendido de una línea propia directa".

No obstante, el Dr. Robert Eckhardt, de la Pennsylvania State University, en un estudio exhaustivo de todo este grupo de fósiles, declaró[7]: "Parece que hay muy poca evidencia en base de estos cálculos de tamaños de dientes, cuanto menos, para poder sugerir a causa de ello que son varias las especies representadas en los fósiles driopitecinos del Mioceno Posterior, y del Plioceno primitivo del Viejo Mundo.

Tampoco hay ninguna evidencia concluyente de la existencia de ninguna especie homínida durante este intervalo de tiempo, a no ser que entendamos por la designación "homínido" a cualquier simio individual que resulte tener dientes pequeños y una cara resultante pequeña.

Los humanoides fósiles tal como el *Ramapiteco* pueden bien ser los antecesores de la línea homínida en el sentido de que fueran miembros individuales en una línea filática evolutiva a partir de la cual divergieron más tarde los homínidos. Pero ellos mismos parecen haber sido simios morfológicamente, ecológicamente y por sus hábitos".

Del Paleolítico Medio, hace 100,000 años, se tienen las primeras constancias concretas de la aparición del Homo sapiens, en un modelo paralelo a los Australopitecos sudafricanos: el Homo Neándertal.

Según Teilhard de Chardin[8]: "Una de las grandes sorpresas de la Botánica es ver, en los inicios del Cretáceo, el mundo de las Cicadáceas y de las Coníferas bruscamente desplazado e invadido por un bosque de Angiospermas: Plátanos, Encinas..., la mayoría de nuestras esencias modernas, reventando, ya realizadas, sobre la flora jurásica en alguna región desconocida del globo. Igual es la perplejidad del antropólogo cuando descubre, sólo separados en las cuevas por un nivel de estalagmitas, al Homo de Le Moustier y al Cromañón, o el Homo de Aurignac. En este caso, ninguna ruptura geológica. Y, no obstante, un rejuvenecimiento fundamental de la Humanidad. Obligado por el clima o empujado por la inquietud de su alma, he aquí la brusca invasión, por encima de los Neandertales, del Homo sapiens".

Cuando aparecen los neandertaleses, los pre-homínidos han desaparecido. Es el gran desarrollo del cerebro y la civilización de las cuevas, un Homo absorto en la supervivencia y la propagación. El Neándertal dejó amplias y profundas huellas en el viejo mundo, desde el Atlántico hasta las profundidades de Eurasia, en el período del 125,000 al 45,000 a. C.

## Era semi-nómada

Al sur de Francia, en la localidad de Terra Amata, se descubrió un establecimiento prehistórico de 300,000 años de antigüedad, en el cual los moradores construían recipientes de madera y chozas de ramas y troncos, pavimentadas en su interior con rocas. Este apeadero era utilizado de forma estacional por grupos seminomádicos dedicados a la caza y la recolección.

Los fósiles que presentan las características del Neándertal comparecieron hace 130,000 años, no mucho antes que el actual Homo moderno apareciera en África. Entre la mandíbula de Maüer y del Neándertal existe un muestrario de fósiles de un arcaico Sapiens, desde Grecia, Francia y Alemania, de cuyo origen se duda.

En las sierras de Atapuerca, al norte de España, se localizó uno de estos yacimientos de fósiles humanos prehistóricos con 300,000 años de antigüedad. Esos arcaicos europeos resultaron tan variados que se separaron en dos grupos: uno de estos, conocido como Homo Heidelbergensis, es un ancestro común del Neándertal y del moderno Homo sapiens, y el otro grupo, que parece lleva directamente al Neándertal, se clasificó como pre-Neandertales.

En Heidelberg (Alemania) se excavó en cierta ocasión un sótano donde profundamente enterrado, se encontró un maxilar inferior humano. En otro lugar de Alemania, en el valle de Neándertal[9], se encontró en 1856 un hueso de cráneo clasificado como homínido pocos años después por el biólogo británico Thomas Huxley.

Los homos del Neándertal aparecieron hace aproximadamente 100.000 años y poblaron la Tierra durante casi 70.000.

Los fósiles hallados en Atapuerca se relacionan más directamente con el Neándertal, replanteando la tesis de que éste no pertenecía a una especie homínida distinta, sino a una raza que se mezcló con otras y contribuyó con sus genes a la comparecencia del Cromañón. Muchos creen que el Pitecántropo pliocénico dio lugar al Homo neandertalés pleistocénico, y éste al Homo sapiens, a mediados de la glaciación, 70,000 años atrás.

Concurren fuertes concentraciones neandertaleses en Europa, Eurasia y el Medio Oriente. Los restos de un niño neandertalés se hallaron en la famosa cueva de Amud, cerca del mar de Galilea, y tuvo su enterramiento hace entre 50,000 y 60,000 años.

En Irak, Palestina y Uzbekistán se encontraron pre-sapiens con una capacidad craneana de 1,800 cm3, que aparentan ser cruzamientos entre el Neándertal y el Homo sapiens[10].

Sin embargo, esas mezclas o variables filogenéticas no evidencian una transición, pudiendo haber sido frutos de mestizajes fortuitos. De todas formas, la teoría evolutiva lineal ostenta muchas lagunas y escollos, pues las relaciones filogenéticas no se presentaron de forma simplista.

## Cazador de renos

Contra todas las lógicas de la teoría evolucionista, el Neándertal, el primer Homo sapiens, tuvo que vivir en el crudo y cruel glacial Würm. Por tanto, el criterio generalizado de que el

Neándertal era un homínido semisalvaje choca con su modo de vida casi sedentario.

El Neándertal era un cazador de renos, y se desplazaba con sus manadas, pero en su trashumancia no realizaba migraciones acentuadas, como corroboran el uso del fuego y la extensión de su industria utensiliaria.

El uso del paisaje por los Neandertales refleja un patrón "radial" mediante el uso de bases semipermanentes próximas a fuentes estables de agua, además de sitios periféricos próximos a fuentes de recursos y materias primas, lo que puede ser interpretado como una respuesta a las condiciones de frío y previsibilidad[11].

Las herramientas líticas hechas por los Neandertales a base de lascas, son conocidas bajo el nombre de industria Musteriense[12] y eran muy semejantes, o indistinguibles, de aquellas hechas por los primeros hombres modernos de África. Ocupaban tanto cuevas como sitios al aire libre donde los fogones eran la estructura principal[13].

El fósil femenino de Swanscombe tiene más de 100,000 años, y resembla más al humano moderno que al Neándertal; ¿quién era ese humano de Swanscombe? Hay trazas incompletas de un distante Homo sapiens en China, que se remonta a 263,000 años y de otros también en las localidades chinas de Dingeun, Tonzhi y Maba, entre 200,000 y 100,000 años.

Los fósiles del arcaico Homo sapiens asiático[14] han generado una escuela de pensamiento que plantea la evolución regional del *Sapiens sapiens* en

Asia a partir del Homo Erectus e independiente a los hechos evolutivos del África. Sin embargo, persiste el criterio de que el *Sapiens sapiens*, u Homo contemporáneo, llegó al Asia desde fuera.

El poblamiento de Asia por el Sapiens estaba prácticamente completo para cuando éstos hacen su entrada en Europa; además, desde el punto de vista biológico, el ancestro primario de los homínidos siberianos y asiáticos del Paleolítico Superior permanece en un misterio, y su morfología no guarda relación con la de los originales pobladores europeos.

Es por ello que Asia no puede ser considerada como una zona periférica del desarrollo humano, ni se pueden enarbolar hipótesis simplistas de bandas homínidas cazadoras, desplazándose desde los montes Urales hacia el Oriente, detrás de las hordas de mamuts, como apuntan los estudios clásicos sobre la prehistoria.

El Homo Neándertal se desarrolló fundamentalmente en Europa Occidental en el último período interglaciar y el último glacial, desenvolviendo una cultura paleolítica, si bien amplia aún muy rudimentaria. Este fornido y hábil cazador mostró una diversidad cultural y biológica y un potencial de adaptación asombrosa, superior al humano moderno, que le permitió vivaquear en el templado Mediterráneo o en las crudas comarcas glaciales norteñas.

Por lo tanto, en Europa, los Neandertales y los primeros europeos compitieron por el espacio y los recursos por más de 10,000 años. El éxito del hombre moderno se expresa en su demografía: en el sudeste de Francia y nordeste de España existen cinco sitios del Paleolítico Superior por cada cueva Musteriense, indicando que el hombre moderno conseguía extraer más recursos del mismo ambiente[15].

# En medio de la glaciación

Durante la glaciación Würm los océanos descendieron más de 300 pies por debajo del actual nivel, uniendo a Siberia con Alaska, el sudeste asiático con las islas próximas, a Inglaterra con Francia y a Turquía con Europa, por el Bósforo.

El Mediterráneo era un mar álgido cuyas costas orientales y norteñas formaban parte del mundo del Neándertal. Este Homo se desarrolló fundamentalmente en Europa occidental en el último período inter-glacial y el último glaciar.

Ya a principios de la glaciación Würm, sería en el Medio Oriente que el Neándertal desplegaría una mayor variedad cultural y biológica, comenzando a ejercitar el fuego. Fue ahí donde se pudo trazar su evolución hacia técnicas líticas más sofisticadas que las por él utilizadas en Europa. El Neándertal era un constructor de instrumentos exquisito y un utilizador profuso de los símbolos.

Algunos estiman que los neandertaleses arribaron al Levante hace 50,000 años, huyendo de las rudas condiciones climáticas europeas, en busca de terrenos de caza más propicios. En el Levante hallaron y convivieron con un género homínido diferente: el Sapiens moderno, como muestran los hallazgos de la localidad mesoriental de Tabún, que sugiere que los neandertaleses estaban presentes en el área mucho antes de esa fecha.

En el Monte Carmelo se halla la necrópolis humana prehistórica más antigua, fechada en el 40,000 a. C. Allí se encontró una curiosa combinación del neandertalés europeo con el de los trópicos: una forma paleontrópica de homo, con rasgos de Neándertal y de *Sapiens sapiens*, que bien pudiera establecerse como una transición local. En Tabún se encontraron tecnologías líticas que insinúan una continuidad cronológica en el área.

Estos hallazgos en el Medio Oriente concedieron base a la hipótesis de que los neandertaleses y los primeros humanos modernos eran razas diferentes de una especie arcaica, existiendo luego una mezcla importante entre las dos poblaciones cuya resultante genética produciría una variedad de población Cromañón.

Mientras, los bolsones de Neandertales se habrían visto forzados a desplazarse hacia las inhóspitas periferias. Siguiendo esta línea de pensamiento, este Homo moderno levantino incursionó hacia el Norte y el Oeste europeo, llevando consigo una nueva tecnología de cuchillos de pedernal.

# El Homo paleolítico

La cultura musteriense del Neándertal desarrolló un arcoíris de instrumentos sofisticados y una sociedad específica. Muchos de los instrumentos por él construidos eran de material perecedero - pieles, madera, cuerdas, etc., con los que confeccionaba adornos personales, vestidos, etcétera- por lo que no puede determinarse el grado de inteligencia por la morfología de los esqueletos.

Según Pilbeam[16]: "De hecho, el aumento del volumen del cerebro nos dice poca cosa por sí mismo, ya qué nos revela meros cambios en la organización interna del cerebro a una variedad de niveles".

El hombre de Neanderthal puede haber tenido su apariencia debido a que sufría raquitismo, y no porque estuviese relacionado de cerca con los grandes simios, sugiere un artículo en la publicación británica *Nature*. Concluyentemente, la dieta del hombre de Neanderthal careció de vitamina D durante los 35.000 años que transcurrió en la tierra[17].

El Neándertal sería el resultado cualitativo de toda una línea evolutiva filogenética sistemática, principalmente en su capacidad cerebral; una rama del Homo sapiens triunfante de una cruel selección natural.

El Neándertal presentaba diferencias respecto al homínido actual, a pesar de lo cual mostraba una capacidad cerebral de $1,625$ cm$^3$, superior a los

1,500 cm$^3$ del Homo moderno; aunque sus rituales funerarios establecen un punto de semejanza, los mismos son insuficientes para elaborar una teoría evolucionista de continuidad.

Se aduce que era una rama colateral homínida que se mezcló con otros homínidos como el futuro Cromañón, o se extinguió en un cruel proceso de selección natural y de mutaciones impuestas por la supervivencia de la caza animal, que no le permitió sobrevivir al siguiente cambio geo-climático.

Que en el Paleolítico Superior se utilizasen las cuevas no implica una cultura totalmente primitiva. Ese hábitat pudo haber sido seleccionado con un carácter estacional, pues el humano prehistórico no hacía las cosas irracionalmente, como revelan ciertos niveles de capacidad cognoscitiva, en las muestras del Paleolítico Superior.

El Neándertal cultivaba flores, fabricaba elegantes herramientas, pintaba figuras, y practicaba cierta clase de religión, enterrando a sus muertos.

¿Cómo llegaron los hombres primitivos a las concepciones fundamentales singularmente dualistas en las que reposa el sistema animista? Se supone que fue por la observación de los fenómenos del reposo (con el sueño) y de la muerte y por el esfuerzo realizado para explicar tales estados, tan familiares a todo individuo. El punto de partida de esta teoría debió de ser principalmente el problema de la muerte. La persistencia de la vida, o sea la inmortalidad, era para el primitivo lo natural y lógico[18].

Existen evidencias de que el Neándertal, o algunos de sus predecesores, tenían una forma de escritura[19]: "La comunicación por medio de signos inscritos puede hallarse en tiempo tan remoto como 135.000 años atrás en la historia humana.

Alexander Marshack[20], del Museo de Harvard Peabody, se pronunció en este sentido recientemente, después de un intenso estudio microscópico de una costilla de buey de una antigüedad de unos 135.000 años cubierta con inscripciones simbólicas. Los resultados de sus hallazgos son que esto es una muestra de "pre-escritura", que hay una concluyente semejanza de estilo cognoscitivo entre esta y aquella posterior en 75.000 años y establece una tradición de inscripciones que se extiende a lo largo de miles de años".

El hecho de que se desplazara detrás de las manadas de algunos animales, como el reno, no hace totalmente cierta la versión de un Homo paleolítico, semisalvaje, viviendo en hordas nomádicas desorganizadas. El neandertalés vivía en agrupaciones consanguíneas generalmente sedentarias, integradas por unos 30 individuos. Su trashumancia estaba sujeta a los cambios estacionales; no era un emigrante perpetuo, pues disponía de un modo de vida casi sedentario.

# Homínido con espiritualidad

El Neándertal presentaría las características que diferencian al humano de los animales: el lenguaje, la autoconciencia y la certidumbre de nuestra finitud. Era un homínido en posesión de espiritualidad, ya que fue el creador de los primeros ritos funerarios.

Al realizar el entierro deliberado de los muertos, práctica que conlleva a la conceptualización de que la muerte no resulta el fin de la existencia sino la posibilidad de otra vida, los neandertaleses se distanciaron decisivamente de los anteriores homínidos.

El Neándertal disponía de potencialidad fisiológico-mecánica para el uso de un lenguaje muy nasal, como lo demuestra la anatomía de su caja vocal, las trazas distintivas en la base del cráneo, y la cavidad para el área cerebral de Broca, que controla los símbolos y el lenguaje. Esta última estaría presente a partir del Homo Hábilis, y en los homínidos arcaicos, como el Erectus, el cual disponía de una laringe en posición equivalente a la de un niño moderno de 8 años.

El hábitat neandertales se iría transformando incesantemente desde los inicios de sus comunidades en la cultura Musteriense de Europa; sería la época de las grandes manadas del reno, del mamut, del rinoceronte lanudo, del oso cavernario, el uro, el caballo salvaje, el bisonte de las estepas y los antílopes.

Los más antiguos asentamientos del Neándertal en las planicies de la Rusia central y de Crimea datan de finales del período interglaciar[21]. En las proximidades del río Don, los neandertaleses cazaron la fauna bestiaria del Paleolítico Superior, acampando cerca de las aguadas y rías, en lugares que les guareciesen del viento gélido.

El método de caza de este Homo sapiens nunca logró el grado de eficiencia conseguido por las bandas posteriores de cromañones; no disponían de la extensión para arrojar la lanza ni de las ligeras y filosas puntas que permitieron a sus sucesores matar las presas a mayor distancia. Pero el Neándertal no era sólo un cazador, es más, su actividad fundamental resultaba la economía forrajera que suplementaba con la caza, la pesca y el almacenamiento de alimentos.

La hipótesis de una sociedad neandertalesa de cierta complejidad, con campamentos para las diferentes estaciones del año y con ocupaciones especializadas, incluso entre los sexos, implicaban un grado de inteligencia, cognoscitivo y cultural, no imaginado hasta el momento.

Aprovechando el paleo-clima del Cuaternario logró ampliar la cultura del fuego creando microclimas para combatir el hielo y vistiéndose con pieles; acampaba cerca de cursos de agua, lagos, lagunas o terrazas fluviales; adaptó y modificó las grutas, construyó cobertizos y campamentos al aire libre utilizando ramas, huesos y colmillos de mamut y las pieles de grandes animales.

En las sepulturas neandertalesas la superficie de piedra o madera, grabada con motivos abstractos[22] señala la hominización en curso. Según el historiador Numa Denis Fustel de Coulanges[23] fue a la vista de la muerte cuando el homo tuvo por primera vez la idea de lo sobrenatural y decidió esperar más allá de lo que veía; fue el primer misterio que nos puso en el camino de los otros misterios, elevando el pensamiento de lo visible a lo invisible, de lo pasajero a lo eterno, de lo humano a lo divino.

Cada civilización trata la muerte a su manera, por lo cual no se parece a ninguna otra; y cada una tiene sus formas sepulcrales; pero no sería ya una civilización si no la tratara de alguna manera, y el decaimiento de la arquitectura funeraria acerca nuestra modernidad a la barbarie. Lo que consideramos fetiche primitivo, en el que vemos un "objeto" de funcionamiento simbólico, no da testimonio tanto de la libertad de espíritu como del sometimiento de nuestros antepasados a la noche, con sus dioses, sus monstruos y sus sombras errantes, todos ellos acreedores sedientos de la sangre de sus deudores, los vivos.

## La cultura Musteriense

Sólo el Homo sapiens utiliza el trazado a partir del fin del Musteriense, cuando aparecen las marcas de caza gráficas sin ilación descriptiva, soportes de un contexto oral irremediablemente perdido.

De pronto tenemos las sepulturas del Auriñaciense y los dibujos de color ocre ejecutados en huesos, junto a las composiciones radiantes de Lascaux: un humano boca arriba, con cabeza de pájaro, un bisonte herido, caballos que huyen bajo las flechas. Es un insistente retorno, durante milenios, del simbolismo conjunto de la fecundidad y la muerte, donde ¿la azagaya–pene se enfrenta a la herida–vulva?

Después de la cima realista de los bisontes de Altamira, el naturalismo animalista del año 12,000 cede súbitamente el sitio al grafismo abstracto del Neolítico, punto de partida de un nuevo ciclo. Se apilan entonces los cadáveres abigarrados de la Edad de Bronce, congelados en el suelo de Altái, los cráneos de órbitas realzadas con hematites, luego las mastabas menfitas e hipogeos del Alto Egipto, con sus sarcófagos de grandes ojos pintados, las barcas del más allá y las ofrendas de víveres en el muro.

La anotación fonética por el signo escrito estará más ligada al Estado y menos a lo sobrenatural, y es mucho más tardía. Y no cabe duda de que los milenios que separan a los toros de Lascaux de las primeras transcripciones mesopotámicas descifrables no se hayan desvanecido en nuestras mentes colectivas sin dejar huellas.

En la localidad francesa de Saint Césaire se hallaron los que se consideran los dos últimos esqueletos neandertaleses en Europa, datados de

32,000 años a. C. Este emplazamiento ejemplifica que los neandertaleses habían asimilado algunas tecnologías propias de la cultura paleolítica del Cromañón.

La cultura musteriense del Neándertal disponía de un arsenal de al menos 63 tipos diferenciados de herramientas, evidencia de la disímil especialización, de sus amplias necesidades y actividades, de las variaciones de hábitat y de épocas, y de las destrezas originales del grupo.

La industria utensiliaria Neándertal, que alcanzó su clímax en el período Musteriense, se esparció por toda Europa, Asia, África y Medio Oriente, preparando el camino técnico, social y psíquico del Cromañón, que vivía en grutas o al aire libre, que cazaba en común y que conocía una industria lítica y de la talla del sílex heredadas del Neándertal, dedicándose además a la pesca en agua dulce y a la caza de aves.

El Neándertal estaba equipado fisiológica e intelectualmente para sobrevivir a la Edad del Hielo; esta, después de 700,000 años, estaba tocando a su fin. Desenvolvió habilidades como cazador, forrajero y pescador, y había organizado un embrión de sociedad.

Sin embargo, no pudo desarrollar la conceptualización visual del Cromañón. El Neándertal en Europa estaba aclimatado a un nicho glaciar, en cambio, el de Medio Oriente, sin dudas iba realizando cambios anatómicos hacia el humano moderno, inclinándose hacia la economía pastoril.

Científicos del grupo de investigación "Geomorfología Ambiental y Recursos Hídricos" de la universidad de Huelva[24] han planteado que el Neándertal se extinguió tan reciente como hace 24.000 años y que Gibraltar fue uno de los últimos lugares que habitó. Las investigaciones apuntan que desapareció de la Tierra hace 24.000 años y no 35.000, como se ha indicado.

Se ha encontrado que el Neándertal no era sólo carnívoro; también consumían vegetales; es decir, eran unos buenos cazadores y recolectores. Si la subsiguiente aparición del Cromañón es un misterio, asimismo lo es la desaparición precipitada del Neándertal hace aproximadamente 35,000 años, junto a los grandes mamíferos.

Otra gran incógnita subsiste: qué otros tipos humanos que se desvanecieron, como el Pitecántropo y el Neándertal, disponían de una masa cerebral más voluminosa que el actual *Sapiens sapiens*.

El Neándertal pudo haber sido aniquilado físicamente por los ataques del mejor equipado cazador, que disponía de un armamento superior, su rival: el Cromañón, en intensa disputa por todos sus territorios de caza, en lo que podría catalogarse como la verdadera primera gran guerra de la humanidad.

Para muchos, su desaparición sugiere un choque entre homínidos de dos entornos culturales diferentes, de dispares habilidades tecnológicas y de desigual desarrollo social; como porfiadamente ha probado la historia homínida, ese encontronazo siempre es letal para la cultura más rígida.

Otra perspectiva de la lógica permitiría inferir que un implacable cazador, como es el ser humano, que aún no ha erradicado de su equipo biológico mecanismos innatos para la violencia letal, aniquilaría metódica e intencionalmente a las poblaciones neandertaleses; semejante a la era actual, en que las naciones se lanzan a matanzas regulares de sus rivales, por cuestiones fronterizas y territoriales.

La posesión de armas superiores, el objeto real que brindaba la preeminencia sobre el resto de los animales y de sus semejantes homínidos, posibilitó al Cromañón la invasión de los terrenos neandertaleses y la caza en masa de éste. Así, nuestra especie surgió aportando una cultura diferente que envolvía algo inaudito: la caza masiva de otros humanos, la guerra.

## Neándertal y Cromañón

La civilización del Cromañón se ha desarrollado con una velocidad atónita, desde su aparición en Oriente Medio[25], de la fase de los recolectores primates al agricultor. El salto del Neándertal al Cromañón hasta ahora no ha encontrado una explicación científica.

Una transmutación espectacular e inexplicable en la evolución que desconcierta a los antropólogos, pues la llamada barrera evolutiva del mentón niega que el Cromañón pudiese surgir del Neándertal. No se sabe cómo el Cromañón adquirió y desarrolló su cultura, cuál de los pre-homínidos fue su ancestro directo, de qué lugar geográfico provino.

¿Cómo es que la rama que a la larga adquiriría la supremacía -el Cromañón- era físicamente menos maciza y con un tamaño cerebral menor que sus supuestos antecesores, el Pitecántropo y el Neándertal?

Se desconoce a ciencia cierta que sucedió con los neandertaleses, cuál fue el motivo de su extinción. Existen varias teorías al respecto. Para algunos, los Neandertales eran una especie homínida diferente al Cromañón, con una "tasa de natalidad" inferior al Homo sapiens. Se supone que existió una competencia ecológica con el resultado de ser reemplazados en pocas generaciones, debido a que el Homo sapiens estaba mejor adaptado y tenía una tecnología más avanzada[26].

De acuerdo con Caird, el Cromañón poseía una cultura superior al Neándertal, sobre todo planificando sus medios de alimentación, y así evitar el constante nomadismo estacional en busca de la caza y la recolección. El Homo sapiens tuvo herramientas más complejas y especializadas hechas de hueso, marfil y asta. Con estas innovaciones, el Hombre de Cromañón no tuvieron que trabajar tan duro como los Neandertales para sobrevivir.

Se sostiene la noción de enfrentamientos entre clanes neandertaleses con los cromañones por cotos de caza, hábitat y alimentos, lo que habría conducido a una disminución de la población global neandertalesa, causa de su posterior extinción.

Además, el Cromañón era más longevo que el Neándertal (más de cincuenta años), el cual apenas lograba los cuarenta años[27]. También es posible que el Cromañón le transmitiera enfermedades devastadoras. Puede que el humano moderno sea un producto directo de una rama ajena al Neándertal y al Pitecántropo, acaso físicamente menos apta, que por razones inexplicables logró salir airosa en la lucha por la supervivencia.

En realidad, como muestra Caird, los Neandertales no eran de hecho una especie separada, sino cruzada en mayor o menor medida con el Homo sapiens recién llegado, cuyos genes llegarían a ser dominantes quedando relegadas las características de los Neandertales[28].

Sobre todo al habitar ambos durante milenios las mismas regiones europeas y sostener contactos, de intercambio, como muestras las evidencias del yacimiento de Auxerre, en Francia, donde ambas ramas homínidas usaban anillos de dientes de animales perforados o acanalados y de marfil como joyas. Según el arqueólogo Jean-Jacques Hublin, del Museo del Hombre de Paris[29]: "Los Neandertales no imitaron a los artesanos Cromañón sino que comerciaron intensamente con ellos".

Fabricio Soza[27] ofreció la noticia de que un grupo de científicos del Instituto Max Planck de Antropología Evolutiva de Leipzig (Alemania), secuenció un millón de letras del genoma de esta especie de homínido con el resultado de que compartimos el 99,5% de la información genética.

Con las nuevas investigaciones se pudo demostrar que no se trataba de una sucesión de especies, sino que ambos (Neándertal y Cromañón) poseían el mismo ancestro y probablemente convivieron en un espacio común.

A partir de la información genética se puede confirmar que probablemente estas dos formas humanas coexistieron y que además eran las dos hábiles: los dos usaban herramientas. El nivel evolutivo de ambos fue bastante elevado, pero hubo diferencias claras que se ven reflejadas en un cierto grado de diferencias genéticas.

Una de las conclusiones del estudio fue que la separación de la secuencia genética entre los humanos modernos y los Neandertales tuvo lugar hace aproximadamente 516,000 años, mucho más cercana a la discrepancia con el ADN chimpancé, producida hace 6,5 millones de años.

Este complejo proceso de reemplazo biológico del Neándertal por el Cromañón al parecer no sólo dependió de un movimiento demográfico, de una confrontación violenta; todo indica que conllevó una lenta asimilación e hibridación de ambas poblaciones. El Cromañón poseía una capacidad cerebral de 1,710 $cm^3$, superior a la del Homo moderno, aunque su esqueleto no difería en mucho.

James Ahern, un profesor de la Universidad de Wyoming, y responsable del equipo que estudió los fósiles croatas, estimaba que el reemplazo en Europa de los Neandertales por el Homo moderno no fue un proceso tan "simple".

Según Ahern[31]: "hubo una dinámica mucho más compleja de lo que se piensa entre 20,000 y 29.000 años atrás, y estoy seguro de que en el sentido biológico los Neandertales dejaron huellas entre los humanos modernos". Ahern agregó que restos muy antiguos de los hombres modernos encontrados en la Europa Central dejan ver las huellas de la presencia Neándertal a pesar de que estas desaparecieron de las poblaciones europeas de hoy.

Gore ve en un posible entrecruzamiento la inoculación de virus capaces de transformar lentamente las poblaciones[32]. En el caso de los genes cromañones y neandertaleses al mezclarse pueden haber gestado a los europeos modernos, los cuales serían una transición de ambos. Esto se comprueba en el famoso cráneo de Saint-Cesaire sin proyección facial, signo de tal hibridación.

# CAPÍTULO V

## LOS RITUALES

## DE LA

## TRIBU HUMANA

# 16 El Cromañón

## El Sapiens sapiens

Es un enigma que la mayor expansión del homínido en Europa se produjera en medio de un clima riguroso, en un período de intensa adaptación, cambios y avances en el dominio de la naturaleza, a diferencia de las fases de una relativa benignidad climática donde los núcleos poblacionales son más escasos.

El homínido estaba amenazado de entrar en una regresión de su especie ante los otros animales, los cambios climáticos, la malnutrición y las enfermedades; la desaparición milenios atrás de otras especies como el Homo Hábilis, el Homo Erectus y el Neándertal, lo confirmaban.

Sólo mediante su organización en unidades más extensas que la familia, la utilización más amplia del fuego, la ampliación del arsenal de instrumentos como la piedra afilada y el palo, le concederían una alternativa de imponerse sobre el resto de las especies y ante ciertas fuerzas climáticas. Todo lo cual nos conduce a una organización humana, familiar, diferente a la nuestra, y sin la preeminencia de un sexo sobre el otro: esto fue logrado por el Cromañón.

El ciclo de destrucción y alteración física y natural que se iniciaría a partir de que el Cromañón perfeccionó la cultura del fuego imponiéndose a la glaciación, como primer paso aseguró su supremacía sobre las restantes especies, y le permitió establecer la sociedad clánica y la adoración a los símbolos de la naturaleza -como la Luna-, el uso de la lámpara de aceite, la cuerda, los pigmentos de pintura, los campamentos de verano, las tiendas con pisos de piedra y drenajes, y las cuevas ceremoniales.

El Homo *Sapiens sapiens* o humano moderno afloró en el sur del África, hace no menos de 100,000 años, durante un cálido período interglaciar, antes de que se iniciara la última glaciación. Este sapiens se irradió a partir de África, creciendo de forma independiente y simultánea en regiones diferentes del mundo, imponiéndose a los otros modelos humanos que existieron.

A partir de las diferencias en el número de mutaciones en el ADN mitocondrial entre dos individuos, se pudo establecer que el origen del hombre moderno está asociado a una importante reducción demográfica, que fijó la población ancestral en aproximadamente 10,000 personas.

Esta pequeña población africana se habría expandido —expansión evidenciada por la aparición de hombres modernos en Skhul y Qafzeh en Israel y por culturas como la Ateriense en

Argelia y Marruecos— y en este proceso se habría subdividido. Así, se habrían creado poblaciones relativamente aisladas dentro de África que, por aproximadamente 50 mil años, se diferenciaron en función de la deriva genética y la selección natural regional[1].

## En el monte Carmelo

La fase húmeda del Sahara finalizó hace 90 mil años y le siguió un ciclo de aridez que concluyó hace 10 mil años, fin de la última glaciación. Así fue como el Sahara bloqueó la masa continental africana del mundo paleolítico exterior por más de 80 mil años. Por ello se comprende que los humanos modernos emigraron de África con anterioridad a 90,000 años atrás y después de los 10,000 años, nunca en el lapso comprendido entre ambas fechas.

Se han localizado en el Medio Oriente, poblaciones del Sapiens sapiens casi simultáneas con la aparición del mismo Sapiens en el sur del África, sugiriendo que el Homo moderno coexistió en el Levante con el Neándertal.

Si este homínido, el Cromañón, vivió en el Levante, como apuntamos anteriormente, no sería hasta 50 mil años después que comenzaría a invadir las planicies continentales europeas y luego comenzó a poblar la actual Australia.

Uno de los principales problemas en el estudio de los primeros hombres modernos es de tipo metodológico, ya que el rango de edades de los yacimientos de interés queda fuera de las técnicas de dataciones tradicionales. Las técnicas radio-carbónicas no pueden datar materiales de más de 30-40,000 años y, en muy pocos casos, se dispone de materiales de tipo volcánico para aplicar otras técnicas[2].

A partir de los años 1980 esta dificultad ha ido desapareciendo gracias al desarrollo de nuevas técnicas de datación: las series de Uranio, la termoluminiscencia y la resonancia de espín electrónico.

La aplicación de estas técnicas ha confirmado que el hombre moderno estaba presente en África cuando los Neandertales todavía vivían en Europa y Asia occidental, y el Homo Erectus todavía poblaba la isla de Java.

La investigación sobre los homínidos del Medio Oriente comenzó en 1929, cuando la arqueóloga Dorothy Garrod inició un proyecto quinquenal de excavación en las cuevas de Skhul, Tabún y el-Wad en el Monte Carmelo (Israel), a la que se unió más tarde Theodore McCown.

Los dos primeros yacimientos proporcionaron varios esqueletos humanos parciales, resultado de posibles enterramientos. Inicialmente, se propusieron diversas hipótesis sobre cuáles eran las poblaciones representadas en ambas cuevas: eran formas intermedias entre los Neandertales y los humanos modernos; posibles híbridos entre ambas poblaciones; o representaban una población que evolucionó localmente.

## ¿El Cromañón: humano moderno?

Entre 1935 y 1975 se excavó una muestra mayor de humanos modernos de tipo primitivo en Jebel Qafzé, cerca de Nazaret, y se descubrieron más Neandertales en las cuevas de Kebara, también en el Monte Carmelo, y en Amud, junto al mar de Galilea. Finalmente, gracias a las aportaciones de los paleo-antropólogos Clark Howell y Bernard Vandermeersch, la conclusión que se aceptó fue que Tabún, Kebara y Amud habían sido habitados por los Neandertales.

En cambio, la morfología de los fósiles de Skhul y de Qafzé se correspondía a las de los humanos modernos, aunque con rasgos primitivos. Estos humanos tenían un cráneo con una gran capacidad craneal, forma globosa, con la frente alta, nariz estrecha y las mandíbulas poseían mentón.

Su esqueleto pos-craneal era menos robusto que los Neandertales y el tronco era más estrecho y esbelto. La estructura de su esqueleto es muy similar a la que poseen los humanos actuales de tipo tropical, muy altos y con miembros largos.

Así, por los años 1970, la opinión general era que en Oriente Medio y en Europa los humanos modernos llegaron después de los Neandertales y, en consecuencia, podían haber descendido de ellos.

Tanto los Neandertales como los humanos modernos aparecían asociados al mismo tipo de tecnología lítica del Modo-3 o Paleolítico medio: el Musteriense.

Pero esta reconstrucción cronológica chocaba con los análisis de la fauna fósil de Tabún y de Qafzé realizados por E. Tchernov y con los estudios de la secuencia polínica. En algunos niveles de Qafzé, que contenían fósiles humanos, Tchernov había hallado varias especies de roedores arcaicos que no estaban representadas en el Nivel-C de Tabún[3].

La aplicación de las nuevas técnicas de datación a los fósiles de Skhul y Jebel Qafzé vino a confirmar la sospecha de que ambos yacimientos eran más antiguos de lo que se pensaba.

Estos fósiles humanos han sido datados por la técnica de termo-luminiscencia, es decir, mediante la resonancia del espín electrónico y las series de uranio; así, el esqueleto Neándertal de Tabún posiblemente tiene en torno a los 110 mil años, pero en cambio los fósiles de neandertales en Kebara, Amud y Dederiyeh son más recientes[4].

Estos resultados refutaron la relación genealógica defendida durante mucho tiempo y los neandertales, que mostraban aquellos esqueletos robustos, no podían ser los antepasados de Homo sapiens, con esqueletos más gráciles. Tampoco era posible seguir vinculando la existencia de los humanos modernos a la revolución tecnológica del Paleolítico superior, porque cuando el Homo sapiens aparece en escena en el Medio Oriente, su modo de vida y su tipo de industria lítica era indistinguible del de los neandertales.

## En el Levante

Los humanos modernos estaban presentes en el Medio Oriente hace 100 mil años. De hecho, puede que tengan una genealogía local bastante amplia. En la cueva de Zuttiyeh, cerca de Amud, Turville-Petre encontró en 1925 un fragmento de cráneo (principalmente la región frontal) que podría tener entre los 200 mil y los 250 mil años de antigüedad.

Este individuo, aunque muy fragmentario, podría haber formado parte de la población de la que descendieron los pobladores de Skhul y Qafzé. En cambio, los Neandertales no parece que hayan tenido antepasados en el Medio Oriente y por lo tanto son descendientes de los Neandertales europeos.

En primer lugar, como atestiguaría el esqueleto de Tabún[5], el Medio Oriente fue ocupado por los Neandertales, pero los humanos modernos los sustituyeron hace unos 100 mil años.

Tenemos que destacar que en este yacimiento, en el mismo nivel estratigráfico, apareció un esqueleto de un Neándertal, y una mandíbula que parece pertenecer a un humano moderno. Pero existe la posibilidad de que el esqueleto fuese de edad posterior y que hubiese sido introducido en tal nivel al enterrar el cuerpo.

Posteriormente[6], los neandertales desplazaron a los humanos modernos hacia el sur y, finalmente, hace 40 mil años, los Neandertales desaparecieron del Medio Oriente.

Según el arqueólogo israelí Ofer Bar-Yosef[7], los neandertales habrían poblado el Medio Oriente en los momentos de frío intenso, que habrían obligado a los Neandertales a desplazarse hacia el sur. La desaparición de los Neandertales coincide con la aparición de las industrias líticas del Paleolítico superior en el Medio Oriente y en Europa.

Podría argumentarse que el paso evolutivo subsiguiente del Neándertal diera lugar a un Homo con una capacidad de abstracción y naturaleza física superior a la nuestra, consecuencia de una mejor constitución filogenética.

Algunos expertos conceptúan que el Cromañón se hizo acompañar de un nuevo bagaje que le confirió superioridad evolutiva sobre el Homo de Neándertal, como un cerebro más avanzado, al disponer de un mayor lóbulo frontal, una interconexión sobresaliente asociada con la actividad mental.

## El Paleolítico Superior

No fue hasta la comparecencia total del Auriñaciense, propia del Cromañón, que la cultura del Paleolítico Superior se impuso definitivamente en Europa[8]. Los grupos Auriñacienses eran pequeñas unidades familiares, con actividades comunales de caza en ciertos períodos estacionales, que compartían ritos y ceremonias.

En esta fase primaria de la sociedad humana, el entorno determinaba el quehacer, la organización y el ritmo de la vida; y, son tales factores los que se deben sopesar para tener una idea de cómo era la cultura del Cromañón.

Las nuevas técnicas y artefactos especializados, la intensificación de la caza y la pesca, la metodización del almacenamiento de alimentos y el calentamiento de los hogares y de su cuerpo, aunado a la introducción de métodos e instrumentos de caza más perfeccionados, fue apremiada por la necesidad de afrontar y solventar los escollos provenientes de la persistente glaciación y de los contrastes estacionales.

A la ola glacial Würm, de la cual surge el Cromañón, no sobreviviría la amplia gama de pre-homínidos preliminares; sólo el Homo Erectus llegó hasta sus inicios y exclusivamente el Neándertal lo consiguió hasta su fin.

¿Cómo es que la rama físicamente menos apta, maciza y más vulnerable inmunológicamente, de inferior tamaño cerebral a las otras bifurcaciones homínidas, lograría salir triunfante de la lucha por la supervivencia?

Acaso el Cromañón disponía de una conceptualización de adaptación más eficiente que el Neándertal, posibilitándole habitar en climas y entornos disímiles.

Adriano Romualdi describe así los milenios que siguen a la llegada del hombre a Europa[9]: "Durante decenas de miles de años una profunda cubierta de hielo se extendió por toda a Europa septentrional, alcanzando el curso inferior del Rin y los Cárpatos. En aquella época la Europa central era una tundra polar, mientras en la Península Ibérica vivían grandes manadas de renos y de bisontes. Las comunidades humanas que permanecieron en el continente se concentraban principalmente en las costas atlánticas, donde el clima marítimo y la Corriente del Golfo, junto a una gran cantidad de abrigos y cavernas, ofrecían condiciones de vida más tolerables. En esta eterna estación de niebla y hielo, semejante a un día de noviembre, húmedo y frío, no lo suficientemente gélida como para impedir la vida pero sí lo bastante como para hacerla dura y difícil, creció un tipo humano de pigmentación débil y ojos claros, mal adaptado a la luz y al calor del sol, pero alto, robusto, duramente seleccionado y provisto de mesura, firmeza y tenacidad, a partir de la raza de Cromañón".

## ¿Convivencia o guerra?

Existen consideraciones respecto a que el Neándertal y el Cromañón convivieron en Europa central y occidental. El Cromañón apenas necesitó una pequeña ventaja demográfica para sobrepasar a la población indígena de neandertales, que se iría extinguiendo, y como se ha planteado en repetidas ocasiones, ese complejo proceso de reemplazo biológico del Neándertal por el Cromañón, aún no explicado del todo, se debió a muchos factores: el movimiento demográfico, la aniquilación y, también, la lenta asimilación e hibridación de ambas poblaciones.

El Cromañón, más ágil que el Neándertal, surgió con menos volumen cerebral pero más evolucionado en su cooperación social, más hábil como cazador y en su capacidad de comunicación verbal, y más decidido a defender y diputar los territorios de caza al Neándertal.

Para algunos, la posesión de armas más perfeccionadas, el objeto real que le brindaba preeminencia sobre el resto de los animales, y de sus semejantes homínidos, posibilitó al Cromañón la invasión de los terrenos neandertaleses y la consecuente cacería en masa de éste.

En sentido solamente tecnológico, la transición de uno al otro resulta todavía más confusa, ya que los depósitos de Saint Césaire y Arcy-sur-Cure, igual que en otras localizaciones en Europa, muestran que la tecnología del llamado Musteriense, propio del Neándertal, dominaba sobre los artefactos del Paleolítico Superior, como en el caso de los cuchillos.

El decrecimiento en la corpulencia anatómica del Sapiens sapiens sugiere que ya no necesitó de la fortaleza física para sobrevivir y reproducirse con éxito. En la actualidad se notan los vestigios de un mecanismo genético previsor a las glaciaciones: los humanos aumentan de peso, automáticamente, a fines de la primavera y especialmente antes del invierno.

Al sur de la capa de hielo, en Inglaterra, España, Francia y en el pasillo que se extiende de Bohemia hasta Siberia, corría una extensa tundra forestal plana, de valles y corrientes ribereñas, donde pastaban y migraban las manadas de mamuts cazadas por el hábil e inteligente Homo sapiens, de cultura asombrosamente sofisticada, dinámica y exitosamente adaptada a las diferentes regiones, climas y ecologías.

Se han encontrado fósiles del Cromañón relativamente pequeños, de 1,60 m. y otros de estaturas considerables, de 1,80 m. Algunos especulan que Medio Oriente habría resultado el lugar con mayores posibilidades de incubación del Cromañón, que se adaptó con comodidad a la Edad de Hielo y vivió todo el final de la glaciación, hasta el 13,000 a. C. En el breve respiro climático que se inició hace 50,000 años, el Cromañón o Sapiens sapiens inició su incursión hacia Europa, a las tierras del Neándertal.

El Cromañón vivió en áreas extensamente diseminadas: la Europa atlántica, el Mediterráneo, Europa central, Eurasia, incluso en zonas tan inhóspitas como el círculo ártico. Ejemplos de esto son el Homo de Brno, el de Predmost y el de Dordogne; existen también los cromañones negroides de Grimaldi, como una variante de los tipos existentes en el Paleolítico Superior.

Son numerosas también en Medio Oriente las estaciones del Paleolítico Superior; a su vez, del Asia monzónica partieron grandes conquistas prehistóricas del Cromañón hacia tierras nuevas, al otro lado del océano.

El homínido moderno, como el Cromañón, que sobrepasaba los seis pies de estatura, y el más pequeño, el Combe-Capelle, que pobló el Mediterráneo y el Medio Oriente, aparecieron en Europa hace 37 mil años, exhibiendo un amplio arsenal de instrumentos y manifestándose de forma exuberante en el arte pictórico, escultórico, decorativo, de dibujos y relieves, pleno de imágenes y símbolos, y en la música.

## Triunfa el Cromañón

Escribe el antropólogo alemán Carl–Heinz Boettcher sobre las características de las poblaciones de cromañones[10]: "En resumen, se evidencia ya al menos desde el mesolítico una separación de Europa entre dos complejos de población, tal y como ocurre en mayor o menor medida en la actualidad.

Uno presenta un tipo humano más robusto y más bien despigmentado, mientras que el otro es más grácil y más bien oscuro. No obstante, ambos son európidos".

Con todo, el complejo nórdico no está circunscrito al territorio de la Europa septentrional y noroccidental. Alcanza, presentando toda una variedad de particularidades, desde las costas bretonas a los ríos ucranianos, y lo sumaría de esta manera[11]: "Ambos grupos de población eur ópida se separaron al menos desde el Mesolítico y se diferenciaron también de manera llamativa en lo relativo a sus ritos funerarios. En el Norte se enterraba a los muertos en decúbito supino, con la mirada dirigida hacia el cielo, en el Sur flexionados, en el seno materno de la Tierra".

Dos ritos que testimonian el contraste entre dos mundos que no tardarán en entrar en colisión.

Si el humano prehistórico fue "religioso", es un misterio para nosotros porque sus mensajes, en caso de que hayan conseguido llegar hasta hoy, lo han hecho truncados por el tiempo, la ruina, el saqueo... y el silencio. En un entorno de absoluta supervivencia en el que ellos tuvieron que moverse necesariamente, cualquier manifestación que no implique mera utilidad nos parece indicar una voluntad de trascendencia.

En nuestros días se ha conseguido asentar una certeza sobre operaciones de culto religioso y sobre un armazón de creencias entre los humanos primitivos.

Una historia de la conciencia que de sí mismo ha tenido el humano; una historia de los modos típicos en que el humano se ha pensado, se ha contemplado, se ha sentido y se ha visto a sí mismo en los diversos órdenes del ser, debería preceder a la historia de las teorías acerca del humano –teorías míticas, religiosas, teológicas, filosóficas.

Los llamados primitivos se sentían totalmente afines y unos con el mundo animal y vegetal de su grupo y de su ámbito. Como recientemente ha explicado el filosofo Ernst Cassirer[12] en términos claros y bellos, el humano no se destaca netamente sobre la naturaleza, en vida y sentimiento, en pensamiento y teoría, hasta la culminación de la cultura griega clásica[13].

Un típico hueso auriñaciense, encontrado en el sitio de Abri Blanchard, en la región Dordogne francesa, presenta un modelo lunar de 6 meses o dos estaciones y el símbolo de una vulva, igual que la forma de vulva hallada en huesos y piedras de este período, tan lejos físicamente como en el país checo.

Una perfecta fase lunar con sus interrupciones se estampó en los grabados en placas óseas halladas en Abri–Lartet, en el valle del Vézère, al principio del auriñaciense.

Las marcas y notaciones complejísimas del batón de Cueto de la Mina, en Asturias, apuntan los días, la fase lunar, el mes preciso para el crecimiento de ciertas plantas y la recogida de frutos y nueces, la pesca, los ritos relacionados con la venida de la primavera, el equinoccio de verano, el otoño y el inicio del invierno. La placa ósea de Cueto de la Mina, integra nociones de aritmética, astronomía y escritura, de simbolismo abstracto y de notaciones[14].

# Piedras y huesos grabados

Del período Magdaleniense, en la localidad de LePlacard, hay ejemplos de objetos —bastones óseos, con entalles lineales y en agregados seriados— que proponen un uso práctico, administrativo, y para fijar las fechas de las ceremonias, aproximándose suficientemente al modelo lunar. Dos placas óseas en la gruta LePlacard, en Francia occidental, representan una tradición más evolucionada de las notaciones lunares[15]; esos bastones ya se encuentran desde el Auriñaciense, aunque ya serán más abundantes en el Magdaleniense.

Tales secuencias irregulares de notaciones y grupos seriados, acumulativos y no aritméticos, labrados en hueso, tienen variada intencionalidad, como marcar la duración de los viajes o las fechas de las visitas, registrar menstruaciones y embarazo, o los ciclos particulares de iniciación.

En la cueva de Parpallo, en España, se ha localizado más de un millar de piedras grabadas y pintadas en composiciones geométricas, con imágenes de animales e incisiones hechas en marfil moldeado en dagas, todas ellas interconectadas en estilo de serpentina, que pertenecen a todos los períodos culturales del Cromañón: el Auriñaciense, el Magdaleniense y el Solutrense.

Estos motivos nos introducen en los conceptos que tal sociedad manejaba de manera cotidiana sobre la periodización del tiempo, estaciones anuales y rituales. 4,000 años después de su introducción, esta rica cultura Solutrense se borró del mismo modo que había aparecido, repentinamente. Entonces compareció la cultura del Cromañón del Perigordense[16], cuya relación social era más compleja y variada; ya cocinaban en vasijas y las viviendas comunales disponían de zanjas para el drenaje.

El Cromañón generalizó la primera actividad que pudiera definirse como agricultura, y la selección de plantas silvestres para su alimentación a partir del Medio Oriente, al lograr desenvolver cultivos cerealeros que resultarían básicos para su supervivencia, y con la domesticación de animales como el perro, la cabra, el cerdo y el ganado vacuno. Si la aparición y la desaparición del Neándertal fueron sorpresivas, igualmente sucedió con la desaparición del Cromañón y la de su hábitat: la cultura cazadora.

Este es otro de los enigmas por ahora inexplicados: ese final abrupto de la cultura del Cromañón, hace 13 mil años, que coincide también con el final de de la violenta glaciación Würm–Wisconsin, y con un torrente deshielo, ¿el diluvio final? Luego de estos enigmas, compareció acaso el más desconcertante de todos: la aparición de las comunidades sedentarias agrícolas, otro salto que no encuentra explicación.

# En la Edad de Hielo

Nuestro género bimano no permutó audazmente los árboles por las sabanas como un vegetariano noble; el homínido como cazador mataría para vivir; el Homo es las dos cosas: el benévolo y compasivo animal, el único que comparte su alimento, y una bestia carnívora, implacable e inteligente, un sanguinario cazador insensible a la piedad, la más compleja y diferente de las especies del planeta.

Analizando este proceso evolutivo de los ancestros humanos, el homínido no tenía tiempo aún para haber desarrollado su civilización, imbuido en su lenta acumulación de experiencia, que no lo diferenciaba de los otros primates.

A partir del Paleolítico superior[17] se abre la etapa de la figuración gráfica. El humano del caballo y del bisonte deja ya miles de figuras que constituyen vestigios de una literatura oral que puede ser tratada como tal. Como un eco lejano, el arte prehistórico conservado en abrigos naturales nos atestigua que sus autores percibieron lo trascendente.

Los grandes pensadores que definieron al humano como animal racional no eran empiristas ni trataron nunca de proporcionar una noción empírica de la naturaleza humana. Con esta definición expresaban, más bien, un imperativo ético fundamental. La razón es un término verdaderamente inadecuado para abarcar las formas de la vida cultural humana en toda su riqueza y diversidad, pero todas estas son formas simbólicas.

El humano primitivo no mira a la naturaleza con los ojos de un naturalista que desea clasificar las cosas para satisfacer una curiosidad intelectual, ni se acerca a ella con intereses meramente pragmáticos o técnicos. No es para él ni un mero objeto de conocimiento ni el campo de sus necesidades prácticas inmediatas.

No se atribuye a sí mismo un lugar único y privilegiado en la jerarquía de la naturaleza. La vida posee la misma dignidad religiosa en sus formas más humildes y más elevadas; los humanos y los animales, los animales y las plantas se hallan al mismo nivel[18].

Todo indica que tan lejos como hace 30 mil años, estas comunidades homínidas de la Edad de Hielo europea utilizaban un sistema de notación evolucionado, complejo y sofisticado; una tradición que parece era anterior en varios miles de años.

Asimismo parece que era usada por otros tipos de homínidos modernos, como la cultura del Homo de Combe–Capelle en la República Checa y Rusia, y por otras aglomeraciones de sapiens en Italia y España. Esta tradición de las notaciones se hallaba tan extendida que la pregunta lógica es de si la misma se había iniciado con el Neándertal, además de presentar interrogantes concernientes a la evolución de la inteligencia y de las habilidades cognoscitivas de la especie humana.

# La industria del Cromañón

El Cromañón del Alto Paleolítico estaba obligado a ser un experto de la calidad y uso de todo lo que podía aprovecharse de los animales, de las plantas comestibles, de las venenosas y medicinales, de las fibras vegetales para la vestimenta, de la madera que mejor servía de combustible, de un sinnúmero de piedras con las cuales elaboró millares de artefactos delicadamente pulidos, muchos de los cuales aún desconocemos qué uso tenían.

El Cromañón conocía la calidad específica de los suelos, de la arcilla, de los óxidos colorantes que le servían para sus pinturas rupestres, sus tatuajes y sus estampas en los textiles. Levantaba estructuras para tiendas, corrales, nidos, huecos, fogatas, drenajes, trampas de animales. Fabricaba —entre otras cosas— agujas, arpones, boomerang, arcos y flechas, cerbatanas y lámparas de aceite.

Este Cromañón produjo copiosas evidencias de nichos, espaciosas viviendas comunales de ramas, huesos de mamuts y forradas de pieles, o de rocas y arcillas con pisos de lajas de piedra; almacenaba alimentos, utilizaba fogones de carbón y cercaba sus recintos con palizadas de rocas, arcilla y troncos para evitar las fieras.

En su bagaje este nuevo sapiens traía consigo del Levante un instrumento más eficiente que los de las ramas homínidas anteriores: un medio de comunicación verbal más amplio; también, la práctica del arte rupestre y de la ornamentación personal. Se expresaría en el arte rupestre, la música, las danzas y los probables mitos. Esculpía figuras humanas y de animales, en marfil y en una mezcla cocida en fuego de terracota con ceniza y grasa.

En medio de ceremonias enterraba sus muertos ornamentados. Se decoraba con colores y se vestía con pieles, engalanándose el cuerpo y la cabeza con anillos, collares y brazaletes.

El Cromañón se introdujo muy adentro de las regiones heladas, más al norte de lo que se suponía, en medio de un clima riguroso y procurando el alimento en una fauna fría como el reno, el mamut y el rinoceronte lanudo.

El Cromañón perfeccionó la extensa industria lítica recibida de los neandertaleses y creó nuevo instrumental; sin embargo sus culturas locales diferían unas de otras formando un fondo tipológico diverso en este medio del Paleolítico Superior.

La base tecnológica para la triunfante adaptación del Cromañón a las rudezas climáticas descansó en múltiples factores, relacionados con una cuidadosa selección de las piedras para fabricar su arsenal técnico[19].

# La cultura Auriñaciense

Aún quedan en nuestra memoria colectiva los ecos de aquella epopeya contra los hielos[20]: "Se ha afirmado a veces que el Paleolítico Superior en Europa parece más un prolongado epílogo que el prólogo de un amanecer.

Todavía en el *Avesta*, en el *Veda* o en los testimonios tradicionales célticos, podemos encontrar ecos de la nostalgia con la que los antepasados de celtas e indoiranios miraban hacia los hielos del norte, de la memoria del *Airyana Vaejo*, la Patria de los Orígenes. Quién sabe, pero en todo caso la ciencia no está en condiciones de afirmar demasiado sobre los milenios que preceden a esta súbita aparición".

La diversidad de utensilios generalizada en el Paleolítico Superior, sin dudas es una herencia neandertalesa pero más especializada y sofisticada, sobre todo en la fabricación de cuchillos y pedernales, para la producción en forma sistematizada de utensilios secundarios empleados en su vida cotidiana: puntas, pulidores, anzuelos, lanzas, propulsores de gancho, agujas con hueco, cuentas de collar; inventaría la lanza arrojadiza y se debate si en el Paleolítico Superior el Cromañón había logrado idear el arco y la flecha.

Las muestras recogidas, de hace 20 mil años, de la ya madura cultura Auriñaciense, exponen el refinamiento del pulido y las técnicas para la manufactura de instrumentos óseos, para la perforación en piedra y hueso, y la explosión en las ornamentaciones personales que definían la identidad social del individuo, en términos de género, filiación grupal y papel social.

En una de las cuevas de Lascaux se encontró una porción de soga carbonizada, indicativo de la preparación de fibras para la confección de cuerdas, y de lo inadecuado de la interpretación arqueológica actual, que solo se fija en el instrumental imperecedero para clasificar las culturas[21].

El control del fuego se logró hace por lo menos 500,000 años, y con él la luz artificial, un recurso esencial para extender la actividad humana a tiempos y espacios en los que, anteriormente, la oscuridad no lo permitía.

# 17 Las lámparas de piedra

## La primera revolución técnica

La invención de los hachones de madera resinosa y las lámparas de piedra —como la de los esquimales actuales—, en la Europa de hace 40 mil años, ofreció al Cromañón el primer medio portátil de explotar este segundo aspecto del fuego: la iluminación. En sus lámparas utilizaba como combustible los líquenes y las ramas secas envueltas en grasa animal.

Con el Cromañón la cocina se generaliza y es permanente, con lo que se denota un control absoluto del fuego y una dieta más balanceada con vegetales. Las lámparas talladas con mango provienen del período cultural Solutrense[1] y del Magdaleniense inferior[2].

Durante la fuerte glaciación que hace 21,000 años cubrió el norte y centro de Europa, las culturas auriñaciense y Perigordense del Cromañón desaparecieron, dando paso a una nueva y más avanzada sociedad del Cromañón, la

Solutrense, que se extendió de Hungría a España con un nuevo conjunto de ideas, como puede observarse en el valle de Vézère.

El debate se centra en si la cultura Solutrense desbancó a las precedentes mediante una revolución técnica, con instrumental de piedra, puntas de proyectiles, agujas, elementos ornamentales y decorativos más sofisticados, y una copiosa elaboración en cuero y pieles para ropas, tiendas, vasijas y demás.

Las comunidades solutrenses del Cromañón se desplazaban periódicamente tras los rebaños de herbívoros, abrigándose en cuevas o armando campamentos, a lo largo de sus recorridos. También llama la atención que cincelaron en huesos notaciones de forma rítmica, que comienzan con el creciente lunar y finalizan un mes después; algunos de ellos pronostican dos meses de cacería y otros exhiben mayor complejidad.

El arte del Paleolítico Superior desarrollado por el Cromañón produce las primeras manifestaciones presumiblemente hace 40 mil años, y se extiende sobre un área enorme de Europa y Eurasia hasta Siberia, con mayores concentraciones en España, el sur de Francia y la Europa central y oriental, por resultar las más estudiadas.

El arte floreció en Australia y África del Sur al mismo tiempo que en Europa. Se han localizado más de diez mil objetos esculpidos y grabados en cientos de puntos de Europa, el sur de África, el norte de Asia y en Australia.

Algunas pinturas en Australia de manos humanas, cocodrilos y canguros así como los grabados en roca de Bimbowrie–Hill que exceden los 40 mil años. En Rusia, los relieves en fósiles marinos de Kostenki, tienen 36 mil años, el pendiente de marfil de Sungir se remonta a 28 mil años y la figurina femenina de marfil de Avdeevo a 25 mil años.

El artista no retrata o copia un cierto objeto empírico, un paisaje con sus colinas y montañas, con sus ríos y escarpadas; lo que nos ofrece es la fisonomía individual y momentánea del paisaje; trata de expresar la atmósfera de las cosas, el juego de luces y sombras. Un paisaje no es el mismo al amanecer, al mediodía, en un día de lluvia o de sol[3]. La Venus de Willendorf, en Austria, se esculpió hace 30 mil años y el pendiente serpentino de Grimaldi, Italia, hace 23 mil años. En el sur de África, hay grabados en hueso de 40 mil años y las pinturas en paredes de la cueva Apollo, en Namibia, probablemente tienen 27,000 años.

## Al arte abstracto

En esta cultura del hueso y el marfil, se mezclan las pinturas, grabados y esculturas; los estilos transcurren del realismo a la abstracción; los materiales incluyen piedra, hueso, astas, marfil, madera, pigmentos, dientes, uñas, conchas y barro; y las representaciones incumben a los animales, las plantas, las formas geométricas, la naturaleza circundante y los humanos.

El método pictórico utilizado por el Cromañón envolvía esencialmente la técnica del soplado con la boca del pigmento ensalivado, o quizás utilizando una cánula; asimismo hicieron uso de pinceles. La interrogante es por qué tienen preponderancia en este arte rupestre las imágenes animales por encima de las humanas.

Las pinturas rupestres son un decorado sin texto teatral en un escenario iluminado por las débiles luces de la conjetura; no hay vestuario, ni partitura musical. No conocemos cómo debemos aplicar la palabra "religión" a un "santuario" que consiste en un abrigo natural decorado con grabados y pinturas de las que sólo conocemos su antigüedad aproximada, y la composición del colorante.

Sólo podemos ceñirnos a las manifestaciones y preocupaciones del creador que, en apariencia, sobrepasan el orden natural de la mera subsistencia; la prolongación de la especie o un asombro frente al misterio de la muerte son todavía terrenos más conjeturales, por lo que más inciertas serán las conclusiones.

No hay entre el humano y el animal diferencias de esencia. En ellos actúan los mismos elementos, las mismas fuerzas y leyes que en todos los demás seres vivos, solo que con consecuencias más complejas; el humano no es un "ser racional" sino un ser instintivo.

En las sociedades totémicas encontramos plantas tótem junto a animales tótem y el mismo principio de la solidaridad y unidad continua de la vida si pasamos del espacio al tiempo. Vale no sólo el orden de la simultaneidad sino también en el de la sucesión.

Al igual que los neandertaleses, el Cromañón gustaba de la vasta ornamentación personal, demostrando que su Universo era un mundo colorido y en movimiento; en sus creencias animistas el Cromañón se considera una encarnación de los animales.

Al lado de la ornamentación de figuras de animales en armas y utensilios, quedan enigmas como los bastones perforados, decoraciones geométricas en profusión al lado de las realistas, figuras antropomorfas.

En el totemismo el hombre no sólo se considera como descendiente de cierta especie animal; un vínculo tanto actual y real como genésico conecta toda su vida física y toda su existencia social con sus antepasados totémicos. En muchos casos esta conexión es sentida y expresada como identidad[4].

El tipo de arte más antiguo es la ornamentación y decoración personal como pendientes, collares, brazaletes, pinturas y tatuajes. En la localidad de Sungir–Vladimir, se descubrieron los restos de un humano de sesenta años, un niño de doce años y una niña de diez años ornamentados con decoraciones que enfatizaban la distinción de sexo, edad y grupo social[5].

Ciñéndonos a esas fechas, el arte rupestre[6] se difundió casi exclusivamente en la Europa atlántica, aunque también (en menor abundancia) en el interior de las penínsulas Ibérica e Itálica, Rumania y Rusia; en Asia sólo hay vestigios en el sur de Siberia; las pinturas de África no pueden fecharse con seguridad, y en América y Oceanía no se conocen.

El núcleo principal se extiende por la región franco–cantábrica, desde el oeste de las tierras asturianas, continuando por Cantabria, los Pirineos y la margen derecha del Ródano.

Aunque existen representaciones figurativas en rocas al aire libre o en entradas de abrigos, las mejores creaciones se encuentran en el interior de las cuevas, en algunos casos en zonas muy alejadas de la entrada, para lo cual los artistas tuvieron que ayudarse de luz artificial proporcionada por lamparillas de arenisca[7] alimentadas con grasa animal.

## Las etapas líticas

Los científicos han clasificado los estilos y la cronología a partir de diversos hallazgos.

De 35-30,000: primeras manifestaciones decorativas muy simples: Arcy–sur–Cure, Laugerie–Haute, en Francia. De 30-25,000: primeros grabados sobre piedra, toscas representaciones animales, símbolos femeninos y abstractos: Cellier (Francia).

De 25-18,000: representaciones de especies animales reconocibles en accesos a las cuevas:

Pair–non–Pair, en Francia. De 17-13,000: pinturas de animales con volumen, todavía en las bocas de las cavernas, aunque alguna, como en Lascaux, ya en el interior.

De 13-10,000: perfección de proporciones y movimiento: Lascaux en Francia; Altamira, España. De 10-8,000: representaciones muy realistas y con movimiento, animales en grupos y en distintas actitudes: Limeuil, en Francia.

De 8-6,000: en el Levante español se representan actividades cinegéticas humanas en cuevas de Cádiz, Jaén, Almería, Murcia, Albacete, Cuenca, Teruel, interior de Valencia, Castellón, Tarragona y Lérida.

Lo más impresionante del Cromañón era su inclinación a plasmar su arte plástico en lugares permanentes, como las paredes de grutas. Más de doscientas cuevas Paleolíticas con frescos de pinturas, grabados, decoraciones en bajorrelieve y esculturas, han sido halladas.

Para el 22 mil a. C., se encontraron las primeras evidencias de pinturas en cavernas, algunas con estampas de animales, otras reflejando figuras mitad humanas mitad animales, o símbolos abstractos.

Las primeras muestras de arte paleolítico fueron descubiertas en el último tercio del siglo XIX en Francia y Suiza y en Altamira, España[5]. En un arte naturalista y prodigiosamente maduro, se expresan la fantasía, los ritos en rojo y en negro, los bisontes embrujados, los emblemas de fecundidad, la perfección del movimiento de las siluetas, el brujo de la cueva de los Trois–Fréres, vestido con su piel de Ciervo por medio de lo cual se expresaban las preocupaciones y la religión de un Auriñaciense o de un Magdaleniense.

Las discusiones que siguieron a los descubrimientos dieron pie a reconocer en la humanidad prehistórica un rasgo fundamental: fue el origen común de la religión y el arte. Incluso en las obras menos figurativas y más despojadas de contenido religioso, hay un mensaje mediante el cual, a través de las formas, se pretende llenar la necesidad individual y social de un punto de inserción en el mundo móvil y aleatorio que le rodea.

Pueden establecerse dos períodos del arte paleolítico; el más sencillo, de figuras sin contornos, de rigidez esquemática, el llamado "perfil absoluto" en perspectiva torcida del realismo intelectual del período Auriño–perigordiense, y el ciclo siguiente, donde cobra mayor fuerza expresiva el realismo natural con representaciones más elaboradas de los animales.

En ellos destacan los detalles y las individualidades del período Solutro–magdaleniense y de la cultura Magdaleniense, bautizada así por los hallazgos encontrados en las cuevas de La Madeleine en las márgenes del río Vézère[8].

## Creatividad franco-cantábrica

Poco interés interpretativo se ha concedido a la explosión de creatividad franco–cantábrica con sus imágenes de animales, mujeres, decoración personal, notaciones calendáricas, el arte de las cuevas y la biblioteca de símbolos y motivos; a los frescos rupestres paleolíticos como los de Lascaux, Altamira, La Mouthe, Le Tue d'Audoubert, Rouffignac, la gruta de Gabillou y Ribadesella; a las cavernas de Mas d'Azil, donde se hallan las impresiones de manos humanas paleolíticas.

Asimismo se encuentra la gruta de Paglicci, en Apulia y la de Niaux en los Pirineos; las cuevas magdaleniense de Pekarna (Moravia), las de La Vache con sus bisontes, el sitio de La Colombière y el de Les Hoteaux, ambos en las riberas del Ain; en Les Trois Frères y en La Vache[9] ; los batones de Roc de Courbet (Tarn–et–Garonne); las piedras grabadas de Limeuil y las de Le Morin (Dordogne), hacia finales del Magdaleniense; en Labastide, en los Altos Pirineos; en La Marcha, al norte de Les Eyzies.

Las cuevas de Chauvet[10], una verdadera catedral paleolítica, fascinan por su estética y economía de líneas, por la combinación de escultura y gráfica, de imágenes funcionales. Mientras Lascaux está repleta de animales pacíficos, incluyendo ganado salvaje como el bisón y los caballos, en Chauvet pululan animales temibles como el oso cavernario, la pantera y los rinocerontes lanudos.

La consistencia de la iconografía parece obedecer a ciertas reglas de ubicación e incluso del estilo en el dibujo de los animales, evidenciando un tratamiento sacro. En Australia existen más de diez mil sitios rocosos en Arnhem–Land, cada uno de ellos conteniendo cientos de pinturas. Lo que caracteriza a la mentalidad primitiva no es su lógica, sino su sentimiento general de la vida.

En modo alguno le falta al hombre primitivo capacidad para captar las diferencias empíricas de las cosas, pero en su concepción de la naturaleza y de la vida todas estas diferencias se hallan superadas por un sentimiento ms fuerte: la convicción profunda de una solidaridad fundamental e indeleble de la vida que salta por sobre la multiplicidad de sus formas singulares[11].

Por lo que respecta al arte, el Paleolítico abarca tres categorías de temas: animales, humanos y signos. Estos últimos son muy numerosos y están presentes en todas las cavernas descubiertas.

En los signos se han querido ver trampas de caza, trampas–choza para cazar espíritus, armas o trofeos conmemorativos. Sin embargo, en otros análisis estilísticos y estadísticos se invita a pensar en la hipótesis de que fueran símbolos de carácter sexual masculino y femenino, y de que se trataría de una primera percepción de la dualidad y la síntesis.

Los animales representados en el arte del Paleolítico son un número limitado de ciertas especies más bien de gran tamaño, y parece que fijan las estaciones en que las manadas aparecen.

De acuerdo con Leroi–Gourhan[12], tanto el caballo como el bisonte resultan los animales centrales en el arte Paleolítico, asociados a signos y símbolos, implicando toda una mitología; las plantas también resultan un signo o símbolo crucial en el mismo;

otras imágenes son de secuencias de marcas y puntos semejando notaciones; escenas de magias y danzas que sugieren ritos y el recuento de historias, así como figuras femeninas, tanto completas como en estilo abstracto.

## Lascaux

En las cuevas de Lascaux[13] está representada la serpiente que al ser ritualizada junto a las plantas parece desempeñar una parte central en una secuencia de ceremonias y mitos; todo ello junto a símbolos femeninos asociados también con el toro, el cual emerge de una vulva.

Las ramas con nuevas hojas están asociadas a yeguas preñadas, vacas y a la primavera, mientras el otoño se discierne con signos masculinos, como el caballo o el toro. Así, el caballo, como especie, se halla asociado en mitos y ceremonias de feminidad y masculinidad, y la sexualidad con los poderes del crecimiento.

En las pinturas rupestres, la representación de animales heridos ha sido un "argumento" en favor de una interpretación mágica de las escenas, según la cual los humanos de la Edad de Piedra remota herían la imagen de los animales para asegurarse el éxito de la caza.

Pero un recuento de los animales pintados en las poco más de 125 cuevas que se conocen, con más de 2,500 figuras, demuestra que los animales heridos representan un por ciento insignificante de todos los animales representados, lo cual no implica, por supuesto, que los primitivos renunciaran a sus expediciones de caza, o que en ellas fracasaran en la misma proporción.

Sin magia, el arte paleolítico pierde absolutamente cualquier carácter utilitario y pasa a ser sólo manifestación del espíritu: arte.

Cada proceso identificado y empleado en la cultura humana se transfiguraba en una anécdota que incluía peculiaridades y formas como espíritus, entes, elementos naturales, animales, objetos. El espectro y la extensión de estas imágenes femeninas y las diversas formas de su presentación y uso rechazan cualquier interpretación simple.

El lenguaje, el mito, el arte y la religión constituyen partes de este universo, forman los diversos hilos que tejen la red simbólica, la urdimbre complicada de la experiencia humana. Todo progreso en pensamiento y experiencia afina y refuerza esta red[14].

La imaginería paleolítica representa diferentes rasgos y categorías de la feminidad, donde cada cual tenía su rango y significado, pero ello no significa una realidad dividida entre humanos y mujeres, sino una naturaleza cognoscitiva donde se hallan balanceadas las relaciones normales dentro de la familia y los grupos humanos.

Las pinturas de las cavernas muestran un mundo auténticamente organizado. No percibimos un sistema simbólico, pero sí advertimos que el conjunto se apoya en representaciones cuya disposición supone un pensamiento más allá del prejuicio que sobre él nos habían transmitido los teóricos.

# El Universo simbólico

Eso que llamamos "conocimiento" no es sino una serie de imágenes que se interponen entre el estímulo y la reacción del organismo. Una vez adquirida la certeza de que existe una organización de conjunto, podemos realizar un análisis de los temas tratados y buscar indicios de su relación mutua.

Comparado con los demás animales el humano no sólo vive en una realidad más amplia, sino, por decirlo así, en una nueva dimensión de la realidad; ya no vive solamente en un puro Universo físico sino en un Universo simbólico.

El lenguaje, el mito, el arte y la religión constituyen partes de este Universo, forman los diversos hilos que tejen la red simbólica, la urdimbre complicada de la experiencia humana. Vive, más bien, en medio de emociones, esperanzas y temores, ilusiones y desilusiones imaginarias, en medio de sus fantasías y de sus sueños.

En cierto sentido, todo el pensamiento mítico puede ser interpretado por una negación obstinada del fenómeno de la muerte. En virtud de esta convicción acerca de la unidad compacta y de la continuidad de la vida el mito tiene que eliminar este fenómeno; la religión primitiva representa acaso la afirmación más vigorosa y enérgica de la vida que podemos encontrar en la cultura[15].

Sabemos que el Neándertal tenía comportamientos que iban más allá del beber y el comer, que amasaba bolas, recogía fósiles y ocre, y ocultaba a algunos de sus muertos. Quedan vestigios de un "culto" a las osamentas y al oso; han llegado hasta nosotros colmillos perforados para llevar colgados a modo de trofeo. Herbert Spencer[16] defendió la tesis de que se ha de considerar el culto a los antepasados como la fuente primera y el origen de la religión.

Los espíritus de los difuntos se convierten en los dioses domésticos y la vida y la prosperidad de la familia dependen de su socorro y favor. Pero de ahí no es fácil deducir ideas precisas sobre el modo de pensar de la Prehistoria, so pena de dar por verdad sentada lo que en realidad nunca sucedió, o sí fue pero por otros motivos.

En Mas d'Azil[17] y en otros yacimientos se encuentran cantos de piedra pintados: se han relacionado con los churinga australianos, las famosas "piedras del alma" de los antepasados que cada tribu guardaba como patrimonio sagrado.

"Un tótem -escribía James G. Frazer[18]- "es un objeto material al que el salvaje testimonia un supersticioso respeto porque cree que entre su propia persona y cada uno de los objetos de dicha especie existe una particularísima relación. Esta relación entre un hombre y su tótem es siempre recíproca. El tótem protege al hombre, y el hombre manifiesta su respeto hacia el tótem en diferentes modos; por ejemplo, no matándole cuando es un animal o no cogiéndole cuando es una planta. El tótem se distingue del fetiche en que no es nunca un objeto único, como este último, sino una especie animal o vegetal; con menos frecuencia, una clase de objetos inanimados, y más raramente aún, una clase de objetos artificialmente fabricados".

## El culto a los muertos

Los ritos funerarios tienen un significado claramente religioso, ya que son, en primer lugar, una respuesta elaborada a la constatación del hecho de la muerte –una reflexión trascendente– y una exaltación de la memoria de los muertos.

El culto a los muertos de las comunidades humanas primitivas implica la presencia de la conciencia de la muerte, probablemente la creencia en los espíritus de los muertos y en una comunidad de difuntos, y casi con toda seguridad, una concepción de la muerte como una prolongación de la vida con unas necesidades más o menos similares a esta.

Los enterramientos rituales prehistóricos, en los que se ataviaba al difunto con su ajuar, adornos y los atributos de que había gozado en vida, debían de tener ese significado, si no nos empeñamos en creer que sus coetáneos quisieran enterrar con el difunto todo rastro o recuerdo que de alguna manera prolongara la memoria de su presencia entre los vivos; de hecho, todavía nosotros adornamos a nuestros difuntos de esa manera siempre que es posible.

Los adornos más usuales debieron de ser los dientes de animales, las conchas y, sobre todo, los caninos de ciervos, éstos tan apreciados que hasta se hicieron imitaciones talladas en cuernos de reno, como se descubrió en un enterramiento de Arcy–sur–Cure, en Francia.

Como en todas las religiones perdidas, la de la Edad de Piedra nos ha llegado a través del arte conservado. En él encontramos, tras los símbolos de humanos o animales, una determinada concepción del orden universal. Innumerables religiones utilizaron figuras masculinas y femeninas como elemento central.

## El bisonte y el caballo

El arte paleolítico contiene también esa representación, con el añadido de un emparejamiento estadístico constituido por el bisonte y el caballo, o por una pareja de bisontes y una pareja de caballos que parecen representar dos grupos complementarios. Interviene a menudo un tercer animal: mamut, ciervo, cabra, etcétera.

No sería difícil encontrar esquemas mitológicos en los que la combinación binaria de personajes entra en relación con un tercero. Pero esa vinculación dinámica escapa a nuestra comprensión; por mucho que la fórmula se repita cientos de veces en las cavernas, lo único que afirma es la existencia de un sistema de representación sólidamente establecido.

Lo único que podemos constatar, aparte de un principio general de complementariedad entre símbolos de distinto valor sexual, es que las representaciones recubren un sistema extremadamente complejo y rico, una mitología que, a partir del año 12 mil a. C., quizás se prolongó evolucionando hasta tiempos posteriores, quizás incluso de un modo u otro hasta nuestros propios días, pero cuyo contenido siempre desconoceremos.

Que algún tipo de culto o trato ritualizado a los muertos fuera ya una realidad en la prehistoria espiritual de nuestros antepasados remotos es un hecho constatado por el hallazgo y estudio de los cadáveres primitivos depositados en las fosas, tendidos muchas veces en posición fetal, y según rituales tan disímiles y tan diversamente emocionales como lo pueden ser hoy en día en las dispares culturas de la especie humana común.

En el yacimiento de Sungir, en Belarús, bajo una gran losa de piedra sobre la que se había colocado un cráneo de mujer, apareció el cadáver de un humano de unos cincuenta años que había sido depositado, en el momento de su enterramiento, sobre un lecho de brasas incandescentes; veinte brazaletes hechos con colmillos de mamut cubrían sus brazos y sobre su pecho se había colocado un collar de dientes de zorro y un colgante de piedra.

En Grimaldi[19] existe la llamada Cueva de los Niños, donde se encontraron los restos de una mujer adulta y de un adolescente. La posición forzada de los esqueletos indica que fueron enterrados juntos, metidos en un saco de cuero: ¿una historia de sentimientos proyectada al más allá? Sí, en cualquier caso y bajo cualquier interpretación, novelesca o no.

En la necrópolis de Bögenbakken, en Dinamarca, fechada en el 5,300 a. C., se encontró una doble tumba que contenía el cadáver de una mujer muy joven y, a su lado, el de un recién nacido varón que reposaba sobre un ala de cisne.

Otro hallazgo sobrecogedor fue el del enterramiento triple descubierto en una fosa poco profunda en Dolni–Vestonice[20], con los restos de tres individuos de entre 17 y 23 años. Todos estaban orientados con la cabeza hacia el sur.

El del centro correspondía a una mujer con graves malformaciones y con vestigios de un feto en las proximidades de su pelvis. El de su izquierda, depositado boca abajo, tenía uno de sus brazos apoyado en la joven, como si estuviera protegiéndola.

Tanto él como su compañero, colocado al otro lado de la mujer, presentaban signos de muerte violenta. En el momento del enterramiento, la estructura había sido cubierta con maderos y posteriormente incendiada y cubierta con tierra.

## El Neo-lítico

Las primeras manifestaciones neolíticas propiamente dichas aparecen en el actual territorio de Israel a partir del año 8,600. Por aquel entonces, la Tierra debía de contar con alrededor de ocho millones de habitantes. Los nuevos descubrimientos fueron divulgándose lentamente, junto con otras innovaciones. En el año 8,000 a. C., se descubrió la cerámica en el Sahara y en Siria independientemente. Las vasijas de barro fueron prácticos sustitutos de los pesados recipientes de piedra. No obstante, el labrado de la piedra también se perfeccionó.

De hecho, la denominación Paleolítico–Neolítico marca el tránsito de la piedra tallada a la piedra pulimentada, si bien, como ya queda dicho, no es esta la diferencia más significativa entre ambas culturas, sino la aparición de la agricultura y la ganadería.

En el Neolítico, a partir del octavo milenio antes de nuestra era, se fueron imponiendo las sepulturas colectivas, situadas en zonas alejadas de las aldeas, al modo de nuestros cementerios.

En lugares tan dispares como Biblos[21], el Tigris medio o la meseta de Irán, los cadáveres se enterraban en grandes tinajas de cerámica común, pero de grandes dimensiones, como las utilizadas para almacenar el grano. También hubo, sobre todo en una amplia zona de la Europa central, sepulturas individuales, rodeadas o cubiertas de losas, o señalizadas por túmulos de grandes piedras.

Y la creencia en el más allá se tradujo con mayor firmeza en el incremento de la riqueza de las ofrendas y los ajuares funerarios.

El culto a los muertos se constata progresivamente, hasta el inicio de la historia propiamente dicha, en los rituales de conservación de los cráneos, práctica de la que se tiene constancia en Jericó y en Hacilar (Anatolia). Se han encontrado cráneos alineados sobre piedras llanas, posiblemente expuestos a la veneración de los vivos.

Estas y muchas otras inquietudes aparentemente funerarias culminaron con la construcción de grandes moles pétreas, llamadas megalitos[22] cuyo orígenes y significados todavía no son plenamente conocidos, pero que, en cualquier caso, constituyen los primeros monumentos funerarios que fueron construidos por la mano del humano y que han llegado más o menos intactos hasta nuestros días.

# ¿El buen salvaje?

Acorde con el antropólogo y filosofo alemán Ludwig Feuerbach[23]: "La religión es un sueño en el que nuestras propias concepciones y emociones se nos presentan como existencias separadas, como seres al margen de nosotros mismos. La mente religiosa no distingue entre lo subjetivo y lo objetivo, no tiene dudas; tiene la capacidad no de discernir cosas diferentes a ella misma, sino de ver sus propias concepciones fuera de sí misma, como seres independientes".

En el filósofo alemán Friedrich Nietzsche hallamos la crítica al "nihilismo europeo" acaba, en última instancia, con la negación del desarrollo cultural desde el advenimiento del cristianismo. El nihilismo del texto está esbozado con más exactitud.

Designa el secreto auto-desprecio del individuo en virtud de la contradicción entre ideología burguesa y realidad, un auto-desprecio que por lo general está ligado con la exaltada conciencia de la libertad y la magnitud propia o ajena. Como Nietzsche lleva demasiado lejos este concepto y lo entiende de un modo a-histórico, tiene que ignorar que el nihilismo no es superado ni por la sociedad ni de otro modo alguno[24].

La vinculación del yo interior con la historia está planteada por el vienes Sigmund Freud[25], el cual admite que "debe haber, además de la pulsión tendiente a conservar la sustancia viviente y a la unión en unidades cada vez mayores, otra, opuesta a aquella, que pugna por disolver esas unidades y retornar al estado primario inorgánico.

Es decir, además del Eros, una pulsión de muerte. El sentido del desarrollo cultural sería la lucha entre Eros y muerte, pulsión de vida y pulsión de destrucción tal como esa lucha se cumple en la especie humana. Esta es la filosofía de la historia de Freud, a partir de la hostilidad primaria humana, la sociedad civilizada está permanentemente amenazada por la destrucción, y es imposible una mejora duradera de las condiciones sociales[26].

En la polémica entre Eduard Meyer y Max Weber, Meyer consideraba inútil, e imposible de responder, la pregunta de si, en caso de no haber existido una cierta decisión voluntaria por parte de determinados personajes históricos, las guerras desencadenadas por ellos habrían ocurrido tarde o temprano. En oposición a ello, Weber señalaba que, así planteada, la explicación histórica es imposible[27].

La filosofía misma se ha desprendido del proyecto hegeliano al considerar imposible pensar y producir esta filosofía de la historia universal que las lecciones de 1830 intentaban fundamentar. De esta renuncia a Hegel, de esta salida del hegelianismo, la modalidad más importante no es la del rechazo sino más bien de la desviación, del desplazamiento.

# ¿Selección causal o ciega?

El programa explicado por Foucault, que consiste en determinar qué forma de relación puede ser legítimamente descrita entre las distintas series, se encuentra formulado en términos nuevos, que exigen ser elaborados en el límite de la práctica historiadora y de la reflexión filosófica de las nuevas preguntas.

En la década de 1920, el zoólogo británico Walter Garstang comenzó a diseminar la idea de que los vertebrados se habían originado súbitamente[28].

Los hechos culturales, pueden comparecer de repente, pero su período de incubación usualmente es subterráneo y toma largo tiempo. La filosofía no brotó repentinamente con los griegos, ni las ciencias aparecieron de pronto en los mesopotámicos, egipcios y chinos, ni la escritura con los sumerios[29].

Asimismo, la civilización no brotó súbitamente en el Creciente Fértil, ni la agricultura con el calendario surgió de la nada hace 10 mil años, ni el arte y la decoración nacieron de repente hace 40 mil años durante la Edad de Hielo. El arte, la agricultura, las ciencias, el calendario, la escritura, las ciudades, todo lo que fundamentó la civilización, no emergió de forma súbita.

Apunta el historiador Gordon Childe[30]: "Lo típico del razonamiento humano es que puede ir muchísimo más lejos de la situación actual, presente, que el razonamiento de cualquier otro animal". Con el desarrollo de la técnica vino la expansión de la mente y la necesidad de explicar los fenómenos naturales que gobernaban sus vidas. A través de millones de años, mediante aproximaciones sucesivas, nuestros antepasados comenzaron a establecer ciertas relaciones entre las cosas. Empezaron a hacer abstracciones, esto es, a generalizar a partir de la experiencia y la práctica[31].

El historiador Gordon Childe comenta lo siguiente[32]: "El razonamiento y todo lo que podemos llamar pensamiento, inclusive el del chimpancé, hace intervenir en las operaciones mentales lo que los psicólogos llaman imágenes. Una imagen visual, la representación mental de una banana, por ejemplo, ha de ser siempre la representación de una banana determinada en un conjunto determinado.

Una palabra, por el contrario, según lo explicado, es más general y abstracta, pues ha eliminado precisamente esos rasgos accidentales que dan individualidad a cualquier banana real. Las imágenes mentales de las palabras[33] constituyen 'fichas' muy cómodas en el proceso del pensamiento.

El pensar con su ayuda posee necesariamente esa cualidad de abstracción y generalidad que parece faltar en el pensamiento animal. Los humanos pueden pensar, lo mismo que hablar, sobre la clase de objetos llamados 'bananas'; el chimpancé nunca va más allá de 'esa banana en ese tubo'.

# Lo sobre-natural

De tal suerte el instrumento social denominado lenguaje ha contribuido a lo que se denomina grandilocuentemente 'la emancipación del humano de la esclavitud de lo concreto".

Frazer escribe[34]: "El salvaje concibe con dificultad la distinción entre lo natural y lo sobrenatural, comúnmente aceptada por los pueblos ya más avanzados. Para él, el mundo está funcionando en gran parte merced a ciertos agentes sobrenaturales que son seres personales que actúan por impulsos y motivos semejantes a los suyos propios y, como él, propensos a modificarlos por apelaciones a su piedad, a sus deseos y temores".

En un mundo así concebido no ve limitaciones a su poder de influir sobre el curso de los acontecimientos en beneficio propio. Las oraciones, promesas o amenazas a los dioses pueden asegurarle buen tiempo y abundantes cosechas; y si aconteciera, como muchas veces se ha creído, que un dios llegase a encarnar en su misma persona, ya no necesitaría apelar a seres más altos. Él, el propio salvaje, posee en sí mismo todos los poderes necesarios para acrecentar su propio bienestar y el de su prójimo".

Ludwig Feuerbach explica[35]: "El animal es sólo sensible al rayo de luz que inmediatamente afecta a la vida; mientras que el humano percibe la luz, para él físicamente indiferente, de la estrella más remota. Tan sólo el humano posee pasiones y alegrías desinteresadas y puramente intelectuales; sólo el ojo del humano mantiene festivales teóricos. El ojo que contempla los cielos estrellados, que medita sobre aquella luz al mismo tiempo inútil e inocua que no tiene nada en común con la Tierra y sus necesidades; este ojo ve en aquella luz su propia naturaleza, sus propios orígenes. El ojo es celestial por su propia naturaleza. De aquí que el humano se eleve por encima de la tierra sólo con el ojo; de aquí que la teoría comience con la contemplación de los cielos. Los primeros filósofos eran astrónomos".

No sabemos hasta qué punto el humano biológicamente es diferente al resto de los animales, pues el factor conciencia, algo innato de la naturaleza humana, debe establecer la diferencia. Los grandes pasos de la organización social humana han sido la horda familiar o consanguínea, la etnia tribal, el Estado-ciudad y el Estado-nación, la futura organización global terráquea, la futura federación planetaria del sistema solar.

Nuestra civilización, fragmentada en estados políticos discrepantes y con un sistema económico dividido que concede preferencia a la tecnología de destrucción, prescinde de los científicos e intelectuales humanistas, los únicos preparados para haberla encauzado hacia dimensiones superiores.

Al lado de la aparición del Homo sapiens, la comparecencia de las primeras civilizaciones humanas resulta uno de los fenómenos más inexplicables del homo. No fue el resultado lógico y natural de la evolución biológica del homo, ni de una progresión gradual de alguna evolución histórica conocida.

## La revolución neolítica

Los anales de la civilización y sus alcances se han planteado y estudiado sin que comparezcan sus antecedentes prehistóricos, apareciendo casi todas las sociedades, urbanas especialmente, como por arte de magia, como son los casos de Sumer, Egipto o China, para citar ejemplos. La sociedad civil no nació repentinamente en las riberas del río Nilo o en el Creciente Fértil, con la cultura de Sumer, ni en la urbe de Harappa en la India, hace seis milenios.

La agricultura y el calendario no emergieron de la nada hace 10,000 años con la "revolución neolítica", sino que su rastro se hunde profundamente en el tiempo.

Los hechos culturales no llegaron de pronto, como el arte y la decoración no nacieron imprevistamente hace 40,000 años durante la Edad de Hielo. La filosofía no brotó de pronto con los griegos, ni las ciencias aparecieron espontáneamente en el Egipto faraónico, con los mesopotámicos o los chinos, ni la escritura con los sumerios.

Ello, en parte, responde a una explicación racial eurocéntrica, hija de la hegemonía colonial del siglo XIX; y, también, por el egocentrismo de la nación de turno que por un período de tiempo logra la preeminencia tecnológica y política internacional, como sucede con España, Francia, Inglaterra o Alemania. El caso más patético es el de los Estados Unidos, donde la historia de América del Norte se inicia con la llegada de los peregrinos norte-europeos del *Mayflower*, en el siglo XVII, barriendo debajo de la alfombra la anteriormente prolongada presencia franco-hispana.

Todos los cronistas y pensadores antiguos, todos los mitos y libros sagrados, aluden a la existencia de esplendorosas civilizaciones anteriores que no hemos registrado en la Historia. Existen evidencias de sociedades humanas con alto desarrollo antes de esa fecha. Con el descubrimiento de pirámides neolíticas en Egipto, hoy día sabemos que las de Gizé no son las primeras que se construyeron en el valle del Nilo.

La formación cultural ha sido un período de la historia del humano, no necesariamente terminado sino superado. Prehistóricamente eran los dibujos y grabados en piedra y otros vehículos; luego las enseñanzas y tradiciones se escribían en poemas, en diálogos o se cantaban, y en otras se usó el papiro, el pergamino, las tablillas, etcétera; todo esto en rollos, códices y libros; más tarde la imprenta; se hacían los cálculos a papel y lápiz, y más tarde a regla de cálculo, luego a calculadoras electrónicas, etcétera. Es por ello que hoy cumplen este rol las computadoras personales y su software aplicado. Todo tiene un pro y un contra. Nada es del todo bueno o malo. Cada época marca su propio estadío, historia y destino.

## Los frescos rupestres

Se debió al abate Henri Breuil[36] el primer intento de fundar la cronología desechando los resultados cognoscitivos y culturales de este Homo de hielo. No importó que en los yacimientos neolíticos se exhibiese una acentuada sensibilidad con los frescos rupestres: simplemente fueron clasificados clínicamente como arte primitivo.

Pero la creación humana no se perfecciona con artefactos y herramientas, o con el paso del tiempo; si la cultura es un producto directo del avance tecnológico ¿cómo explicar las insuperables muestras plásticas de Altamira, Lascaux o Les Trois Frères? ¿Cómo interpretar que las etapas cumbres en la plástica[37] divergen abismalmente en sus niveles tecnológicos?

La fabricación de enseres y aperos, por un lado, y la creación artística de frescos, por otro, se figuró como si fuesen dos extremos opuestos: el lado práctico–agresivo y el espiritual– religioso.

Se ignoraron las abundantes anotaciones en piedra, en hueso, en pieles que el ser humano prehistórico plasmó sobre su sociedad, sobre el tiempo, las estaciones, los fenómenos naturales, las ceremonias, los símbolos cognitivos de sorprendente complejidad envueltos en el uso de imágenes femeninas.

No se puede juzgar ni clasificar nuestra civilización prehistórica conocida a partir de los instrumentos y herramientas manufacturados por el Homo lítico, como ha intentado la arqueología, pues estos artefactos resultan un mero aspecto, en algunos casos aislado, dentro de un conjunto cultural en progresión más amplia. Sin duda, una herramienta, un hacha de piedra por sí sola no es un proceso, ni implica toda una cultura.

Si bien el humano se adaptó a los rigores del medio ambiente con la ayuda de tales útiles, lo hizo porque estaba inserto en una cultura de admirable riqueza espiritual. Junto a los avíos de pedernal se hallaban el arte, las narraciones orales, las ceremonias con cantos y danzas que reflejaban la naturaleza y su estado de ánimo, la religión con pasajes de iniciación a la madurez sexual, los ritos funerarios, la profusa ornamentación personal e, incluso, el lenguaje.

Y fue, precisamente, este conjunto, sirviendo a un mismo propósito, lo que impulsó su desafío, le consolidó en grupos sociales, allanando al humano el constituir una forma de vida en un tiempo específico, brindándole fuerzas para no sucumbir. Es por eso que el progreso no descansa sólo en la tecnología propiamente dicha, sino en las ideas, la educación, las aplicaciones y motivaciones, los materiales con que se trabajaba.

# Notas

### Introducción
**1** Freud, Sigmund. El malestar en la cultura, Buenos Aires, El Ateneo. Fráncfort, vol. xiv, 3' ed., 1963, pág. 450
**2** Cassirer, Ernst. *Antropología filosófica*, Ed. FCE, México D.F. 1977, pp. 213–219.
**3** Ídem.

### El Universo
**1** Hawking, Stephen. Historia del Tiempo; del big-bang a los agujeros negros. 1987.
--- *El Universo en una Cáscara de Nuez*. Preparado por Patricio Barros, Capítulo 3.
**2** Haldane, John B. S. *The Causes of Evolution*. Princeton Science Library. Princeton University Press, 1990.
**3** Napier, John. "*Math and Mathematicians: The History of Math Discoveries around the world.* 2 vols. UXL, 1999.
**4** Paul II, Pope John. Scientific Research and Man´s Spiritual Heritage. Address of Pope John Paul II to the Pontifical Academy of Sciences Oct. 3, 1981.
**5** Lerner, Eric J. *The Big Bang never Happened*. Times Book, Random House, New York. 1991, p. 387.
**6** Hyers, Conrad. *The Meaning of Creation: Genesis and Modern Science*. Atlanta: John Knox Press, 1984.
**7** Lerner, NY. 1991, p. 390.
**8** Butterworth, NY, Putnam´s Sons, 1919.
**9** Roberts, Robert E. *The Theology of Tertullian*. Th.D. thesis, London: Epworth Press, 1924.
**10** Ferguson, John. *Pelagius: A Historical and Theological Study*. Cambridge: W. Heffer and Sons Ltd., 1956.
**11** Benemelis, Juan. *Paradigmas y Fronteras. Al Caos con la Lógica*. Editorial Plaza Mayor. San Juan Puerto Rico. 2003.
**12** Davies, Paul. *Dios y la nueva física*. Salvat Editores, S. A., Barcelona. 1994.
**13** Bett, Henry. *Nicholas of Cusa*. London: Methuen, 1932.
**14** Lerner, New York. 1991, p. 102)
**15** Bruno, Giordano. *De la causa*. Opere Italiane, 5º diálogo, I. Bari, 1907.
**16** Woodger, Joseph Henry. *The Axiomatic Method in Biology*, Cambridge, U.K.: Cambridge University Press, 1937.
**17** Kant, Immanuel: *Filosofía de la Historia* (1784), trad. Eugenio Ímaz, México, F. C. E., 1985.
**18** Idem.
**19** Idem.
**20** Poincaré, Henri. *La Ciencia y la Hipótesis*. trad. por Alfredo B. Besio y Josér Banfi, Bs. As., Espasa–Calpe, 1943.
**21** Einstein, Albert. *Essays in Science*, Philosophical Library, 1934, p. 69.
**22** Observación y espectrografía.
**23** Hawking, 1987, pp. 184, 185.

**24** Smoot, George y Keay Davidson. *Arrugas en el tiempo*. Trad. Néstor Míguez y J. A. Gonzálex Cofreces. 1994, Plaza & Janes Ed., S. A. Barcelona. 1994, p. 58.

**25** Haldane. John B. S. *The Causes of Evolution*. Princeton Science Library. Princeton University Press, 1990.

**26** Hawking, 1987, p. 182.

**27** Visión. Entrevistas. Eric Lerner ¿Ciencia o cientificismo? ¿Acaso el big bang carece de rigor científico? Otoño 2007.

**28** Ídem.

**29** Smoot, Barcelona. 1994, p. 201.

**30** Los protones, neutrones, electrones, neutrinos y las anti-partículas.

**31** La energía.

**32** La masa.

**33** $E = mc^2$

**34** Smoot, Barcelona. 1994, p. 72.

**35** Hawking, ob. Cit. p 221.

**36** T a 1/R.

**37** Lemaitre, Georges. *The Primeval Atom: An Essay on Cosmology*, Betty H. and Serge A. Korff, Trans. New York: NY: Oxford University Press, 1982.

**38** Singh, 1982, 154.

**39** Singh, 1982, 155.

**40** 5,000 millones de años.

**41** Hawking, 1987, p. 73.

**42** Los unitones con sus correspondientes anti-partículas.

**43** $10^{11}{}_1$ Kelvin.

**44** (*T a 1/R*).

**45** (*E=mc2*).

**46** Hawking, 1987, p. 163, 170, 172.

**47** La expansión cósmica

**48** De 2,7 grados kelvin.

**49** Jeans, James. "The Physics of the Universe," Supplement to *Nature*, vol. 122, no. 3079, Nov. 1928, pp. 689-700.

**50** Protones, neutrones, electrones, neutrinos y las antipartículas.

**51** Gamma.

**52** Price, Colin. *In the Beginning was the big-bang*. The New Scientist (05-07-94).

**El Big bang**

**1** Gamow, George. *The Creation of the Universe*. NY. Mentor, 1952.

**2** Visión. Otoño. 2007.

**3** Visión. Lerner Otoño 2007.

**4** 100 millones de trillones de electrones voltios (*e-V*) o más trillones.

**5** Smoot, Barcelona. 1994, p. 13.

**6** Alfvén, Hannes "How Should We Approach Cosmology?" in Problems of Physics and Evolution of the Universe, Academy of Sciences of Armenian SSR, Yerevan, 978, p. 14. Lerner, New York. 1991, p. 41.

**7** Alfvén, Ob. Cit. Lerner, New York. 1991, p. 52

**8** Hawking, 1987, pp. 184, 185.

**9** Smoot, Barcelona. 1994, p. 27.

**10** Visión. Otoño 2007.

**11** Weinberger. Steven. *The First Three Minutes*. NY, Basic Books, 1977, p. 154.

**12** Cuantin, Re: Teorías contradictorias. 23-09-2012.

**13** Ídem.

**14** Visión. Otoño 2007.

**15** Luque, María Luisa Luque. Discursos sobre las noticias del Cosmos. *De Revolutionibus*. Madridpress.com. 11-07-2006.

**16** Visión. Otoño 2007.

**17** Sanders. Robert H. Entrevista: "La alternativa a la materia oscura cósmica". IAC No. 1-1999.

**18** Hoyle, Fred. "On the Formation of Heavy Elements in Stars." *Proceedings of the Physical Society of London*, vol. 49, 1947, pp. 942-48. Lerner, NY. 1991, p. 140.

**19** Sanders. IAC No. 1-1999.

**20** Visión. Otoño 2007.

**21** Idem.

**22** Idem.

**23** Idem.

**24** Lerner, New York. 1991, p. 337.

**25** Ídem.

**¿El fin del mundo?**

**1** Smoot, Barcelona. 1994, p. 135.

**2** Hawking, 1987, pp. 184, 185.

**3** Bainbridge, William S. *The Spaceflight Revolution*. Malabar, Florida. Krieger, 1983

**4** Smoot, Barcelona. 1994, p. 115.

**5** Experientia docet. 6 de mayo de 2009.

**6** Sanders. IAC No. 1-1999.

**7** Experientia docet. . Ni existe la materia oscura ni el Universo es newtoniano. Miércoles 6 de mayo de 2009.

**8** Sanders, IAC No. 1-1999.

**9** Fotones.

**10** Electrón-positrón, protón-antiprotón, neutrón-antineutrón.

**11** RT. TVonline. 4 de julio de 2013.

**12** Eddington, Arthur. S., *The Nature of the Physical World*, NY, Macmillan, 1929.

**13** Poggio, H. T., "Science and Prediction," Supplement to Nature, March 21, 1931, p. 454.

**14** Lavanguardia.com. Ciencia, 04, 09, 2014.

**15** Ídem.

**16** Formada por protones, electrones y neutrones.

**17** Visión. Lerner. Otoño 2007.

**18** Lerner, NY. 1991, p. 327.

**La Urna Celestial**
1 Hawking, 1987, p. 9.
2 Smoot, Barcelona. 1994, p. 7.
3 Gillispie, Charles Coulston (1997) *Pierre Simon Laplace 1749-1827: A Life in Exact Science*, Princeton: Princeton University Press.
4 Ídem.
5 Singh, 1982, 330.
6 El cinturón de Kuiper recibe su nombre en honor al astrónomo norteamericano Gerard Kuiper, padre de la moderna ciencia planetaria, que predijo su existencia en los años 1960, treinta años antes de las primeras observaciones de estos cuerpos celestes.
7 Smoot, Barcelona. 1994, p. 125.
8 Gillispie, Princeton University Press. 1997.
9 Singh, 1982.
10 Alfvén, 18: 5-10, Bibcode: 1990iTPS, 1990.
11 Smoot, Barcelona. 1994, p. 113.
12 Smoot, Barcelona. 1994, p. 216.
13 Se desplaza hacia el rojo" para usar el lenguaje técnico.
14 Davies. Salvat, S.A., Barcelona. 1994.
15 Smoot, Barcelona. 1994, p. 229.
16 Smoot, Barcelona. 1994, p. 60.
17 Ward. Peter, Donald Brownlee. Rare Earth: *Why Complex Life Is Uncommon in the Universe.* Springer-Verlag, New York, 2003.
18 Ross, Hugh. *The Creator and the Cosmos.* NY, Cambridge University Press, 993, pp. 135-136.
19 Júpiter, Saturno, Urano, Neptuno.
20 Ross. 1993, pp. 137-138.

**La Vida**
1 Chardin, Teilhard de. *The Phenomenon of Man.* NY: Harper and Row, 1959.
2 Prigogine Ilya, and Tomio Y. Petrosky. "An Alternative to Quantum Theory," *Physica*, vol. 147ª, 1988, pp. 461-86.
3 Gould, Stephen Gay. *Wonderful Life: The Burgess Shale and the Nature of History.* NY: W. W. Norton, 1989.
4 Davies, Barcelona, 1994.
5 Lerner, NY. 1991, p. 303.
6 Prigogine, vol. 147ª, 1988, pp. 461-86. Lerner, NY. 1991, p. 290.
7 Laskar, Jacques. La Luna y el origen del hombre. *Investigación y ciencia,* ISSN: 0210-136X. 1994 Núm. 214: p. 70.
8 Ídem.
9 (Charles Thaxton, Walter Bradley, Roger Olsen. *The Mystery of Life's Origins: Reassessing Current Theories.* New York: Philosophical Library, 1984, p. 66.
10 Laskar, ISSN: 0210-136X. 1994 Núm. 214: p. 70.
11 Idem.
12 Moros, Eduardo G. Trad. Oct., 1997. Problemas Científicos con la Teoría de la Evolución de Las Especies. moritos@geocities.com.
13 Dawkins, NY: Oxford Univ. Press. 1989.

511

**14** Ward, Springer-Verlag, N.Y, 2003.
**15** Hoyle, Fred and Chandra Wickramasinghe. *Evolution from Space*. London: J.M. Dent & Sons, 1981, p. 8-70.
**16** En el período Cámbrico tiene lugar el desarrollo de la fauna Ediacara, cuyos fósiles resultan animales marinos blandos.
**17** Gould. 1977. Harvard University Press.
**18** Davies, Basic Books. 1997.
**19** Davies, 1994.
**20** Hoyle, Fred and Nalin Chandra Wickramasinghe. *Evolution from Space*. J. M. Dent, London, 1981, pp. 148, 24, 150, 30, 31.
**21** Kauffman, Stuart A. *Origins of Order Self-organization and Selection in Evolution*. Oxford: Oxford University Press. 1993.
**22** Siglos XVII y XVIII respectivamente.
**23** Penrose, Roger. *Shadows of Mind. A Search for the Missing Science of Consciousness*. Oxford: Oxford University Press. 1994.
**24** Scheinsohn, Vivian. (Compiladora) *La Evolución y las Ciencias.* Emecé Editores S. A. Buenos Aires, 2001. Cap. 1.
**25** La Vida en el Universo. *Scientific American*, Oct. 1994.
**26** Weinberg, Steven. *Scientific American*. Oct., 1994.
**27** Singh, 1982, 381.
**28** Patterson, Colin. *Evolution*. London: British Museum of Natural History, 1978, pp. 145-146.
**29** Woodger, Joseph Henry. *The Axiomatic Method in Biology*, Cambridge, U.K.: Cambridge University Press, 1937.
Vol 2. No. 7
**30** Singh, 1982, 368.
**31** Raup, David. "Conflicts between Darwin and Paleontology", Field Museum of Natural History, Vol. 50, No. l, January 1979, p.22.
**32** Davies, 1994.
**33** Denton, Michael, *Evolution: A Theory in Crisis*. Adler & Adler, 3rd edition, 2002. pp. 162-165.
**34** Ídem.
**35** Lamarck, Jean. *Filosofía zoológica* (1809), trad. por José González Llana, Valencia, F. Sempere, s/f. cap. IV, pp. 78-79.
**36** Moros, moritos@geocities.com.
**37** ARN o ácido Ribonucleico.
**38** Broca, Paul. Mémoires d'anthropologie. Paris, C. Reinwald et Cie. Vol III, 1871-1878.
**39** Scheinsohn, Emecé Ed. BAs, 2001. Cap. 1.
**40** Dr. Francois Jacob, Institute Pasteur, Paris, France ... 1998 Keynote Speaker at 99th Annual Meeting of the American Society of ... "Making Genes, Making Waves: A Social Activist in Science" published by Harvard University Press in 2002.
**41** Pequeña esfera que constituye el condroma celular.
**42** Bajo influencia de los rayos ultravioletas solares (*uv*) el agua se descompone en oxígeno e hidrógeno ($2H2O + radiación\ uv = 2H^2 + 0^2$). El otro proceso es el de la fotosíntesis de las plantas verdes: $C0^2 + H^20 + luz\ solar = 0^2 + CH2 = materia\ orgánica.$

**El protagonismo genético**
1 Que duró 4,000 millones de años.
2 Su parte de "*O*" es negativa y la opuesta de "*2 H*" es positiva.
3 Needham, Noel Joseph. *Science and Civilization in China*, Volume V. Cambridge University Press. 1988.
4 Scheinsohn, Emecé Editores S. A. Buenos Aires, 2001.
5 Penrose, Oxford University Press. 1994.
6 Arrhenius, Svante. *Worlds in the Making*. Academic Publishing House, Leipzig 1908.
7 Smoot, Barcelona. 1994, p. 238.
8 Davies. Salvat, S.A., Barcelona. 1994.
9 Ídem.
10 Lahoz-Beltrá, Rafael. *Bioinformática, vida artificial e inteligencia artificial*. Madrid: Díaz de Santos Maldonado, CE. 2004.
11 Como el nuestro actual.
12 Cuvier, George. "Recherches sur les osemens fossiles". T. III; Pag. 297, 3ª edición.
13 Smoot, Barcelona. 1994, p. 238.
14 Idem.
15 Adler, Alfred; Brett, Colin. *Comprender la vida*. Barcelona: Paidós Ibérica, 2003.
16 Plantas, animales, hombres, piedras, astros.
17 Prigogine. Madrid, Alianza, 1990.
18 Davies. Barcelona. 2004.
19 Bohm, David. *Wholeness and Implicate Order*. Londres: Routledge & Kegan Paul. 1980.
20 Davies. Barcelona. 2004.
21 Peat, David F. *Einstein's Moon. Bell's Theorem and the Curious Quest for Quantum Reality*. Chicago: Contemporary, 1983.
22 Morín, Edgar. La epistemología de la complejidad. *Gazeta de Antropología*, CNRS, París, 2004.
23 La Mettrie, Julien Offroy. *El hombre máquina*. (1748), trad. por Ángel J. Cappelletti, 2a ed., Ed. Univ. de Bs. As., 1962.
24 Progoff, Nueva York. Julián. 1973.

**La sopa original**
1 Oparin, Ira. *Jung. Synchronicity and Human Destiny*. NY: Dover, 1952.
2 Los coacervados.
3 Burdon, John, S. Halda. *The Causes of Evolution*, Princeton Science Library, 1932.
4 Una forma modificada de oxígeno.
5 Harold Clayton Urey (1892-1981), químico norteamericano; descubrió el deuterio y el agua pesada; fue premio Nobel en 1934.
6 Ozono.
7 Cairns-Smith, Alexander Graham. *Genetic takeover*. New York. Cambridge: Cambridge University Press (1982).
8 Huxley, Thomas H. *Collected Essays*. MacMillan, London, 1890.

**9** Darwin, Charles. *The Origin of Species by Means of Natural Selection.* Londres: Pelican. 1968.

**10** Ídem.

**11** Electrones, protones, neutrones.

**12** Sogin, Mitchell L., Carmen Palacios & David L. Kysela. Serial Analysis of Gene Tags (SAGT): A new method for efficient, high-throughput analysis of microbial community composition. Reference: *Environmental Microbiology*, Volume: 2005.

**13** El número de átomos en la atmósfera es de $10^{48}$

**14** Prado, José Luis; Capítulo 2, Paleontología y Evolución, en Scheinsohn, Vivian. (Compiladora) *La Evolución y las Ciencias.* Emecé Editores S. A. Bs As, 2001.

**15** Los heterotropos como nosotros.

**16** Los talofitas: hongos.

**17** Como los de Nonesuch.

**18** Las eucariotas comprenden todas las plantas verdes, todos los animales y los hongos.

**19** Strickland, Lloyd. *Shorter Leibniz Texts.* Continuum Books. 2006.

**20** Prothero, Donald. Evolution, What the Fossils Say and Why it Matters. New York, Columbia University Press, 2007, p. 99

**21** Scheinsohn. Emecé Ed., BAs, 2001. Cap. 1.

**22** Incluyendo protozoos, celenterados.

**23** Carlisle, David Brez. *Dinosaurs, diamonds, and things from outer space. The great extinction.* Stanford University Press. Stanford, California, 1995, page. 8

**24** Marshack, Alexander. *The Roots of Civilization; the Cognitive Beginning of Mans First Art, Symbol and Notation.* New York, McGraw-Hill. 1972, pp. 110-111.

**25** Como Motto Kimura.

**26** Scheinsohn, 2001. Cap. 1.

**27** El período Devónico, el cuarto de la Era Paleozoica, comenzó hace 408 millones de años y concluyó hace 359 años, y es conocido como la "era de los peces". En ese período existían dos super-continentes: Gondwana en el sur y Laurasia en el norte.

**28** Davies. Barcelona, 2004.

**De los árboles a la Sabana**

**1** *Athena Review* Vol. 2, no. 2. Recent Finds in Paleoanthropology. Molecular clockwork and related theories.

**2** Período y terreno geológico de la era Terciaria que sigue al Eoceno y que duró 15 millones de años.

**3** Finch, Caleb. Brain and longevity. Springer-Verlag 2003.

**4** Coppens, Yves; East Side Story: The origin of Humankind; *Scientific American*, May 1994; p. 88.

**5** Fragmentos de maxilar y dientes) provenientes de las montañas de Siwalik, en Paquistán, fechados en aproximadamente 16 millón de años (millones de años.

**6** Coppens, May 1994; p. 88.

**7** Prasad, Shri Ravindra Kishore (1982) Was Ramapithecus a tool-user. *Journal of Human Evolution.* 1: 101-104.

**8** Bípedo: caminar con dos pies.

**9** Australopitecinos: simios-humanos sureños

**10** Arambourg, v. 14 n.s. no 3, pp.467-490.

**11** White, Tim D., *et al.*, *The origin of Australopithecus.* Nature News and Views, 1995.

**12** Patterson, Bryan, and Howells, W. W. (1967) Hominid humeral fragment from Early Pleistocene of northwestern Kenya. *Science*, 56: 64-66.

**13** Scheinsohn, Emecé Ed. BAs, 2001, Cap. 4.

**14** Zuckerman, Solly. (1954) Correlation of change in the evolution of higher primates. In Huxley, J., Hardy, A. C., and Ford, E. B., eds. Evolution as a Process. London, Allen and Unwin, pp. 300/352.

**15** Oxnard, Charles E. *he Order of Man.* (1984) New Haven, Yale University.

**16** Lyall-Watson, Omnivore. The Role of Food in Human Evolution. Sceptre publisher, 1988.

**17** Johanson Donald C., and Edey, M. A. *Lucy: The Beginnings of Humankind.* New York. Simon and Schuster. (1981).

**18** Oxnard (1975) *Nature, 258*: 389-395.

**19** Johanson (1976)*, 150:* 790-811.

**20** En la región de Koobi-Fora.

**21** Groves. Colin P. *A theory of human and primate evolution.* Clarendon Press, University of California 1989.

**22** Homo Hábilis: humano hábil.

**23** Haldane, John B. S. 1990. *he Inequality of Man*, Pelican Editions, A. 12, Science Ethics. p. 114.

**24** Gish, Duane T. (1995), Evolution: The Fossils Still Say No! (El Cajon, CA: Institute for Creation Research).

**El Homo Erectus ¿un macaco?**

**1** Spencer Frank. (1984) The Neandertals and their evolutionary significance: a brief historical survey. In Smith, F. H., and Spencer, F., eds. *The Origin of Modern Humans: A world Survey of the Fossil Evidence.* NY, Alan R. Liss. pp. 1-49.

**2** *Pitheko* = mono; *anthropus* = hombre.

**3** Wallace, Alfred Russell. (1905) *My Life. Vol. 2.* London, Champan and Hall.

**4** Olivera, Javier. *El hombre de Piltdown; otro fraude evolucionista. QNTLC*, febrero 12, 2014.

**5** Dubois, 35: 716-722, en Cremo, 1994.

**6** Olivera QNTLC, febrero 12, 2014.

**7** Haeckel (1905) NY. Putnam´s Sons.

**8** Olivera QNTLC, febrero 12, 2014.

**9** Ídem.

**10** Cremo, Eugene (1932). The distinct organization of *Pithecanthropus* of which the femur bears evidence now confirmed from other individuals of the described species. *Proceedings of the Koninklijke Nederlandse Akademie van Wetenschappen Amsterdam*, 35: 716-722, en Cremo, Badger, CA. 1994,

**11** Cremo, Badger, CA. 1994,

12 Evidence of the Origin of Language." *Current Anthropology* 17: 274-281.
13 Cremo, Badger, CA. 1994,
14 Poirier Frank E., Hu, H., and Chen, C. (1983) The Evidence for wildman in Hubei province, People's Republic of China. *Cryptozoology*, 2: 25.39.
15 Woodward. Arthur Smith. (1917) Fourth note on the Piltdown gravel with evidence of a second skull of *Eoanthropus Dawson. Quarterly Journal of the Geological Society of London.* 73: 1-8.
16 Gray, Jonathan. *La Historia suprimida del planeta Tierra.* Web Suppressed Archaeology. Trad. Adela Kaufmann.
17 Reck, Hans (1933) Oldoway; cit. Cremo, Badger, CA. 1994.
18 Leakey, Richard E., and Lewin, R. (1978) *People of the Lake: Mankind and Its Beginnings.* Garden City. Anchor Press.
19 Principios de la era Cuaternaria.
20 Carlisle, Stanford, California, 1995.
21 Chardin. Paris, marzo de 1947.
22 Leakey (1978). Garden City. Anchor Press.
23 Wood, Bernard A. Remains attributable to Homo in the East Rudolf succession. In Coppens, Y., Howell, F. C., Isaacs, G. I., and Leakey, R. E., eds. *Earliest Man and Environments in the Lake Rudolf Basin.* Chicago, University of Chicago, pp. 490-506.
24 Cole, Sonia (1975) Leakey's Luck. The Life of Louis Leakey. London, Collins. .

**La familia homínida**
1 Johanson, NY, 1981.
2 Zuckerman, London: Oxford, 1963.
3 Leakey, Barcelona, 2001.
4 Binford, Lewis R. *Bones: Ancient Men and Modern Myths.* NY, Academic Press, 1981.
5 Leakey, ob. Cit.
6 Scheler, Max. *La Idea del hombre y la historia.* Ediciones elaleph.com. Tauro, p. 4.
7 Goldschmidt, Richard Benedict. *The biologist's story of life.* Prentice-Hall Inc., 1937.
8 Oxnard (1984) NH, Yale University.
9 También las naciones.
10 Laming-Emperaire, Annette. Theorie, hypotheses, documents. *Imprint series.* University Microfilms International, 1980
11 Binford, NY, Academic Press, 1981.
12 Wheeler, John Archibald. *Un viaje por la gravedad y el espacio-tiempo,* Alianza Editorial. 1994.
13 Ídem.
14 Lee, Phyllis C. Biological and Evolutionary Anthropology. *Cambridge Studies* No. 22, 2001.
15 Scheinsohn, Emecé. BAs, 2001, Cap. 4.
16 Martin, Paul S, and Richard G. Klein. Eds. *Quaternary extinctions: a prehistoric revolution.* Tucson: University of Arizona Press. Vol. 6, 1-2- pp. 197-200, 1995.

17 Leakey. Barcelona, 2001.
18 Desarrollo de la mielina, o la substancia que envuelve las fibras nerviosas.
19 El Estado.
20 Darwin, Londres: Pelican. 1968.

**La cuna humana**
1 Ver Benemelis. Ob. Cit.
2 Scheinsohn. Emecé Ed. 2001, Cap. 3.
3 Ídem.
4 O'Brien, Michael J. y Thomas D. Holland. Parasites, Porotic Hyperostosis, and the implications of changing perspectives. *American Antiquity*, Vol. 62, No. 2, Apr., 1997.
5 Dunnell, Robert. Philosophy of science and archaeology. In Valerie Pinsky and Alison Wylie (Eds.). Critical Traditions in *Contemporary Archaeology*. CUP Archive, London. 1989.
6 Leonard, Robert y George T. Jones. Elements of an Inclusive Evolutionary Model for Archaeology. *Journal of Anthropological Archaeology* 6: 199-219, 1987.
7 Chardin, Paris, marzo de 1947.
8 Y sobre todo los monos superiores.
9 A razón de 50 fracciones por segundo.
10 Como la que habitó en las culturas musterienses.
11 Impotencia para ellos.
12 Que dispone de 10,000 millones de neuronas.
13 Finch, Khenti. November 2, 1998.
14 Lamarck, Valencia, F. Sempere, s/f. cap. IV
15 Hace 40,000 años.
16 Antropomorfo.
17 Lamarck, Valencia, F. Sempere, s/f. cap. IV, pp. 78-79.
18 Gliboff, Sander. Paul Kammerer and the art of biological transformacion. Review article. *Endeavour* 29 (4): 162-167.

**Del Piteco al Sapiens**
1 Sarich, Vincent M. y Allan Wilson. *Immunological time scale for hominid evolution.* Science, 158, 1967: 1200-1203.
2 Scheinsohn, Emecé Ed. BAs, 2001, Cap. 4.
3 Border Cave, Florisbad, Cave of Hearths.
4 Leakey. Barcelona, 2001.
5 Wolpoff, Milford H. *Paleoanthropology*, McGraw-Hill, New York, 1999 ed., p. 411-483.
6 Sangirán es un sitio arqueológico en Indonesia, donde se encontró un fósil que se equipararía al Homo Erectus de Olduvai.
7 *The Japan Times*, 03-28-1997. Modern humans may date to 300,000 years ago.
8 Boule, Marcellin. *Eléments de paleontology humaine*. Paris, Masson et cie. 1912 ed. Edition: Troisième édition, corrigée et augmentée.
9 Straus, William L. The Great Piltdown Hoax. *Science. New Series*, Vol. 119, No. 3087 (Feb. 26, 1954), pp. 265-269.

**10** El período Musteriense.
**11** Howells, William W. *Evolution of the Genus Homo.* 1976 y 1989; Christopher Brian Stringer y Peter Andrews. *Human evolution an illustrated guide.* Intl., Specialized Book Service Inc., 1988.
**12** Foley, Robert A. y Marta Mirazon Lahr. Mode 3 *Technologies and the Evolution of Modern Humans;* Cambridge Journal of Archaeology, 7: 3-36, 1997.
**13** Primates del orden *hominidae,* incluyendo los humanos prehistóricos.
**14** Los primates no humanos vivientes más cercanos a los humanos.
**23** Kaufmann, Yehezkel. *The Religion of Israel: From its Beginnings to the Babylonian Exile.* Chicago, University of Chicago Press, 1960.

**El Homo africano**

**1** Que luego se subdividen en bantúes, sudaneses, guineanos, nilóticos, etcétera.
**2** Los pobladores de Asia: el Homo Erectus; y de Europa: el Homo Antecesor.
**3** Mirazón Lahr, 2001, Cap. 4.
**4** Ídem.
**5** Ídem.
**6** Óvulos y espermatozoides.
**7** En comparación con los tres mil millones de pares que constituyen el ADN nuclear
**8** Al igual que los cloroplastos de las plantas que capturan la energía solar.
**9** Moléculas Histio-compatibles= MHC.
**10** Glóbulos blancos de la sangre y de la linfa, que asegura la defensa contra los microbios.
**11** Mitocondria ADN (MT/ADN).
**12** Howells, 1989.
**13** Mirazón Lahr, 2001, Cap. 4.
14 Wallace, 2010. Jun: 51 (5) 440-50. Review.
**15** Cann, Rebecca L., Mark Stoneking y Allan C. Wilson en 1987, Mitochondrial DNA and human evolution Nature 325, 31-36.
**16** Cann, et. al., 1987.
**17** Bowcock, Anne M. et al., Nature 368, 455, 1994; Luigi Luca Cavalli-Sforza et al., 1994; M. F. Hammer, Nature 378, 376, 1995; N. Horai et al., 1995; N. Takahata et al., 1995; entre muchos otros.
**18** Cann, et. al., 1987.
**19** Wallace, ob. Cit.
**20** Reducciones en el tamaño de la población antepasada.
**21** Haplotipos.
**22** Cromosoma "*Y*", marcadores genéticos, polimorfismos, micro-satélites, complejo principal de histio-compatibilidad, etcétera.
**23** Son 7 Pan troglodytas y 2 Pan paniscus.
**24** Del 180,000 al 90,000 a. C.
**25** De 100,000 a 40,000 años atrás.
**26** Pequeños artefactos conformados de piedra, conocidos como "microlitos" eran encajados en las flechas para hacer de puntas.

**Más antiguo de lo que se piensa**
**1** Hace 20,000 años.
**2** Meltzer, David J. Coming to America. *Discover*, Oct., 1993, pp. 90-97.
**3** Last, Adam. *Scientific American*, Vol. 227 Oct., 1972, p. 48.
**4** Carter George F. (1980) *Earlier Than You Think: A Personal View of Man in America*. College Station, Texas A and M University.
**5** Morlan, Richard E. (1986) Pleistocene archaeology in Old Crow basin: a critical reappraisal. In Bryan, A. L., Ed. *New Evidence for the Pleistocene Peopling of the Americas*. Orono, Maine, Center for the Study of Early Man, pp. 27-48.
**6** Volk, Ernest. The archaeology of the Delaware Valley. Papers of the Peabody Museum of American Archaeology and Ethnology, Harvard University, 1911:5; citado por Cremo 1994:123.
**7** Simpson, Ruth D., Patterson, L. W., and Singer. C. A. (1986) Lithic technology of the Calico Mountains site, southern California. In Bryan, A. I., ed. *New Evidence for the Pleistocene Peopling of the Americas*. Orono, Maine, Center for the Study of Early Man, pp. 89-131.
**8** Cremo, Badger, CA. 1994.
**9** Dubois, William E. On a quasi coin reported found in a boring in Illinois. Proceedings of the American Philosophical Society. 2 (86): 224-228.
**10** Wright G. Friedrich. (1912) *Origin and Antiquity of Man*. Oberlin, Bibliotheca Sacra.
**11** Ameghino, Florentino. (1909) *Le Diprothomo platensis*, un précurseur de l´homme du Plioceno inférieur de Buenos Aires. *Anales del Museo nacional de historia natural de buenos Aires*. 19: 107-209.
**12** Holmes, William Henry. Handbook of aboriginal American antiquities. Part I. (1919). *Smithsonian, bulletin 60*.
**13** Cremo, Badger, CA. 1994, p. 79.
**14** Whitney, Josiah Dwight. The auriferous gravels of the Sierra Nevada of California. *Harvard University, Museum of comparative Zoology* (1880), *Memoir 6 (1)*.
**15** Keith, Arthur. *New discoveries relating to the antiquity of man*. (1931) NY, W.W. Norton.
**16** Okladinov, A. P. y L. A. Ragozin. The riddle of Ulalinka. *Soviet Anthropology and Archaeology*. Summer, 1984, pp. 3-20.
**17** Keith. (1931) NY, W. W. Norton.
**18** Oldcivilizations. Ciencia, enigmas en general. Eras geológicas. Evidencias de civilizaciones perdidas - ¿Hallazgos en eras geológicas imposibles? Noviembre 24, 2010.
**19** Heidegger, Martin, 1977, Vattimo 1991.
**20** Oldcivilizations. Noviembre 24, 2010.
**21** Charlesworth, Sir Edward. Objects in the Red Crag of Suffolk. *Journal of the Royal anthropological Institute of Great Britain and Ireland*, (1873), 2: 91-94, cit. Cremo, Badger, CA. 1994.
**22** Stopes, Henry. (1881) Traces of man in the Crag. *British Association for the Advancement of Science, Report of the Fifty-first Meeting*, p. 700; and Stopes, M. C. (1912) The Red Crag portrait. *The Geological Magazine*, p: 285-286.
**23** Ídem.

**24** Ragazzoni, Giuseppe. La collina di Casenedolo, solto il rapporto antropologico, geológico ed agronómico. *Commentari dell Ateneo di* (1880) *Brescia.* April 4, pp. 120-128.

**25** Issel, Arthur. (1868) Resumé des recherches concernant l´ancienneté de l´homme en Ligurie. *Congrés International d´Anthropologie et d´Archéologie Préhistoriques. Paris 1867, Compte Rendu,* pp. 75-89, en Cremo, 1994, p. 140.

**26** Sergi, Giuseppe. (1912) Intorno all´uomo pliocenico in Italia. *Rivista Di Antropologia.* Rome, 17: 199-216, en Cremo, 1994, pp. 136-138.

**27** Macalister, Robert Alezander Stewart. (1921) *Textbook of European Archaeology,* Vol. I. Paleolithic Period. Cambridge, Cambridge University.

**28** Bourgeois, Louis. (1872) Sur les silex considerés comme portant les marques d´un travail humain et découverts dans le terrain miocéne de Thenay. *Congrés International d´Anthropologie et d´Archéologie Préhistoriques. Bruselles 1872, Compte Rendu,* pp. 82-92, en Cremo, 1994.

**29** Von Dücker, Baron (1873) Sur le cassure artificelle d´ossements recueillis dans le terrain miocéne de Pikermi. Congrés International d´Anthropologie et d´Archaeologie Préhistoriques. Bruxelles 1872. (1873) Compte Rendu, pp. 104-107 en Cremo, 1994.

**30** Osborn, Henry Fairfield. *Man Rises to Parnassus.* London, Oxford University, 1927.

**31** Cremo, 1994, pp. 30-31.

**32** Citado en la revista alemana Praehistorische Zeitschrift, 11:1-56, Cremo 1994.

**33** Moir, J. Reid. Pre-Boulder Clay man. *Nature,* 98:109, 1916.

**34** Cremo, 1994.

**35** Ídem.

**36** Ribeiro, Carlos. (1873b). Sur la position géologique des couches miocénes et pliocenes du Portugal qui contiennent des silex taillés. *Congrés International d´Anthropologie et d´Archéologie Préhistoriques. Bruxelles 1872,* pp. 100-104; Cremo, 1994.

**37** Cremo, 1994.

**38** Artículo de Max Verworn citado en la revista alemana *Neue Folge,* 4(4): 3-60, 1905.

**39** Rutot, Louis A. (1907) Un grave problem: une industrie humaine datant de l´epoque oligocéne. Comparison des utils avec ceux des Tasmaniens actuels. *Bulletin de la Société Belge de Géologie de Paléontologie et d´Hydrologie,* 21: 439-482, en Cremo, 1994. p. 70.

**40** Breuil, Henri, and Lantier, R. *The Men of the Old Stone Age.* NY, St. Martin´s. 1965.

**41** Oldcivilizations. Noviembre 24, 2010.

**42** Corliss, William R. *Ancient Man: A Handbook of Puzzling Artifacts.* Glen Arm. Sourcebook Project, 1978.

**43** Gray, Jonathan. *La Historia suprimida del planeta Tierra.* Web SuppressedArchaeology. Trad. Adela Kaufmann-

**44** Gente. Lima, Perú. No. 615, 19 de noviembre, 1987, pp. 4-8.

**45** Oldcivilizations. Noviembre 24, 2010.

**46** Idem.

**47** Burroughs, Wilbur Greeley. Human-like foot prints, 250 million years old. *The Berea Alumnus*. Berea College, Kentucky, November, pp. 46-47.
**48** Ídem en Cremo, 1994, p. 150.
**49** Ingalls, Albert G. (1940) The Carboniferous mystery. *Scientific American*, 162: 14.
**50** Brewster, David. (1844) Queries and statements concerning a nail found imbedded in a block of sandstone obtained from Kingoodie (Mylnfield) Quarry, North Britain. *Report of the British Association for the Advancement of Science. Notices and Abstracts of Communications*. P. 51, en Cremo, 1994.
**51** Meister, William J. Discovery of trilobite fossils in shod footprint of human in "Trilobite Bed" –a Cambrian formation. Antelope Springs, Utah. *Creation Research* (1968) *Quarterly, 5(3)*: 97-102.
**52** Oldcivilizations. Noviembre 24, 2010.
**53** Oldcivilizations. Noviembre 24, 2010.
**54** Cremo, 1994, pp. 121-122.
**55** Gray. Web SuppressedArchaeology. Trad. Kaufmann.

**El Neándertal**
**1** Marshack, NY, 1991, pp 66-67.
**2** Pääbo, Svante publications in PubMed., *Retrieved* 2011-07-27.
**3** Con límites de confianza al 95% de 317.000 y 741.000 años.
**4** Límites de confianza de 111.000 y 260,000 años.
**5** Hallados en el nivel TD6 de la Gran Dolina.
**6** Schiller. 1973, pp. 89-90.
**7** Eckhardt, Robert B. Population Genetics and Human Origins, *Scientific American*, Vol. 226 (Jan. 1972), p. 101.
**8** Chardin. Paris, 1947.
**9** El valle del río Neander.
**10** Sucedidos entre 50,000 y 40,000 años atrás.
**11** Klein, Richard G. *The Human career*. Chicago, IL: University of Chicago Press. 989.
**12** En el Paleolítico Medio.
**13** Mirazón Lahr, 2001, Cap. 4.
**14** Que se remontan a 200,000 años.
**15** Klein. Chicago, 1989.
**16** Pilbeam, David R. "Review of The Brain in Hominid Evolution" (New York: Columbia University Press, 1971), p. 170; Science (March 10, 1972), p. 1101.
**17** Neanderthal padecía raquitismo, *Science Digest*, Vol. 69 (Feb. 1971), p. 35. La referencia a *Nature* es a un artículo de Francis Ivanhoe en el número del 8 de agosto, 1970.
**18** Freud. El Ateneo, 1962.
**19** "Use of Symbols Antedates Neanderthal Man", *Science Digest*, Vol. 73 (March, 1973), p. 22.
**20** Marshack. NY, McGraw-Hill. 1972.
**21** Entre 90,000 y 80,000 años atrás.
**22** Espirales, líneas, puntos.

**23** Fustel de Coulanges, Numa Denis. *The Ancient City: a study on the Religion, Laws, and institutions of Greece and Rome.* University of Michigan. 2005.
**24** La Flecha. 05 Oct 2006.
**25** En la cueva de Shánidar.
**26** Caird, Rod, *Ape Man. The Story of Human Evolution.* Macmillan. 1994:150.
**27** Allman, William F. 1996 "The Dawn of Creativity." *US News and World Report* 120:52-58.
**28** Caird 1994:150.
**29** Begley, Sharon. New York. DNA Study shows why Neanderthals, Modern Humans are so different. Reuter, 04-17-2014.
**30** Caird 1994:150.
**31** Crown. Croatian World Network. 12, 24, 2003.
**32** Gore, Rick. 1996 "The Dawn of Humans: Neandertals. "*National Geographic* 189: 1-35.

### El Cromañón

**1** Bello, Silvia M., Parfitt Simon A., Stringer Chris B. Earliest Directly–Dated Human Skull–Cups. PloS ONE 6(2): e17026, doi:10.1371-Journal pone.0017026. 2011.
**2** Como el K-Ar o el Ar-Ar.
**3** Oaad, Michael J. and Beverly Oard. *Life in the Great Ice Age.* Master Books. Green Forest, AR, 1993.
**4** Entre los 85.000 y los 50,000 años.
**5** Con una antigüedad de 110,000-100,00 años.
**6** Entre unos 60,000 y 40,000 años atrás.
**7** Bar-Yosef, Ofer. Seasonality and Sedentism: Archaeological Perspectives from old and New World Sites, (Ed), Peabody Museum of Archaeology and Ethnology, 1998.
**8** Entre el 34,000 y el 32,000 a. C.
**9** Romualdi, Adriano. *Los indoeuropeos. Orígenes y migraciones*, Barcelona, CEI. España, 2002.
**10** Citado en Benoist, Alain de. *Indo–europeens; a la recherche du foyer de origine.* Nouvelle Ecole, Paris, 1997.
**11** Benoist, ob. Cit.
**12** Cassirer, Ernst. *Symbol, Myth, and Culture: Essays and Lectures of Ernst Cassirer*, 1935–1945. ed., by Donald Phillip Verene (1981).
**13** Scheler, Ed. elaleph.com. Tauro, p. 5.
**14** Spain and Portugal, an Anthropological Review for 1952–1954 en Pericot, 1955.
**15** Bello, Monday, February 28, 2011. BBC
**16** Hace 20,000 años.
**17** Comprende desde 30,000 a 9,000 a. C.
**18** Cassirer, 1977, pp.127–135.
**19** Mirazón Lahr, 2001, Cap. 4.
**20** Curtis, Gregory. *The Cave Painters: Probing the Mysteries of the World's First Artists.* Knopf, New York, NY, USA, 2006.
**21** Ídem.

## Las lámparas de piedra

1 De 22,000 a 18,000 años atrás.
2 De 18,000 a 15,000 años atrás.
3 Cassirer, 1977, pp. 213-219.
4 Cassirer, 1977, pp.127-135.
5 Time. February 13, 1995, p 64.
6 Grabados, pinturas y relieves en las cavernas.
7 Algunas decoradas.
8 Que floreció en la Europa central y occidental entre al 18 mil y el 10 mil a. C.
9 Ariège.
10 Cerca de Aviñón, Dordogne.
11 Cassirer, 1977, pp.127-135.
12 Leroi–Gourhan, André. *Les religions de la Préhistoire*. Paris, PUF, 1964.
13 Del 20,000 a. C.
14 Cassirer, 1977, pp.127-135.
15 Ídem.
16 1820–1903.
17 En Francia.
18 Frazer, Sir James. *La rama dorada. Magia y religión*. Fondo de Cultura Económica. Madrid. 1981.
19 Liguria, Italia.
20 República Checa.
21 Fenicia, cerca del actual Beirut.
22 Como los menhires, los dólmenes o las alineaciones pétreas de Stonehenge.
23 Feuerbach, Ludwig. *The essence of Christianity*. New York, 1957.
24 Horkheimer, Max. *Teoría crítica*. Amorrortu Ed, BAs, 2003, 136.
25 Freud, op. cit., 3' ed., 1963, p. 479.
26 Idem.
27 Carlisle, Stanford, Cal., 1995. p. 8.
28 Garstang, Walter. (1951) *Larval Forms and Other Zoological Verses*. Balckwell, Oxford Reprint: University of Chicago Press 1985
29 Marshack; ob. cit. pp. 110-111.
30 Childe, Gordon. *Qué sucedió en la historia*. Ed. Pléyade, BAs, 1975, pp. 25-6.
31 Woods, Alan. *Historia de la Filosofía*. Fuente: www.engels.org, P. 3.
32 Childe, 1975, pp. 25-6.
33 Representaciones del sonido o de los movimientos musculares que intervienen en su pronunciación.
34 Frazer. Madrid. 1981, p. 33.
35 Feuerbach. Ob. Cit.
36 1877-1961.
37 El arte paleolítico, el Renacimiento y la Era industrial